校企合作计算机精品教材

互联网+教育改革新理念教材

# JavaScript 程序设计案例教程 第2版

主编 胡梦杰 李再友 李文广

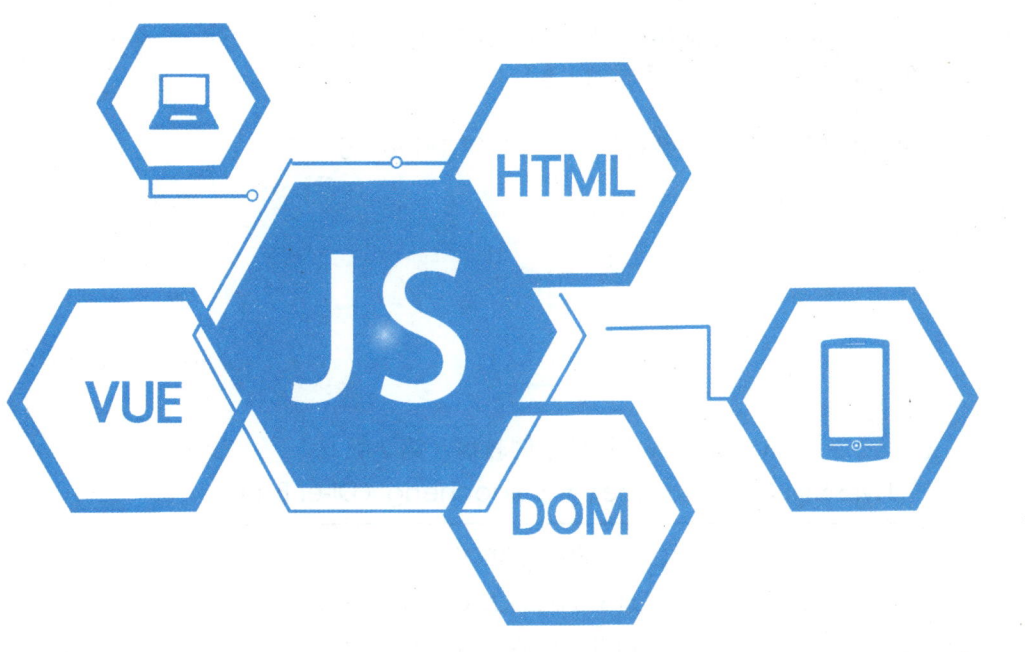

航空工业出版社

北京

## 内 容 提 要

本书采用通俗易懂的语言，结合丰富多样的案例，全面系统、由浅入深地介绍了 JavaScript 基础知识与实践应用。全书共 13 章，内容涵盖 JavaScript 入门、基本语法、数组、函数、面向对象、BOM、DOM、事件、Ajax、浏览器存储、正则表达式、Vue、网页版贪吃蛇。

本书内容翔实、理实一体、学练结合、紧跟时代，可作为各类院校计算机、软件工程、软件技术等相关专业及教育培训机构的教材，也可作为网站前端、网站设计等相关从业人员的参考用书。

## 图书在版编目（CIP）数据

JavaScript 程序设计案例教程 / 胡梦杰，李再友，李文广主编. -- 2 版. -- 北京 ：航空工业出版社，2021.8（2023.3 重印）

ISBN 978-7-5165-2711-5

Ⅰ. ①J… Ⅱ. ①胡… ②李… ③李… Ⅲ. ①JAVA 语言－程序设计－教材 Ⅳ. ①TP312.8

中国版本图书馆 CIP 数据核字(2021)第 147463 号

---

**JavaScript 程序设计案例教程（第 2 版）**
JavaScript Chengxu Sheji Anli Jiaocheng（Di-er Ban）

---

航空工业出版社出版发行
（北京市朝阳区京顺路 5 号曙光大厦 C 座四层　100028）
发行部电话：010-85672663　　　　　　　010-85672683

| | |
|---|---|
| 北京同文印刷有限责任公司印刷 | 全国各地新华书店经销 |
| 2021 年 8 月第 1 版 | 2023 年 3 月第 3 次印刷 |
| 开本：787×1092　　1/16 | 字数：523 千字 |
| 印张：23.25 | 定价：69.80 元 |

# 前言 PREFACE

  HTML、CSS 和 JavaScript 是网站前端开发的必备技术。HTML 和 CSS 用于实现网页的结构和样式，JavaScript 可以实现网页的交互，三者结合能为用户提供美观的浏览效果和友好的浏览体验。近年来，用户体验越来越受到互联网行业的重视，相应地，在网站前端开发中用于优化用户体验的 JavaScript 也越来越受到网站开发从业人员和相关爱好者的追捧，如何快速、全面地了解和掌握它的应用，也成为相关从业人员和爱好者亟须解决的问题。

  为解决上述问题，帮助读者更好地学习 JavaScript，针对具有 HTML 和 CSS 基础的人群，我们精心规划和编写了本书。

## ▎本书特色

### 一、素质教育，立德树人

  本书承能力教育与素质教育同向同行的理念，尽可能选取既对应相关知识点，又能够体现职业素养并与实际应用紧密相关的案例；同时添加了"修身笃学""盛世中华""知类通达""科技之光""旗帜引领"等栏目，激发学生的爱国热情、创新意识，提高学生的职业素养，引导学生树立正确的人生观和价值观，鼓励学生成长为能够担当国家建设大任的时代新人。

### 二、校企合作，案例实用

  本书在编写过程中得到了软件开发相关企业的支持，书中所选取的案例都是与实际应用紧密结合的，可以使读者在做中学，学中做，学完即可上手操作；还可以锻炼读者的工作思维和实践技能，实现读者实战能力与岗位要求之间的无缝对接。

### 三、全新形态，全新理念

本书在精讲知识点的基础上，安排了丰富的小实例、示例和综合案例，能够使读者快速理解相关知识和掌握相关技能，做到即学即练、学以致用；在每章最后还安排了"课后习题"，帮助读者练习和巩固本章所学知识。

此外，本书还根据需要添加了"知识链接""提示""拓展阅读"等栏目，适时提醒和解决读者在学习与操作过程中遇到的问题，让其少走弯路、提高学习效率。

### 四、数字资源，平台辅助

本书配备了丰富的数字资源（如微课视频、程序源代码、习题答案、优质课件等），为广大师生提供了一站式教学资源。读者可以登录文旌综合教育平台"文旌课堂"（www.wenjingketang.com）体验平台式教学及下载相关教学资源包。

此外，本书还提供了在线题库，支持"教学作业，一键发布"，教师只需通过微信或"文旌课堂"App扫描二维码，即可迅速选题、一键发布、智能批改，并查看学生的作业分析报告，提高教学效率、提升教学体验。学生可在线完成作业，巩固所学知识，提高学习效率。

## 本书创作团队

本书由胡梦杰、李再友、李文广担任主编，武伟冉、李安裕、湛剑佳、郎玲、葛君、印小燕、张晨、吕琳琳、马晨悦、王洋、雷学锋、熊浩、邓丹君、洪天保担任副主编。在本书的编写过程中，编者参考了大量的文献资料，在此向这些文献的作者表示诚挚的谢意。

由于编者水平和经验有限，书中存在的不妥之处，敬请广大读者批评指正。

# 本书编委会

**主　编**　胡梦杰　李再友　李文广

**副主编**　武伟冉　李安裕　湛剑佳
　　　　　郎　玲　葛　君　印小燕
　　　　　张　晨　吕琳琳　马晨悦
　　　　　王　洋　雷学锋　熊　浩
　　　　　邓丹君　洪天保

# 目录 CONTENTS

## 第1章　JavaScript 入门 / 1

项目导读 / 1
学习目标 / 1
素质目标 / 1
1.1　JavaScript 介绍 / 2
　　1.1.1　JavaScript 的起源 / 2
　　1.1.2　JavaScript 的应用 / 2
　　1.1.3　JavaScript 的特点 / 3
　　1.1.4　JavaScript 和 ECMAScript 的关系 / 4
1.2　开发工具 / 4
　　1.2.1　编辑器 / 4
　　1.2.2　浏览器 / 6
　　1.2.3　【示例】Hello World / 7
1.3　快速上手 / 9
　　1.3.1　在 HTML 中引入 JavaScript / 9
　　1.3.2　常用输出语句 / 12
　　1.3.3　基础表达式 / 13
　　1.3.4　函数 / 14
　　1.3.5　事件 / 14
　　1.3.6　【示例】改变网页文字颜色 / 16
综合案例：用户登录验证 / 17
本章总结 / 18
课后习题 / 19

## 第2章　基本语法 / 20

项目导读 / 20
学习目标 / 20
素质目标 / 20
2.1　基本概念 / 21
　　2.1.1　标识符 / 21
　　2.1.2　关键字和保留字 / 21
　　2.1.3　注释 / 22
2.2　变量 / 23
　　2.2.1　变量声明 / 23
　　2.2.2　变量赋值 / 24
2.3　数据类型 / 25
　　2.3.1　Undefined 类型 / 25
　　2.3.2　Null 类型 / 26
　　2.3.3　Boolean 类型 / 26
　　2.3.4　Number 类型 / 27
　　2.3.5　String 类型 / 28
2.4　运算符 / 30
　　2.4.1　算术运算符 / 30
　　2.4.2　赋值运算符 / 32
　　2.4.3　比较运算符 / 32
　　2.4.4　条件运算符 / 33
　　2.4.5　布尔运算符 / 34
　　2.4.6　位运算符 / 34

I

2.4.7 运算符优先级 / 36
2.4.8 【示例】计算立方体的体积 / 37
2.5 流程控制语句 / 38
　2.5.1 选择结构语句 / 39
　2.5.2 循环结构语句 / 43
　2.5.3 跳转语句 / 45
　2.5.4 【示例】打印菱形图形 / 45
综合案例：计算银行存款 / 47
本章总结 / 48
课后习题 / 48

# 第3章　数组 / 50

项目导读 / 50
学习目标 / 50
素质目标 / 50
3.1 认识引用类型 / 51
3.2 数组 / 52
　3.2.1 什么是数组 / 52
　3.2.2 定义数组 / 53
　3.2.3 数组元素操作 / 55
　3.2.4 数组遍历 / 58
　3.2.5 数组元素定位 / 59
　3.2.6 数组排序 / 59
　3.2.7 数组相关方法 / 63
　3.2.8 【示例】奇偶数组 / 66
综合案例：地区选择器 / 67
本章总结 / 74
课后习题 / 75

# 第4章　函数 / 76

项目导读 / 76
学习目标 / 76
素质目标 / 76
4.1 函数的定义与调用 / 77
　4.1.1 函数定义 / 77
　4.1.2 函数参数 / 79
　4.1.3 函数返回值 / 80
　4.1.4 函数调用 / 81
　4.1.5 【示例】获取手机价格 / 82
4.2 作用域 / 84
4.3 匿名函数 / 86
　4.3.1 函数表达式 / 86
　4.3.2 匿名函数 / 86
　4.3.3 回调函数 / 87
　4.3.4 自执行函数 / 88
4.4 嵌套与递归 / 89
　4.4.1 函数嵌套 / 89
　4.4.2 递归函数 / 90
　4.4.3 【示例】实现二分查找法 / 90
4.5 闭包函数 / 92
　4.5.1 认识闭包 / 92
　4.5.2 闭包函数的应用 / 93
综合案例：简易版计算器 / 94
本章总结 / 97
课后习题 / 97

# 第5章　面向对象 / 99

项目导读 / 99
学习目标 / 99
素质目标 / 99
5.1 面向对象介绍 / 100
　5.1.1 面向过程与面向对象 / 100
　5.1.2 面向对象的三大特征 / 101
5.2 对象 / 103
　5.2.1 什么是对象 / 103
　5.2.2 自定义对象 / 104
　5.2.3 属性操作 / 104
　5.2.4 对象遍历 / 106
　5.2.5 【示例】年龄最大的学生 / 106
5.3 构造器 / 108
　5.3.1 认识构造器 / 108
　5.3.2 JavaScript 内置构造器 / 109
　5.3.3 自定义构造器 / 110
　5.3.4 使用 class 创建对象 / 111

5.3.5　this 关键字 / 112
5.3.6　静态属性和方法 / 114
5.3.7　私有属性和方法 / 114
5.4　内置对象 / 115
5.4.1　String 对象 / 115
5.4.2　Number 对象 / 116
5.4.3　Date 对象 / 117
5.4.4　Math 对象 / 119
5.4.5　Error 对象 / 119
5.5　继承 / 121
5.5.1　原型 / 121
5.5.2　继承 / 123
5.5.3　class 的继承 / 124
5.5.4　【示例】动物园赛跑比赛 / 126
综合案例：限制输入框输入 / 129
本章总结 / 132
课后习题 / 132

## 第6章　BOM / 134

项目导读 / 134
学习目标 / 134
素质目标 / 134
6.1　BOM 介绍 / 135
6.2　window 对象 / 136
6.2.1　全局作用域 / 136
6.2.2　系统对话框 / 137
6.2.3　打开和关闭窗口 / 139
6.2.4　窗口位置 / 140
6.2.5　窗口大小 / 141
6.2.6　框架操作 / 141
6.2.7　【示例】第三方跳转 / 142
6.3　location 对象 / 143
6.3.1　URL / 143
6.3.2　常用属性和方法 / 144
6.4　history 对象 / 145
6.4.1　常用属性和方法 / 145
6.4.2　【示例】模拟浏览器前进后退 / 146

6.4.3　【示例】无刷新网页跳转 / 149
6.5　navigator 对象 / 151
6.6　screen 对象 / 152
6.7　定时器 / 153
6.7.1　setTimeout() / 153
6.7.2　setInterval() / 154
6.7.3　【示例】实现计时器 / 155
综合案例：限时秒杀活动 / 158
本章总结 / 161
课后习题 / 162

## 第7章　DOM / 163

项目导读 / 163
学习目标 / 163
素质目标 / 163
7.1　DOM 介绍 / 164
7.1.1　什么是 DOM / 164
7.1.2　HTML 节点树 / 164
7.2　HTML 元素操作 / 165
7.2.1　获取元素 / 165
7.2.2　元素内容 / 168
7.2.3　元素样式 / 170
7.2.4　元素属性 / 174
7.2.5　【示例】实现模态对话框 / 175
7.3　DOM 节点操作 / 177
7.3.1　获取节点 / 177
7.3.2　增加节点 / 180
7.3.3　删除节点 / 181
7.3.4　【示例】线上点菜 / 182
综合案例：电商购物车 / 185
本章总结 / 192
课后习题 / 193

## 第8章　事件 / 194

项目导读 / 194
学习目标 / 194
素质目标 / 194

8.1 事件介绍 / 195
   8.1.1 什么是事件 / 195
   8.1.2 事件绑定方式 / 196
   8.1.3 事件流 / 198
8.2 事件对象 / 199
   8.2.1 获取事件对象 / 199
   8.2.2 事件对象属性和方法 / 200
8.3 事件类型 / 204
   8.3.1 鼠标事件 / 204
   8.3.2 触摸事件 / 207
   8.3.3 键盘事件 / 207
   8.3.4 焦点事件 / 209
   8.3.5 页面事件 / 211
   8.3.6 HTML 5 事件 / 212
   8.3.7 【示例】图片放大缩小 / 215
8.4 事件优化 / 216
   8.4.1 事件委托 / 216
   8.4.2 事件删除 / 217
   8.4.3 【示例】列表单击优化 / 219
综合案例：图片懒加载 / 220
本章总结 / 223
课后习题 / 223

## 第9章 Ajax / 225

项目导读 / 225
学习目标 / 225
素质目标 / 225
9.1 初识 Ajax / 226
9.2 Web 服务器搭建 / 227
   9.2.1 安装 Node.js / 227
   9.2.2 创建 Node.js 应用 / 228
   9.2.3 运行 Web 服务 / 230
   9.2.4 访问 Web 服务 / 230
9.3 XMLHttpRequest / 231
   9.3.1 Ajax 请求流程 / 231
   9.3.2 常用 HTTP 请求方式 / 231
   9.3.3 接收响应数据 / 235

   9.3.4 HTTP 请求头 / 238
   9.3.5 【示例】自定义请求头获取
        用户信息 / 239
9.4 数据交换格式 / 242
   9.4.1 XML / 242
   9.4.2 JSON / 245
   9.4.3 【示例】无刷新列表分页 / 247
9.5 跨域处理 / 252
   9.5.1 什么是跨域 / 252
   9.5.2 JSONP / 253
   9.5.3 CORS / 255
综合案例：多图上传功能 / 256
本章总结 / 262
课后习题 / 263

## 第10章 浏览器存储 / 264

项目导读 / 264
学习目标 / 264
素质目标 / 264
10.1 Cookie / 265
   10.1.1 基本用法 / 265
   10.1.2 Cookie 常用属性 / 266
   10.1.3 【示例】设置用户登录状态 / 267
10.2 sessionStorage 和 localStorage / 270
   10.2.1 sessionStorage / 270
   10.2.2 localStorage / 271
   10.2.3 【示例】存储请求数据 / 271
综合案例：跨页表单提交 / 274
本章总结 / 277
课后习题 / 277

## 第11章 正则表达式 / 279

项目导读 / 279
学习目标 / 279
素质目标 / 279
11.1 初识正则表达式 / 280
   11.1.1 什么是正则表达式 / 280

11.1.2　正则表达式的基本应用 / 281
　　11.1.3　创建正则表达式 / 281
11.2　正则表达式的语法规则 / 282
　　11.2.1　字符类别 / 282
　　11.2.2　字符集合 / 283
　　11.2.3　特殊字符 / 284
　　11.2.4　限定字符 / 285
　　11.2.5　修饰符 / 286
　　11.2.6　【示例】限定手机号输入 / 286
11.3　与正则表达式相关的方法 / 288
　　11.3.1　String 类中的方法 / 288
　　11.3.2　RegExp 类中的方法 / 289
　　11.3.3　【示例】实现简单模板语法 / 290
综合案例：实现表单验证 / 292
本章总结 / 295
课后习题 / 296

## 第 12 章　Vue / 297

项目导读 / 297
学习目标 / 297
素质目标 / 297
12.1　Vue 入门 / 298
　　12.1.1　什么是 Vue / 298
　　12.1.2　下载和安装 Vue / 301
　　12.1.3　引入 Vue / 302
　　12.1.4　Vue 基本语法 / 302
12.2　Vue 实例 / 303
　　12.2.1　创建 Vue 实例 / 303
　　12.2.2　数据和方法 / 304
　　12.2.3　Vue 实例的生命周期 / 304
12.3　数据绑定 / 305
　　12.3.1　文本绑定 / 305
　　12.3.2　HTML 绑定 / 306
　　12.3.3　属性绑定 / 307
　　12.3.4　事件绑定 / 307

　　12.3.5　双向绑定 / 308
　　12.3.6　【示例】实现商品数量
　　　　　　编辑按钮 / 309
12.4　计算属性和侦听器 / 311
　　12.4.1　计算属性 / 311
　　12.4.2　侦听器 / 313
12.5　模板渲染 / 314
　　12.5.1　条件渲染 / 314
　　12.5.2　循环渲染 / 316
　　12.5.3　【示例】收货信息提交 / 317
综合案例：实现 TodoList / 319
本章总结 / 323
课后习题 / 324

## 第 13 章　网页版贪吃蛇 / 325

项目导读 / 325
学习目标 / 325
素质目标 / 325
13.1　功能展示 / 326
13.2　功能分析 / 327
13.3　功能实现 / 328
　　13.3.1　游戏设置界面 / 328
　　13.3.2　游戏分数和游戏引导 / 331
　　13.3.3　游戏容器 / 334
　　13.3.4　小蛇 / 336
　　13.3.5　障碍物 / 338
　　13.3.6　食物 / 341
　　13.3.7　小蛇移动事件 / 343
　　13.3.8　判定游戏结果 / 347
　　13.3.9　退出和重玩 / 352
本章总结 / 355
课后习题 / 356

**参考文献 / 357**

# 第 1 章

# JavaScript 入门

## 项目导读

现实生活中，我们每天都在使用电脑或手机浏览各种各样的网页，可以说浏览网页已经成为我们生活的一部分。要知道，这些与我们紧密相关的网页的实现都离不开 JavaScript。HTML、CSS 和 JavaScript 是网页前端开发的必备技术。使用 HTML 和 CSS 可以制作静态的没有交互性的网页，而要使网页具有交互效果，就必须要使用 JavaScript 来实现。

本章主要介绍 JavaScript 的起源、应用、特点，JavaScript 的开发工具，以及 JavaScript 基础知识。希望通过本章的学习，读者能够对 JavaScript 有一个简单的了解，并能够使用 JavaScript 实现简单的功能。

## 学习目标

- 了解 JavaScript 的起源、应用和特点
- 理解 JavaScript 和 ECMAScript 的关系
- 了解编辑器和浏览器相关知识及其应用
- 掌握 JavaScript 基础应用
- 能够使用 JavaScript 实现简单的网页功能

## 素质目标

- 通过对计算机技术的了解，增强探索意识
- 树立正确的价值观，提高媒介素养

## 1.1 JavaScript 介绍

HTML、CSS、JavaScript 被称为 Web 开发三剑客，HTML 和 CSS 负责网页的结构和样式，而 JavaScript 负责实现用户与网页之间的交互。本节介绍 JavaScript 的起源、应用场景、特点，以及其与 ECMAScript 的关系。

### 1.1.1 JavaScript 的起源

1995 年，NetScape（网景）公司决定开发一种与 Java 搭配使用且语法上类似辅助脚本的语言，其公司员工 Brendan Eich（布兰登·艾奇）仅花费 10 天时间便设计出了该脚本语言的原型。这门脚本语言最初命名为 Mocha，1995 年 9 月改名为 LiveScript，同年 12 月，NetScape 公司与 Sun 公司组成的开发联盟为了让这门语言搭上 Java 这门编程语言的热度，将其临时改名为 JavaScript。但实际上 Java 和 JavaScript 是两门完全不同的语言，除了在语法上有些类似之外，并没有太多的共同点。

发展初期，JavaScript 的标准并未确定，同期有 Netscape 的 JavaScript，微软的 JScript 和 CEnvi 的 ScriptEase 三足鼎立。为了互用性，Ecma 国际（前身为欧洲计算机制造商协会）创建了 ECMA-262 标准（ECMAScript）。JavaScript 和 JScript 都属于 ECMAScript 的实现。

### 1.1.2 JavaScript 的应用

JavaScript 是一种可以嵌入到网页文件中的编程语言，可以实现网页的交互效果，使用户体验更好。例如，当用户在网页上填写手机号和验证码时，可以在浏览器端通过 JavaScript 进行校验，如果不符合校验规则，可以直接给出用户提示，而不必提交到服务器，这不仅给了用户好的体验，还减轻了服务器端的压力。

当我们在百度搜索框中输入关键词时，搜索框将会给出几个与关键词相关的提示，如图 1-1 所示。这是一个使用 JavaScript 实现的简单效果。

图 1-1 百度搜索框

另外，使用 JavaScript 还能实现网页中最常用到的轮播图效果，如图 1-2 所示。

图 1-2　网页上的轮播图效果

## 1.1.3　JavaScript 的特点

### 1. JavaScript 是脚本语言

脚本是一条条可执行的文本命令，一般按照自上而下的顺序执行。常见的脚本语言有 JavaScript、PHP、Python、Perl 等，而 C、C++、Java、Golang 等语言并不属于脚本语言。非脚本语言一般需要经过编译、链接，生成可执行文件后才能够运行。而脚本语言主要依赖于脚本解释器，代码在运行时自动进行解释或编译。

脚本语言的语法规则一般比较松散，方便开发者快速编写程序，但这同时也带来了一个缺点，就是在代码编写过程中有些错误无法及时发现，容易在运行时产生异常。一般来说，脚本语言的执行速度要比编译型语言慢，不过随着浏览器 JavaScript 引擎的不断优化，以及计算机性能的不断提升，脚本语言执行速度慢的问题基本可以忽略。

### 2. 支持面向对象编程、面向过程编程、函数式编程

JavaScript 是一种基于原型和函数的编程语言，同时也是一种多范式的语言，支持面向对象编程、命令式（面向过程）编程及函数式编程。

> 函数式编程（functional programming）是将计算机运算视为函数的计算的编程范式。

### 3. 支持跨平台执行

JavaScript 的执行主要依赖于浏览器的 JavaScript 引擎，目前几乎所有浏览器都支持运行 JavaScript，并且 JavaScript 语言本身不依赖操作系统，在任何平台上都可以运行。在移动互联网时代，利用手机等移动设备上网的用户越来越多，JavaScript 的跨平台特性使其承担更大的责任。

## 1.1.4 JavaScript 和 ECMAScript 的关系

ECMAScript 是由 Ecma 国际（前身为欧洲计算机制造商协会）通过 ECMA-262 标准化的脚本程序设计语言，简称 ES。JavaScript 和 Jscript 语言可以理解为 ECMAScript 的实现和扩展。完整的 JavaScript 由三部分组成，分别是 ECMAScript、DOM、BOM，如图 1-3 所示。

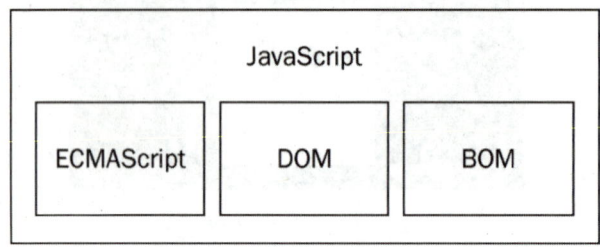

图 1-3　完整的 JavaScript

ECMAScript 从 1997 年发布首个版本开始，截至目前已经更新了 10 个版本。从 2015 年 6 月的 ECMAScript 2015（简称 ES6）开始，ECMAScript 每年会更新一个版本。

## 1.2 开发工具

在正式学习 JavaScript 之前，需要先准备好开发工具，JavaScript 的开发工具主要包括编辑器和浏览器。编辑器用于编写代码，浏览器用于运行和调试 JavaScript 代码。

### 1.2.1 编辑器

编辑器是进行 Web 前端开发必不可少的工具，一款优秀的编辑器能够大幅提高开发者的工作效率。目前比较流行的 Web 前端开发编辑器有 Sublime Text、Visual Studio Code 和 WebStorm。接下来将分别对它们进行简单介绍。

#### 1. Sublime Text

Sublime Text（简称 Sublime）是一款轻量级的代码编辑器，它具有简洁清爽的用户界面，支持多行编辑、编程语言语法高亮、快速文件切换等功能。与此同时，它拥有较为丰富的插件，可以根据需要加强编辑器本身的功能。另外，Sublime 是一款跨平台的编辑器，支持 Windows、MacOS、Linux 等主流操作系统。

#### 2. Visual Studio Code

Visual Studio Code（简称 VS Code）是一款由微软开发，同时支持 Windows、MacOS、Linux 等操作系统且开源的代码编辑器。它具有 Git 版本控制功能，同时也具有代码补全、代码片段和代码重构等功能。另外，该编辑器支持用户个性化配置（如改变主题颜色），同时还内置了丰富的插件管理功能。

> **拓展阅读**
>
> Git 版本控制系统属于分布式版本控制系统，在这种系统中，客户端把代码仓库完整地镜像下来（包括完整的历史记录），这样任何一处协同工作用的服务器发生故障，事后都可以用任何一个镜像出来的本地仓库恢复。

3. WebStorm

WebStorm 是由 JetBrains 软件公司开发的商业付费版 Web 开发工具，同时支持 Windows、MacOS、Linux 等操作系统。它内置了非常强大的代码提示功能和各种丰富的插件，方便用户使用。同时 WebStorm 集成了对 Vue、React 等框架的支持，并内置了强大的 Git 管理工具。

除前面介绍的 3 种编辑器外，比较常用的还有由 GitHub 开发的 Atom 和由 DCloud 开发的 HBuilderX。表 1-1 展示了 5 种编辑器的相关信息，读者可根据需要选择应用。

表 1-1 常用编辑器

| 名称 | 使用人数 | 软件大小 | 插件数量 |
| --- | --- | --- | --- |
| Sublime Text | 较多 | 小 | 较多 |
| Visual Studio Code | 多 | 中 | 多 |
| WebStorm | 较多 | 大 | 多 |
| Atom | 较少 | 中 | 较多 |
| HBuilderX | 较少 | 较小 | 较少 |

在上述 5 种编辑器中，Sublime Text 最为小巧、简洁，同时资源占用较少，非常适合 JavaScript 初学者使用。本书将使用 Sublime Text 3 编辑器进行代码编写，其操作界面如图 1-4 所示。

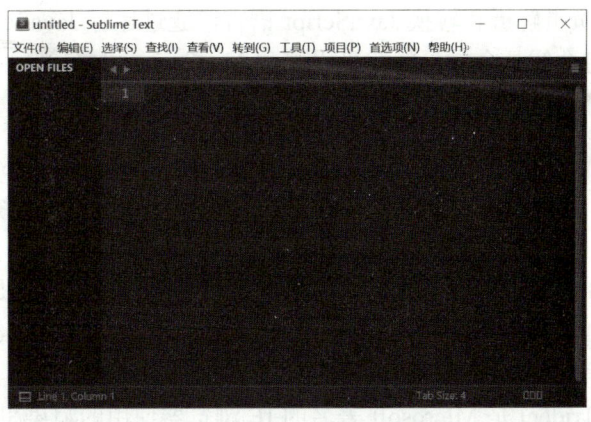

图 1-4 Sublime Text 编辑器

## 1.2.2 浏览器

浏览器是用户访问互联网上各种网页的必备工具。和编辑器类似，目前市面上也有多种多样的浏览器，而且大部分浏览器同时存在桌面版和移动版。不同类型和版本的浏览器对网页功能的支持也有所不同。作为 JavaScript 程序开发者，需要解决各种各样的浏览器兼容性问题，以确保开发的网页能在各种浏览器上运行。表 1-2 列出了目前常见的几种浏览器及其特点。

表 1-2　目前常见浏览器及其特点

| 浏览器 | 开发商 | 特点 |
| --- | --- | --- |
| Chrome | Google | 全球市场占有率最高的浏览器，调试方便，开发必备 |
| Firefox | Mozilla | 全球市场占有率仅次于 Chrome，体验良好 |
| Safari | Apple | MacOS 和 IOS 操作系统内置浏览器 |
| Internet Explorer | Microsoft | Windows 操作系统内置浏览器，功能较少 |
| Edge | Microsoft | Windows 10 操作系统新版浏览器，较 IE 更为流畅、简洁 |
| UC | Alibaba | 市场占有率较高的移动端浏览器，功能较为丰富 |

表 1-2 所展示的浏览器，都存在多个版本，如 IE 浏览器常见的版本有 8、9、10 等。在一些老版本的 Windows 电脑中还会有 IE 6 版本的浏览器，如果要让这部分用户正常使用网页功能，可能还需要做一些兼容性处理。本书将采用目前市场占有率最高的 Chrome 浏览器运行和调试程序。

虽然市面上有如此多的浏览器，但是大部分浏览器都使用相同的浏览器内核，可以通过浏览器内核对浏览器进行分类。另外需要注意的是，同一款浏览器的不同版本可能用了不同的内核。浏览器内核主要分为两个部分：渲染引擎和 JavaScript 引擎。渲染引擎主要负责将网页内容（如 HTML 和 CSS）进行解析和渲染，然后将内容显示到显示器上。JavaScript 引擎主要负责解析和转换 JavaScript 语言，通过运行 JavaScript 代码来实现网页的交互功能。下面将介绍几个常见的渲染引擎和 JavaScript 引擎。

### 1. 渲染引擎

（1）WebKit。WebKit 是一个开源的渲染引擎，其前身是 KDE 小组的 KHTML 引擎。WebKit 主要应用于 Apple 的 Safari 浏览器。另外老版本的安卓系统浏览器也是应用的 WebKit。

（2）Gecko。Gecko 是一套用 C++编写的开源渲染引擎，其特点是代码完全公开，可开发程度很高。Gecko 因其开源的特点受到许多人的青睐，支持 Gecko 渲染引擎的浏览器很多，Firefox 便是其中之一。

（3）Trident。Trident 是 Microsoft 著名的 IE 浏览器使用的渲染引擎，从 IE 4 开始一直使用到 IE 11。IE 本身的"垄断性"使得 Trident 长期一家独大，并且微软很长时间都没有更新 Trident，这导致 Trident 引擎与浏览器标准脱离较远，以及存在许多未修复的 bug。

（4）Blink。Blink 是由 Google 主导开发的开源浏览器渲染引擎。它是开源引擎 WebKit 中 WebCore 组件的一个分支，并且在 Chrome（28 及其之后的版本）等浏览器中使用。目前众多国产浏览器都在使用 Blink 渲染引擎，如 360、QQ、搜狗浏览器等。

### 2. JavaScript 引擎

（1）JavaScriptCore。JavaScriptCore 是 WebKit 的一部分，主要应用于 safari 浏览器。

（2）V8。V8 是由 Google 开发的开源 JavaScript 引擎，主要应用于 Chrome 浏览器。值得一提的是，Node.js 也集成了 V8 引擎。

（3）Chakra。Chakra 是由微软开发的 JavaScript 引擎，主要应用于 IE 9～IE 11 浏览器。

（4）SpiderMonkey。SpiderMonkey 是世界上第一款 JavaScript 引擎，由 NetScape 公司的 Brendan Eich 设计，之后由 Mozilla 维护，主要应用于 Firefox 浏览器。

#### 修身笃学

人们利用浏览器可以快速、方便地查看和获取丰富的互联网信息。但是，互联网信息良莠不齐，我们要提高媒介素养，积极利用互联网获取新知、促进沟通、完善自我。互联网是传播人类优秀文化、弘扬正能量的重要载体。我们应该合理利用网络，理性参与网络生活，传播网络正能量。

## 1.2.3 【示例】Hello World

在简单了解了 JavaScript 的来历和开发工具后，相信大家已经跃跃欲试，想要亲自动手编写网页程序了。本节带领大家动手编写第一个 JavaScript 程序。（实例位置：example/ch1/example1.2.3.html）

【示例】Hello World

### 1. 创建网页文件

首先在本地磁盘创建一个文件夹 code，然后在该文件夹中右键新建一个文本文档，并设置文件名为 index.html，最后使用 Sublime 编辑器将 index.html 文件打开。

### 2. 编写网页代码

在打开的 index.html 中编写简单的网页程序，其中包括<html>、<head>、<body>等标签元素，代码如下：

```
<!DOCTYPE html>
<html lang="en">
<head>
    <meta charset="UTF-8">
```

```
    <title>标题</title>
</head>
<body>
内容
</body>
</html>
```

上述代码中设置了网页语言为 en（英语），网页编码方式为 UTF-8，以帮助浏览器正确识别网页编码。

### 3. 在网页中插入 JavaScript 代码

如果在网页中直接编写 JavaScript 代码，会被浏览器识别为普通文本。为此需要在网页中插入一个<script></script>标签对，然后在该标签对中编写对应的 JavaScript 代码。一般将<script></script>标签对放在<head>标签或者<body>标签中，代码如下：

```
<!DOCTYPE html>
<html lang="en">
<head>
    <meta charset="UTF-8">
    <title>标题</title>
</head>
<body>
    内容
    <script>
    alert('Hello World');          // 显示弹窗 Hello World
    </script>
</body>
</html>
```

🔍 **拓展阅读**

<script>标签放在<head>标签和<body>标签中，浏览器的执行顺序会有所不同。放在<head>标签中时，浏览器会先执行<script>标签代码，再渲染<body>标签中的内容；放在<body>标签中时，浏览器会先渲染<body>标签中的内容，再执行<script>标签代码。

### 4. 运行网页程序

使用 Chrome 浏览器打开 index.html 文件，将会看到网页运行效果，如图 1-5 所示。

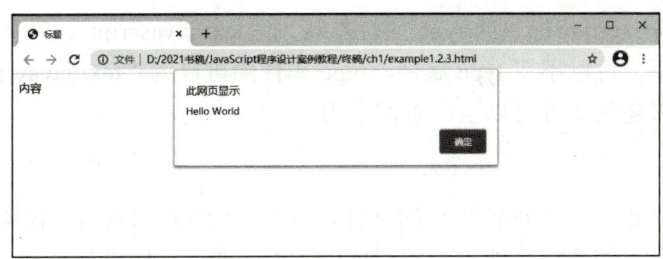

图 1-5　查看网页运行效果

单击提示框中的"确定"按钮，可看到网页内容。

### 提示

在编写 JavaScript 代码时，需要注意基本的语法规则，避免程序出错。
（1）JavaScript 区分大小写，如果将上述代码中的 alert 写为 Alert，JavaScript 程序将无法运行。
（2）JavaScript 对空格、换行、缩进不敏感，一条语句可以分成多行书写。
（3）JavaScript 中双引号和单引号都可以表示字符串。

## 1.3 快速上手

1.2.3 节带领大家编写了第一个 JavaScript 程序，本节将帮助大家快速了解 JavaScript 基础语法，为之后的学习做好铺垫。在学习本节内容之前，读者应该已经掌握了一些基础的 HTML 和 CSS 知识，如各种标签的使用、简单的网页布局等。

### 1.3.1 在 HTML 中引入 JavaScript

在 HTML 中可以使用内联式、外链式、行内式三种方式引入 JavaScript。不同的方式对应不同的使用情况，下面分别介绍这三种方式。

在 HTML 中引入 JavaScript

#### 1. 内联式

内联式是将 JavaScript 代码包裹在<script>标签中直接编写到 HTML 文件中。1.2.3 节的案例就是通过内联方式引入 JavaScript 代码的。使用内联方式引入 JavaScript 的形式如下：

```
<script type= "text/javascript">
    JavaScript 代码;
</script>
```

上述代码中，<script>标签的属性 type 用于告诉浏览器该段 JavaScript 代码的类型。在

HTML 5 标准中，<script>标签的 type 属性默认为"text/javascript"，在不考虑老版本浏览器兼容性的情况下，可以不写 type 属性。type 属性除可以为"text/javascript"外，还可以为其他类型，感兴趣的读者可以自行查阅学习。

2. 外链式

外链式是指创建一个扩展名为 js 的文件，将 JavaScript 代码编写在该文件里，然后通过<script>标签的 src 属性将文件引入到网页中。下面通过实例进行说明。

【例 1-1】 使用外链方式在网页中引入 JavaScript 代码，实现网页弹窗效果。（实例位置：example/ch1/1-1.html）

（1）创建一个网页文件 1-1.html，输入以下代码。

```html
<!DOCTYPE html>
<html lang="en">
<head>
    <meta charset="UTF-8">
    <title>外链式</title>
</head>
<body>
</body>
</html>
```

（2）在网页所在目录创建一个"js"文件夹，然后在其中创建一个 JS 文件"hello.js"，在其中输入以下代码。

```javascript
#hello.js 文件
alert('JavaScript');          // 显示弹窗 JavaScript
```

（3）在网页文件中<title>外链式</title>标签对下方输入以下代码，引入 JavaScript，如图 1-6 所示。

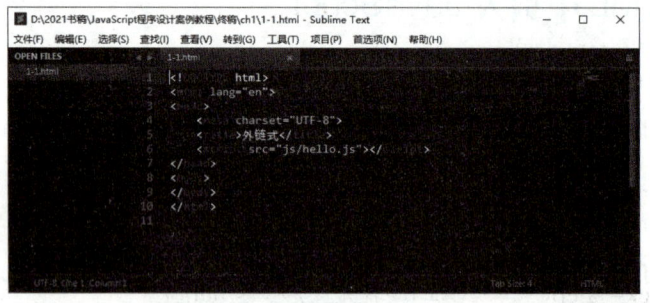

图 1-6　使用外链方式引入 JavaScript

```html
<script src="js/hello.js"></script>
```

在浏览器中打开网页文件即可显示弹窗"JavaScript"。

## 高手点拨

由上述示例代码可以看出，<script>标签的 src 属性值是一个文件路径。src 属性值除了可以是文件路径（包括相对路径和绝对路径）外，还可以是 URL 地址。

（1）相对路径

相对路径是以当前目录为基准进行文件查找，如 js/hello.js 查找的是当前目录下 js 目录中的 hello.js 文件；../hello.js 查找的是当前目录的上一级目录下的 hello.js 文件。

（2）绝对路径

绝对路径是以计算机根目录为基准进行文件查找，如/js/hello.js 查找的是当前计算机根目录下 js 目录中的 hello.js 文件。

（3）URL 地址

URL 地址是带有协议的路径，如 http://www.test.com/js/hello.js。

## 拓展阅读

在网页加载时，用户都会希望尽快加载出网页内容和样式。当将<script>标签放在<head>标签中时，浏览器执行到<script>标签时会进行 JavaScript 代码的下载和执行，这样会阻止浏览器对 HTML 内容的解析和显示。所以通常会将<script>标签放在</body>标签前的位置，即所有网页内容之后，这样可以减少<script>标签对网页内容显示的影响。

除了将<script>标签放置在</body>前，浏览器还提供了 async 和 defer 两个属性来设置 JavaScript 的延迟下载和执行。

（1）async。async 属性的特点是异步下载同步执行，即下载 js 文件时不阻塞 HTML 的解析和显示，等文件下载完成后立即执行。使用方法如下：
`<script src="http://www.test.com/test.js" async></script>`

（2）defer。defer 属性的特点是异步下载异步执行，即下载 js 文件时不阻塞 HTML 的解析和显示，等 HTML 解析和渲染完成后再执行。使用方法如下：
`<script src="http://www.test.com/test.js" defer></script>`

### 3. 行内式

行内式是指将 JavaScript 代码作为 HTML 标签的属性值使用。例如，单击网页上的按钮弹出提示框，可通过以下代码实现。

`<button onclick="alert('点击按钮')">我是个按钮</button>`

除按钮单击事件之外，为<a>标签的 href 属性赋值 JavaScript 代码后，单击链接标签也能弹出提示框，代码如下：

`<a href="javascript:alert('点击链接');">我是个链接</a>`

现代网页开发提倡使用 HTML、CSS、JavaScript 分离的方式，即 CSS 和 JavaScript 都通过外链的方式引入。这样既能减少 HTML 文件的大小，也能通过 defer 等属性提升网页加载速度，还能增加代码的可读性和可维护性。另外，通过外链方式引入的 JavaScript 代码可以使用 CDN（content delivery network，内容分发网络），进一步加快文件下载速度，提升网页性能。建议今后在网页开发中尽量使用外链方式引入 JavaScript。

### 1.3.2 常用输出语句

利用输出语句可以输出一段代码的执行结果，在学习 JavaScript 时经常会用到输出语句。下面介绍 3 个常用的输出语句。

#### 1. console.log()

console.log()主要用于在浏览器控制台输出相关内容，代码如下：

```
console.log('这是一个 log');          // 输出结果"这是一个 log"
```

在 code 文件夹下创建 console.html 文件，并在<script>标签中编写上述代码，再使用浏览器打开 console.html 文件，在网页空白处单击鼠标右键，在弹出的快捷菜单中选择"检查"项可打开调试工具，切换到"Console"选项卡，可看到输出结果，如图 1-7 所示。

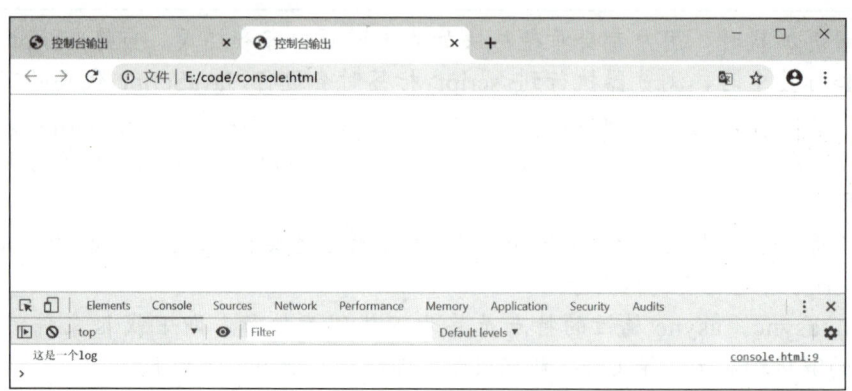

图 1-7　console.log()控制台输出

由图 1-7 可以看出，控制台不仅输出了结果"这是一个 log"，同时在其右侧可以看出，这个结果是从 console.html 文件的第 9 行输出的。

#### 2. alert()

使用 alert()方法可以在浏览器中弹出一个警示框，确保用户可以看到某些重要信息。alert()方法在之前的案例中已经多次用到过，此处不再对其用法做过多介绍。除上述用处外，alert()方法还常用于测试程序。

#### 3. prompt()

prompt()方法用于显示提示用户输入信息的对话框，代码如下：

```
prompt('请输入密码');                //提示用户"请输入密码"
```

代码运行结果如图 1-8 所示。

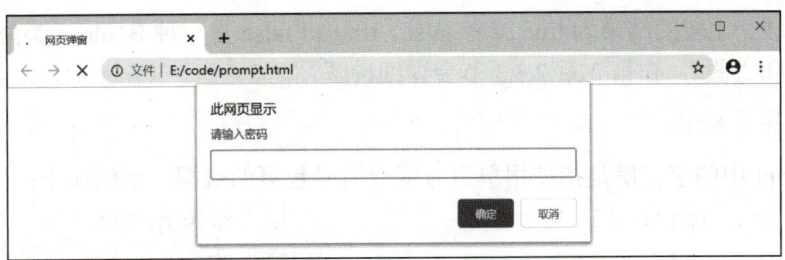

图1-8 prompt()弹窗

> **提示**
>
> 当网页弹窗运行时,弹窗之后的JavaScript代码将会停止执行,只有在弹窗消失后,后续JavaScript代码才会继续执行。

### 1.3.3 基础表达式

#### 1. 变量声明与赋值

变量可以理解为一个容器,每个容器都有一个独一无二的名称,这个名称就是变量名。当需要多次使用同一个数据时,可以定义一个变量来保存该数据。一般采用以下方法声明和赋值变量。

```
var apple;                  // 声明变量apple
var num = 1;                // 声明变量num,并赋值为1
console.log(num);           // 输出结果1
```

#### 2. 算术运算

JavaScript支持+(加)、-(减)、*(乘)、/(除)四则运算,示例如下:

```
console.log(1 + 1);         // 输出结果2
console.log(1 + 5 * 2);     // 输出结果11
console.log((4 - 2) / 2);   // 输出结果1
```

由上述示例可以看出,JavaScript中的四则运算和数学中的四则运算一致,先乘除后加减,同时括号可以改变运算顺序。

#### 3. 比较数字大小

使用JavaScript中的比较运算符可以比较两个数字的大小,示例如下:

```
console.log(10 > 2);        // 输出结果true
console.log(5 < 2);         // 输出结果false
console.log(3 == 5);        // 输出结果false
console.log(8 == 8);        // 输出结果true
```

由上述示例可以看出,JavaScript使用>(大于)、<(小于)、==(等于)符号进行数

字大小的比较，比较的结果为 true 或者 false。true 和 false 是一种 Boolean 类型的值，分别代表"真"和"假"，在第 2 章 2.3.3 节会详细讲解。

### 4. 字符串输出

JavaScript 中的字符串是指使用单引号或双引号包裹的数据，示例如下：

```
console.log('hello');              //输出结果 hello
console.log("world");              //输出结果 world
```

### 5. 字符串拼接

字符串拼接是指将两个或两个以上字符串组合成一个字符串，通常使用"+"运算符进行字符串拼接操作，示例如下：

```
console.log('hello' + 'world');    // 输出结果 helloworld
console.log('abc' + '123');        // 输出结果 abc123
```

### 6. 比较字符串是否相同

使用"=="操作符可以比较两个字符串是否相同，示例如下：

```
console.log('doc' == 'doc');       // 输出结果 true
console.log('a' == 'b');           // 输出结果 false
```

### 7. 根据比较结果执行不同的代码

在 JavaScript 程序中，有时需要根据比较结果执行不同的代码，这就用到了 if…else 语句，示例如下：

```
if ('doc' == 'cod') {
    console.log('equal');          // 比较结果为 true 时执行
} else {
    console.log('unequal');        // 比较结果为 false 时执行
}
```

上述代码的执行结果为 unequal，因为 doc 并不等于 cod。

## 1.3.4 函数

在软件开发领域，有一个专有名词叫封装。封装简单来讲就是使用函数将一段代码或者一个功能模块单独抽离出来，然后通过调用一个个函数来完成任务。这样不仅可以减少代码的重复编写，还能使代码整体结构更加清晰。我们频繁使用的 console.log()就是一个系统自带的函数。一般使用关键字 function 定义函数，函数的详细内容见第 4 章。

## 1.3.5 事件

事件是指可以被 JavaScript 侦测到的行为，如在网页中移动或单击鼠标，敲击键盘等。

可以通过触发事件执行特定的 JavaScript 代码，从而实现网页的交互效果。例如，用户单击页面上的某个按钮，就触发了单击事件，此时浏览器会打开一个提示框。

【例 1-2】 编写 JavaScript 代码实现单击按钮触发事件。（实例位置：example/ch1/1-2.html）

（1）首先在本地磁盘创建网页文件 1-2.html，并构建网页基本结构，之后在网页中插入一个按钮，具体代码如下：

```html
<!DOCTYPE html>
<html lang="en">
<head>
    <meta charset="UTF-8">
    <title>标题</title>
</head>
<body>
    <button id="button">按钮</button>
</body>
</html>
```

（2）在按钮标签下方插入<script></script>标签，并在其中输入 script 代码，具体代码如下：

```
//获取 id 为 button 的按钮元素，并监听它的单击事件
<script>
    document.getElementById('button').onclick=function(){
    alert('触发了按钮单击事件');  //弹出选择框并显示"触发了按钮单击事件"
    };
</script>
```

（3）在浏览器中打开网页并单击按钮，弹出提示框，如图 1-9 所示。

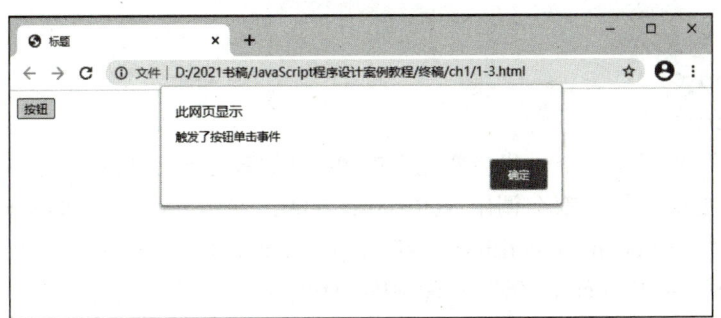

图 1-9 网页运行效果

例 1-2 使用 document.getElementById()方法获取了 id 为 button 的按钮元素，使用 onclick 监听该按钮的单击事件。除 onclick 单击事件之外，JavaScript 还有 onmousemove、ontouch 等事件，第 8 章会对事件进行详细讲解。

## 1.3.6 【示例】改变网页文字颜色

本节通过编写一个简单的 JavaScript 程序，实现单击按钮让网页中文字变色的效果。（实例位置：example/ch1/example1.3.6.html）

示例代码如下：

```
1  <!DOCTYPE html>
2  <html lang="en">
3  <head>
4  <meta charset="UTF-8">
5  <title>文字变色</title>
6  </head>
7  <body>
8  <h1>我会变色</h1>
9  <button onclick="setColor( 'red')">变为红色</button>
10 <button onclick="setColor('orange')">变为橙色</button>
11 <button onclick="setColor('yellow')">变为黄色</button>
12 <button onclick="setColor( 'green')">变为绿色</button>
13 <button onclick="setColor('blue')">变为蓝色</button>
14 <script>
   //自定义函数 setColor()，并需要传入一个参数 color
15 function setColor(color) {
   //将 h1 标题颜色设置为传入的颜色
16 document.getElementsByTagName('h1')[0].style.color = color;
17 }
18 </script>
19 </body>
20 </html>
```

上述代码第 8 行是 1 个"我会变色"的<h1>标签，9～13 行编写了 5 个对应不同颜色的按钮，单击每个按钮都会调用 setColor()方法，并传入对应的颜色作为函数参数。setColor()方法使用 document.getElementsByTagName('h1')获取页面上的<h1>标签，然后通过该标签的 style 对象的 color 属性设置颜色。style 表示对应元素的样式，color 对应 CSS 中的 color 属性。

使用浏览器打开网页文件，运行效果如图 1-10 所示。

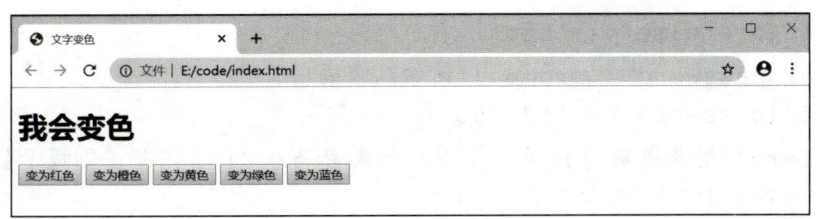

图 1-10　网页运行效果

单击"变为蓝色"按钮，可以看到"我会变色"4 个字变为蓝色，效果如图 1-11 所示。

图 1-11　改变文字颜色

有些同学可能现在还看不太懂案例中的个别语句，这没关系，学完后面的内容自然就会懂了。

## 综合案例：用户登录验证

网站一般都有用户登录注册模块，本案例将制作一个用户登录页面。该页面使用 JavaScript 程序获取用户输入的用户名和密码，如果输入的用户名和密码正确，提示用户登录成功；如果用户名或密码不正确，则提示用户输入的用户名或密码错误。（实例位置：example/ch1/login.html）

新建网页文档"login.html"，在其中输入以下代码并保存文档。

```
1  <!DOCTYPE html>
2  <html lang="en">
3  <head>
4  <meta charset="UTF-8">
5  <title>用户登录校验</title>
6  </head>
7  <body>
8  <script>
9  var username = prompt('请输入用户名');     // 提示输入用户名
   // 如果用户名为"tom"，则提示输入密码
```

```
10 if (username == 'tom') {
11 var password = prompt('请输入密码');
12 if (password == '123456') {
13 alert('登录成功');            // 如果密码为"123456",则提示登录成功
14 } else {
15 alert('密码输入错误');//如果密码不是"123456",则提示密码输入错误
16 }
17 } else {
18 alert('用户名输入错误');//如果用户名不是"tom",则提示用户名输入错误
19 }
20 </script>
21 </body>
22 </html>
```

上述第 10 行代码,将用户输入的用户名与"tom"对比,如果匹配则让用户继续输入密码,如果不匹配则提示"用户名输入错误"。第 12 行代码将用户输入的密码与"123456"对比,如果用户输入的密码与"123456"匹配,则提示用户"登录成功",否则提示用户"密码输入错误"。

使用浏览器打开网页文档,将弹出"请输入用户名"提示框。当输入正确的用户名"tom"并单击"确定"按钮后,会提示用户"请输入密码"。当输入正确的密码"123456"后单击"确定"按钮,会提示"登录成功",如图 1-12 所示。

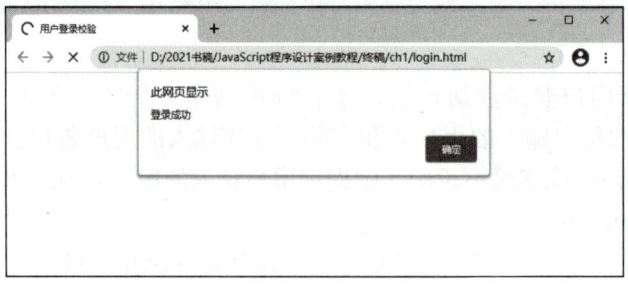

图 1-12  用户名和密码校验通过

## 本章总结

本章首先讲了 JavaScript 的起源;然后讲了 JavaScript 的应用、特点,以及 JavaScript 和 ECMAScript 的关系;接下来介绍了 JavaScript 开发工具,并通过一个小示例讲解了如何利用编辑器和浏览器编辑和展示网页;最后简单介绍了在网页中引入 JavaScript 的方式、常用输出语句等基础知识,并通过一个综合案例向读者展示了 JS 在实际网页中的应用。

通过本章的学习，读者应重点掌握 Sublime Text 编辑器和 Chrome 浏览器在 JavaScript 开发和运行中的应用，以及在网页中引入 JavaScript 的方式，并简单了解常用输出语句、基础表达式、函数和事件的基础知识。

## 课后习题

1. 选择题

（1）以下属于浏览器控制台输出语句的是（　　　）。
　　　A．console.log()　　B．alert()　　　C．confirm()　　D．prompt()
（2）定义 JavaScript 变量名的关键词是（　　）。
　　　A．string　　　　　B．var　　　　　C．number　　　D．error
（3）定义 JavaScript 函数的关键词是（　　）。
　　　A．func　　　　　B．document　　　C．function　　　D．var

2. 判断题

（1）JavaScript 是 Java 的脚本语言实现。　　　　　　　　　　　　　　（　　）
（2）ECMAScript 是 JavaScript 语言的一部分。　　　　　　　　　　　　（　　）
（3）浏览器内核包括渲染引擎和 JavaScript 引擎两个部分。　　　　　　（　　）

3. 填空题

（1）用于判断两个数字是否相等的运算符是_____。
（2）console.log(5 > 2);语句的输出结果是_____。
（3）console.log('hello'+'world');语句的输出结果是_____。

4. 编程题

利用本章所学知识，编写一个能通过用户输入内容改变网页背景颜色的 JavaScript 程序。

# 第 2 章

# 基本语法

## 项目导读

学习任何一门计算机语言，都需要掌握其基本语法，只有这样才能更好地学习该语言的其他知识点。本章主要介绍 JavaScript 中的标识符、关键字、变量、数据类型、运算符及流程控制语句等。希望通过本章的学习，读者能够掌握并熟练使用 JavaScript 的基本语法。

## 学习目标

- 了解标识符的概念及其定义规则
- 掌握变量的声明和赋值方法
- 熟悉常用数据类型
- 掌握常用运算符的应用
- 掌握流程控制语句的应用

## 素质目标

- 在学习和工作中培养刻苦努力、精益求精的态度
- 增强遵守规则的意识，养成按规矩行事的习惯
- 加强基础知识的学习，从而实现从量变到质变的转化，为个人的长远发展打下坚实的基础

## 2.1 基本概念

JavaScript 参考和借鉴了很多语言的语法，如 Java、C++、Python 等。当你掌握了一门语言之后，学习其他语言会更加轻松愉悦。

### 2.1.1 标识符

标识符是指开发者自定义的变量、函数、属性等的名称。例如，单词 apple 可以作为标识符使用。当然，并不是所有字符都能用作标识符，每种编程语言都有自己的标识符定义规则，下面介绍一下 JavaScript 中标识符的定义规则。

① 标识符由字母、下划线（_）、美元符号（$）和数字构成，如 car，_book1，$money。
② 第一个字符不能为数字，如 123str 就属于非法标识符。
③ 在定义标识符时，最好能做到见名知义，如 name 表示名称，sex 表示性别等。
④ 不能使用 JavaScript 中的关键字命名标识符，如 char 就属于非法标识符。

JavaScript 对字母大小写是敏感的。例如，test、TEST 和 Test 表示不同的标识符。所以，在定义和使用标识符时要特别注意大小写。

在定义较复杂的标识符时，可能会用到多个单词，此时可使用驼峰命名法（如 redBag）、帕斯卡命名法（如 RedBag）和下划线命名法（如 red_bag）命名标识符。驼峰命名法常用于函数的命名，帕斯卡命名法常用于类和构造器的命名，下划线命名法常用于常量和私有变量的命名。标识符的使用将贯穿整本书，读者可以慢慢学习体会。

### 2.1.2 关键字和保留字

关键字是指 JavaScript 中预先定义好的单词，它们被赋予了各种不同的含义。例如，var 关键字表示变量声明。关键字不能用于标识符的命名，如果用关键字命名标识符，在程序运行时会出现错误提示。表 2-1 列举了 ES 5 中的所有关键字。

表 2-1　ES 5 中的所有关键字

| break | case | catch | continue | debugger | default |
| delete | do | else | finally | for | function |
| if | in | instanceof | new | return | switch |
| this | throw | try | typeof | var | void |
| while | with | | | | |

由表 2-1 可知，ES 5 中一共有 26 个关键字，它们有着不同的意义。例如，var 用于变量声明，function 用于函数声明，typeof 用于变量类型判断，if 用于条件判断。在之后的章节中，我们将会陆续讲解这些关键字的含义和用法，目前暂作了解。

除上述关键字之外，JavaScript 中还有一些保留关键字，简称保留字。保留字是指将来可能会用作 JavaScript 关键字的一些单词，是为 JavaScript 的发展预留的一些词语。虽然保留字可以作为标识符，但不建议这么使用，因为随着语言的发展，可能会导致一些无法预测的错误。表 2-2 列举了目前 JavaScript 中的所有保留字。

表 2-2  所有保留字

| abstract | boolean | byte | char | class | const |
|----------|---------|------|------|-------|-------|
| double | enum | export | extends | final | float |
| goto | implements | import | int | interface | long |
| native | package | private | protected | public | short |
| static | super | synchronized | throws | transient | volatile |

## 2.1.3 注释

几乎所有的编程语言都有注释功能。注释主要用于描述当前代码，它可以让别人更好地理解你编写的代码，在多人合作开发时尤其有用。在程序解析时，注释会被 JavaScript 解释器忽略。JavaScript 中的注释主要有两种，单行注释和多行注释。

### 1. 单行注释

单行注释以两个斜杠"//"开始，后面都是注释内容，代码如下：

```
//声明变量 name，并为其赋值
var name = 'tom';
```

### 2. 多行注释

多行注释以斜杠和星号"/*"开始，星号和斜杠"*/"结束，代码如下：

```
/*
 * 声明变量 teacher
 * 为变量 teacher 赋值
 */
var teacher = 'math';
```

上述示例，中间的星号不是必需的，增加星号是为了增加注释的可读性。多行注释中可以嵌套单行注释，但不能嵌套多行注释。

## 盛世中华

孟子云："不以规矩，不能成方圆"。程序中的每一条语句都要符合语法规则。现实生活中人们也要遵守各种各样的规则，如法律法规、道德规范等。正因为有这些规则的存在，社会才能有序运转，我们才能有序生活，同时也因为对规则心存敬畏，我们才不会肆意妄为，最终害人害己。

在新冠肺炎疫情期间，我国政府高度重视人民的生命安全，及时对各部门下达疫情防控通知，要求各部门按照规定严格管控各区域的人员流动。正因为我国政府做出的一系列规定，我国的疫情才会在最短的时间内得到控制。

灾难面前没有人能置身事外，全国人民要积极响应国家号召，配合当地相关部门的部署，严格遵守相关规定，为取得最终胜利贡献一份力量。

## 2.2 变量

变量可以理解为一个盒子，它可以存放各种各样的物品，在 JavaScript 中变量主要用于存放数据。下面将从变量声明和变量赋值两个方面来介绍变量。

### 2.2.1 变量声明

JavaScript 中一般使用 var 来声明变量，下面通过实例介绍具体方法。

【例 2-1】 声明变量。（实例位置：example/ch2/2-1.html）

```
var cat;                    // 声明变量 cat
var blueShoes;              // 声明变量 blueShoes
var boy, girl;              // 声明变量 boy 和 girl
console.log(cat);           // 输出结果 undefined
console.log(blueShoes);     // 输出结果 undefined
console.log(boy);           // 输出结果 undefined
console.log(girl);          // 输出结果 undefined
```

例 2-1 使用 var 声明了 cat、blueShoes、boy 和 girl 四个变量，其中 boy 和 girl 使用了同一个 var。使用 var 可以一次声明一个变量，以 ";" 结束；也可以一次声明多个变量，各变量之间使用 "," 分隔。下面运行例 2-1 创建的页面，并在控制台输出刚声明的变量，效果如图 2-1 所示。

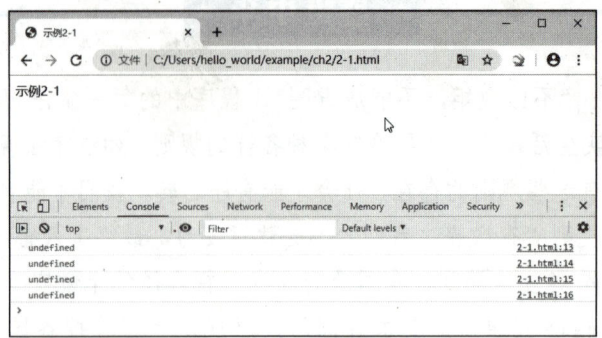

图 2-1　在控制台输出变量

由图 2-1 可知,刚声明的四个变量打印出来全是 undefined(2.3 节会进行讲解),变量值为 undefined 表示变量声明仅定义了一个空盒子,还没在盒子里装东西,2.2.2 节将通过为变量赋值在盒子里放东西。

> **拓展阅读**
>
> ES 6 中新增了 let 和 const 两个全新的变量声明关键字。let 可以代替 var 使用,区别在于,其所声明的变量只在 let 命令所在的代码块内有效。const 定义的变量值不可修改,也可以说 const 定义的是常量。在 ES 6 之前,JavaScript 中是不存在常量的,这是 ES 6 新增的功能。常量的命名遵循标识符命名规则,一般使用大写字母表示。常量值可以为具体的数据,也可以为表达式值或变量,下面给出常量定义的示例。
> 　　const PI=3.14;
> 　　常量不能修改的本质是,常量对应的引用不能修改,也就是禁止对常量进行二次赋值操作。这意味着,当 const 声明的常量赋值为数值、字符串、布尔值时,常量值无法修改;但当 const 声明的常量赋值为 object 类型时,可以修改 object 类型本身的数据。

## 2.2.2　变量赋值

在声明变量之后,需要为变量赋值。变量赋值的方式一般有两种,一种是声明的同时进行赋值,另一种是先声明后赋值。下面通过实例介绍具体方式。

【例 2-2】　为变量赋值。(实例位置:example/ch2/2-2.html)

```
var book = 'JavaScript';        // 声明的同时进行赋值
console.log(book);              // 输出结果 JavaScript
var car;
console.log(car);               // 输出结果 undefined
car = 'bens';                   // 先声明后赋值
console.log(car);               // 输出结果 bens
```

下面运行页面,并在控制台输出刚声明并赋值的变量,效果如图 2-2 所示。

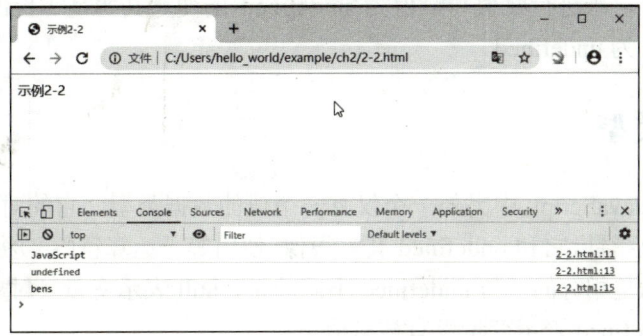

图 2-2　运行页面并在控制台输出变量

由图 2-2 可知,在声明变量的同时赋值,能直接打印出变量 book 所对应的值"JavaScript";先进行变量声明的 car,打印的结果为 undefined;当为变量 car 赋值后,打印变量 car 所对应的值,结果为"bens"。

> **拓展阅读**
>
> 除了使用关键字进行变量声明和赋值外,也可以不使用关键字进行变量声明和赋值,如 dogColor='yellow'。使用这种方式定义的变量等价于 window.dogColor='yellow',后续的章节会对这样的变量定义进行介绍。建议在程序编写过程中都通过关键字进行变量声明,否则可能会出现不符合预期的错误。

## 2.3　数据类型

JavaScript 是一门弱类型语言,和 Java 等强类型语言不同,它只有在赋值的时候才能确定变量对应的类型。在 ES 5 中,JavaScript 共有五种基本数据类型,它们分别是:Undefined(未定义类型)、Null(空类型)、Boolean(布尔类型)、Number(数值类型)、String(字符串类型)。本节将分别对这五种数据类型进行讲解。

### 2.3.1　Undefined 类型

Undefined 类型是 JavaScript 中特有的数据类型,它仅有一个对应值 undefined。可以定义一个变量值为 undefined,代码如下:

```
var weather = undefined;
console.log(weather);                    // undefined
```

上述示例定义一个值为 undefined 的变量 weather,在控制台输出 weather 的值为

undefined。在 2.2.1 小节提到过，定义一个变量且未赋值的情况下，它的值为 undefined，所以在定义变量时，未进行赋值和赋值为 undefined 的变量其实是等价的。一般来说不需要将变量显式定义为 undefined。

## 2.3.2　Null 类型

Null 类型是 JavaScript 中另外一个仅有一个值的数据类型，它的对应值为 null。null 表示一个空的对象指针，它和 undefined 其实很像，使用等于运算符(==)将 null 和 undefined 进行对比时，它们是相等的。与 undefined 不同的是，null 表示变量（对象或地址）不存在或者无效，而 undefined 表示变量没有被赋值。

> **提示**
>
> 需要注意的是，null 和 undefined 与空字符串（''）和 0 都不相等。

## 2.3.3　Boolean 类型

Boolean 类型是 JavaScript 中比较常用的数据类型之一，它一共有两个值，分别为 true 和 false。布尔型数据主要用于逻辑判断，true 为真，false 为假。代码如下：

```
var appleIsFruit = true;        // 苹果是一种水果是真实的，即变量为真
var appleIsMeat = false;        // 苹果是一块肉是不真实的，即变量为假
```

> **提示**
>
> 值得注意的是，因为 JavaScript 是区分大小写的，所以仅有 true 和 false 为 Boolean 类型的值，True、False 等都不是 Boolean 类型的值。

另外，其他类型的数据也可以转换为 Boolean 类型，可以通过 Boolean()函数将 Undefined 类型和 Null 类型数据转换为 Boolean 类型。

【例 2-3】　使用 Boolean()函数将其他类型数据转换为 Boolean 类型（实例位置：example/ch2/2-3.html）

```
var tag;
var flag = null;
var tagAsBoolean = Boolean(tag);
var flagAsBoolean = Boolean(flag);
console.log(tagAsBoolean);                  // false
console.log(flagAsBoolean);                 // false
```

上述示例中，Undefined 和 Null 类型的数据转换为 Boolean 类型后，结果都为 false。在学习了其他数据类型之后，可以尝试用 Boolean()函数去转换，看看结果如何。

### 2.3.4 Number 类型

和其他语言不同的是，JavaScript 的 Number（数值）类型不区分整数和浮点数（小数，在某些语言里称为双精度值），所有数值都为 Number 类型。Number 类型默认为正数，也可以在数值前加上 "+" 号表示正数，数值前加上 "-" 号表示负数。代码如下：

```
var a = 10;              // 定义 a 为正整数 10
var a = +10;             // 和上一行代码一致
var b = -10;             // 定义一个负数
var c = 8.88;            // 定义一个小数
var d = 2.12E5;          // 科学计数法，等同于 2.12 * 105
var e = 026;             // 八进制数，表示十进制中的 22
var f = 0x34;            // 十六进制数，表示十进制中的 52
```

由上述示例可以看出，数值类型还可以使用科学计数法表示，以 0 开始的数值表示八进制数，以 0x 开始的数值表示十六进制数。

由于计算机内存的限制，数值大小都有一个范围限制。在 JavaScript 中有 Number.MIN_VALUE 和 Number.MAX_VALUE 两个值，它们分别代表数值的最小值和最大值。在大部分浏览器中，Number.MIN_VALUE 为 5e-324，Number.MAX_VALUE 为 1.7976931348623157e+308。如果定义了一个大于最大值的数值，则该数值会被转换为特殊值 Infinity（无穷大）；同理，如果定义了一个小于最小值的数值，则该数值会被转换为特殊值-Infinity（负无穷大）。

其他类型的数据也可以转换为 Number 类型，如使用 Number()函数可将 Undefined 类型、Null 类型及 Boolean 类型数据转换为 Number 类型。

【例 2-4】 使用 Number()函数将其他类型数据转换为 Number 类型。（实例位置：example/ch2/2-4.html）

```
var tag1;
var tag2 = null;
var tag3 = true;
var tag4 = false;
var tag1AsNumber = Number(tag1);
var tag2AsNumber = Number (tag2);
var tag3AsNumber = Number (tag3);
var tag4AsNumber = Number (tag4);
console.log(tag1AsNumber);            // NaN
console.log(tag2AsNumber);            // 0
console.log(tag3AsNumber);            // 1
console.log(tag4AsNumber);            // 0
```

由上述示例可以看出，除 Undefined 类型的数据转换成了 NaN 外，Null 和 Boolean 类型的数据都转换成了 0 或者 1。

> **知识库**
>
> NaN 是 JavaScript 中的一个特殊全局对象属性，全称为 Not a Number（不是一个数字），但它本身却是一个 Number 类型的值。当其他语言的一个数值除以 0 时一般会有报错提示，但在 JavaScript 中会返回一个 NaN，这样可以避免数值计算的错误。
>
> NaN 有两个特点，第一个特点是 NaN 进行任何计算操作都会返回 NaN，这可能导致运算过程中出现异常；另一个特点是 NaN 和任意一个值都不相等，包括 NaN 本身。JavaScript 提供了一个 isNaN()全局方法来判断一个变量是否为 NaN。

## 2.3.5 String 类型

String 类型是由零个或多个 Unicode 字符组成的字符序列，这个字符序列又称为字符串，是开发过程中最常用的数据类型。和部分语言不同，JavaScript 中的字符串可以由单引号（''）或者双引号（""）包裹。需要注意的是，以单引号开始的字符串需要以单引号结尾，以双引号开始的字符串需要以双引号结尾，否则会报错。代码如下：

```
var str = 'hello';                          // 单引号字符串
var sky = "blue";                           // 双引号字符串
var name = "'tim'cook"                      // 双引号内存在单引号
var book = ' "JavaScript"program design';   // 单引号内存在双引号
var empty = '';                             // 空字符串
// 报错，Uncaught SyntaxError: Invalid or unexpected token
var error = 'code";
```

由以上代码可以看出，字符串中双引号和单引号可以相互嵌套，但必须成对出现。某些情况下可能需要在单引号中增加单引号，或在双引号中增加双引号，此时可以使用转义字符"\"处理。代码如下：

```
var str1 = 'this \'s a boy';       // 输出 this's a boy
var str2 = "\"English\""           // 输出"English"
```

转义字符除了可以在字符串中输出引号之外，还有换行、输出反斜杠等功能。表 2-3 列出了 JavaScript 中转义字符常见应用及其含义。

表 2-3 转义字符常见应用及其含义

| 应用 | 含义 |
| --- | --- |
| \' | 单引号 |
| \" | 双引号 |
| \n | 换行符 |

表 2-3（续）

| 应用 | 含义 |
|---|---|
| \t | 制表符 |
| \b | 空格 |
| \r | 回车符 |
| \f | 换页符 |
| \\ | 反斜杠 |
| \xnn | 用两位十六进制代码 nn（其中 n 的取值范围为 0~F）表示一个字符，如\x68 表示 "h" |
| \unnnn | 用四位十六进制代码 nnnn（其中 n 的取值范围为 0~F）表示一个 Unicode 字符，如\u554a 表示 "啊" |

其他类型数据同样可以转换为 String 类型，使用 String()函数可将 Undefined 类型、Null 类型、Boolean 类型和 Number 类型数据转换为 String 类型。

【例 2-5】 使用 String()函数将其他类型数据转换为 String 类型。（实例位置：example/ch2/2-5.html）

```
var tag1;
var tag2 = null;
var tag3 = true;
var tag4 = 55;
var tag1AsString = String(tag1);
var tag2AsString = String(tag2);
var tag3AsString = String(tag3);
var tag4AsString = String(tag4);
console.log(tag1AsString);          //'undefined'
console.log(tag2AsString);          //'null'
console.log(tag3AsString);          //'true'
console.log(tag4AsString);          //'55'
```

### 知识链接

ES 6 引入了模板字符串。模板字符串是普通字符串的加强版，普通字符串使用单引号（''）和双引号（""）进行标识，而模板字符串使用反引号（`，位于键盘左上角 Esc 键下方）进行标识。模板字符串可以作为普通字符串使用，也可用于定义多行字符串或在字符串中嵌入变量。

普通字符串如果想要多行编写，需要使用 "+" 号拼接，而模板字符串可以直接编写。代码如下：

```
// 普通字符串
let html = '<ul>'  +
```

```
                '<li>元素 1</li>' +
            '</ul>';
// 模板字符串
let html = `<ul>
            <li>元素 1</li>
          </ul>`;
```

由上述代码可以看出，使用模板字符串可以直接编写多行字符串而不用使用加号。值得注意的是，在模板字符串中使用多行字符串是包含空格和换行符的，如果需要去除空格和换行符，可以使用 String 类型的 trim()方法进行删除。

普通字符串中如果需要添加某个变量，同样需要使用"+"号进行拼接，而模板字符串中支持编写变量语法，在其内部使用${变量名}格式便可使用对应变量。代码如下：

```
const book = 'JavaScript';
// 普通字符串，输出结果：我喜欢 JavaScript 这本书
console.log('我喜欢' + book + '这本书');
// 模板字符串，输出结果：我喜欢 JavaScript 这本书
console.log(`我喜欢${ book}这本书`);
```

## 2.4 运算符

某些程序中会用到数据运算操作。JavaScript 为这些运算提供了多种运算符，如算术运算符、比较运算符等。

### 2.4.1 算术运算符

算术运算符主要用于数值之间的计算。它的功能和数学中的加减乘除类似，并在其基础上增加了自增自减等操作。表 2-4 展示了常用的算术运算符及其含义。

表 2-4 常用算术运算符及其含义

| 运算符 | 含义 | 示例 | 结果 |
| --- | --- | --- | --- |
| + | 加法 | 2+3 | 5 |
| - | 减法 | 4-2 | 2 |
| * | 乘法 | 3*5 | 15 |
| / | 除法 | 8/2 | 4 |
| % | 取余 | 9%4 | 1 |
| ++ | 自增 | var a=1; a++; | a 为 2 |
| -- | 自减 | var b=2; b--; | b 为 1 |

由上表可以看出，算术运算符和数学中的运算符有许多相似之处，理解起来也比较容易，其主要新增了"++"和"--"两种运算符。自增和自减运算符可以放在变量前或变量后。

【例2-6】 自增和自减运算符的应用。（实例位置：example/ch2/2-6.html）

```
var a = 1;
var b = a++;
console.log(a, b);              // a为2, b为1
var c = 1;
var d = ++c;
console.log(c, d);              // c为2, d为2
var e = 2;
var f = e--;
console.log(e, f);              // e为1, f为2
var i = 2;
var j = --i;
console.log(i, j);              // i为1, j为1
```

由例2-6可以看出，自增和自减运算符放在变量前和变量后结果是不同的，放在变量前表示变量先自增减，然后再进行其他操作；放在变量后表示变量先进行其他操作，再自增减。

"+"运算符不仅能用于数学上的加法运算，还可用于字符串拼接操作。

【例2-7】 "+"运算符的应用。（实例位置：example/ch2/2-7.html）

```
var prefix = 'hello';
var name ='world';
var result = prefix + name;
console.log(result);            // 结果为helloworld
console.log('tom'+ 12);         // 结果为tom12
console.log('10' + 2);          // 结果为102
```

由例2-7可以看出，"+"号可以拼接字符串。值得注意的是，当字符串和数值进行加法操作时，会进行字符串拼接，而不会进行加法操作。

算术运算符除了自增自减外还有一些其他特点，具体包括以下几点。

① 在进行普通的四则运算时，和数学中的运算顺序一致"先乘除后加减"。与此同时，小括号可以改变运算的顺序，如(1+2)*3，先进行括号中的加法运算，再进行乘法运算。

② "+"和"-"和数学中一样，可以代表正数和负数，如(+2)+(-5)的结果为-3。

③ 需要注意的是，由于JavaScript的数值类型采用了IEEE754浮点数计算，在进行小数的运算时，会出现精度丢失的问题。例如，0.1+0.5的结果理论上是0.6，但由于精度问题，导致最终结果为0.060000000000000005，所以在进行小数的运算时需要特别注意。

④ 数值中还存在+0 和-0 两种，(+0)+(-0)结果为+0，(+0)+(+0)结果为+0，(-0)+(-0)结果为-0。

## 2.4.2 赋值运算符

赋值运算符是最常用的运算符，其作用是将运算符右侧的计算结果赋值给左侧的变量。最基本的赋值运算符之前已使用多次，那就是"="运算符。赋值运算符的"="不等同于数学中的等于号，数学中的等于号与比较运算符"=="和"==="类似（2.4.3 节会介绍）。表 2-5 展示了常用的赋值运算符及其含义。

表 2-5 常用赋值运算符及其含义

| 运算符 | 含义 | 示例 | 结果 |
| --- | --- | --- | --- |
| = | 赋值 | var a = 1 | a 为 1 |
| += | 加并赋值或者连接并赋值 | var a=1;a+=2;<br>var b=11;b+='abc' | a 为 3<br>b 为 11abc |
| -= | 减并赋值 | var a=3;a-=1; | a 为 2 |
| *= | 乘并赋值 | var a=3;a*=2; | a 为 6 |
| /= | 除并赋值 | var a=8;a/=4; | a 为 2 |
| %= | 取余并赋值 | var a=7;a%=2; | a 为 1 |
| <<= | 左移位并赋值 | var a=3;a<<=2; | a 为 12 |
| >>= | 有符号右移位并赋值 | var a=-3;a>>=2; | a 为 -1 |
| >>>= | 无符号右移位并赋值 | var a=-5;a>>>=2; | a 为 1073741823 |

在表 2-5 中，除"="运算符以外，其他赋值运算符都是简写形式。例如：

```
var num = 1;
num += 5;
```

它可以等价于以下代码：

```
var num = 1;
num = num + 5;
```

> **提示**
>
> 表中各运算符的使用此处先简单了解即可，关于位运算符具体如何运算，2.4.6 节将会详细介绍。

## 2.4.3 比较运算符

比较运算符主要用于变量与变量、变量与其他基本类型数据的比较，比较结果为 Boolean 类型的值，即 true 或者 false。表 2-6 展示了常用的比较运算符及其含义。

表 2-6　常用比较运算符及其含义

| 运算符 | 含义 | 示例（a=2） | 结果 |
|---|---|---|---|
| == | 等于 | a==3 | false |
| === | 全等 | a===2 | true |
| > | 大于 | a>1 | true |
| < | 小于 | a<-2 | false |
| >= | 大于等于 | a>=8; | false |
| <= | 小于等于 | a<=2 | true |
| != | 不等于 | a!='2' | false |
| !== | 不全等 | a!=='2' | true |

"=="和"==="都表示等于，"!="和"!=="都表示不等于，它们的主要区别是，"=="和"!="会对比较的数据进行类型转换（常称为隐式类型转换），再进行值比较；而"==="和"!=="不会进行数据类型转换，直接比较两个值是否相等。代码如下：

```
console.log(1 == true);        // 结果为 true
console.log(1 === true);       // 结果为 false
console.log(22 != '22');       // 结果为 false
console.log(22 !== '22');      // 结果为 true
```

> **提示**
>
> 简单来说，就是"=="和"!="只比较数据的值是否相等，"==="和"!=="不仅要比较值是否相等，还要比较数据类型是否相同。

## 2.4.4　条件运算符

条件运算符也称为三元运算符，主要由条件表达式和结果表达式构成，是一种非常灵活的运算符。条件运算符结构如下：

条件表达式 ? 结果1 : 结果2

"?"左边为条件表达式，条件表达式如果为真，则返回"结果 1"；反之，条件表达式为假，则返回"结果 2"。

【例 2-8】　条件表达式的应用。（实例位置：example/ch2/2-8.html）

```
var num1 = 5;
var num2 = 8;
var result = num1 > num2 ? num1 : num2;
console.log(result);                           // 结果为 8
```

由例 2-8 可以看出，num1 等于 5，num2 等于 8，条件表达式 num1>num2 的结果为假，所以返回 num2 的值 8。

条件运算符还可以嵌套使用，不过建议尽量少用，嵌套使用条件运算符会降低代码可读性。示例如下：

```
var a = 6;
var b = 3;
var c = 5;
var result = a < b ? a : b > c ? b : c;
console.log(result);                        // 结果为 5
```

## 2.4.5 布尔运算符

布尔运算符又叫逻辑运算符，主要用于操作布尔型数据，当用于逻辑运算的变量或值（也称操作数）不是布尔型数据时，JavaScript 会先将它们转换为布尔型再运算。表 2-7 展示了常用的布尔运算符及其含义。

表 2-7 常用布尔运算符及其含义

| 运算符 | 含义 | 示例 | 结果 |
| --- | --- | --- | --- |
| && | 与 | a && b | a 和 b 都为 true，结果为 true，否则为 false |
| \|\| | 或 | a \|\| b | a 和 b 中只要有一个为 true，则结果为 true，否则为 false |
| ! | 非 | !b | 若 b 为 true，结果为 false，否则相反 |

在实际开发中，布尔运算符也可以针对结果为布尔值的表达式进行运算。例如，x<6 && y=9。

## 2.4.6 位运算符

在 JavaScript 中，位运算符用于操作数值型数据。在进行运算时，参与位运算的操作数都会转换为 32 位的二进制（0 或 1）字符串。例如，十进制数字 3 转换为二进制为 0011，此处略去了前面 28 位 0。表 2-8 展示了常用的位运算符及其含义。

表 2-8 常用位运算符及其含义

| 运算符 | 含义 | 示例 | 结果 |
| --- | --- | --- | --- |
| & | 按位与 | a & b | a 和 b 转换为二进制后的每一位进行"与"运算后的结果 |
| \| | 按位或 | a \| b | a 和 b 转换为二进制后的每一位进行"或"运算后的结果 |
| ~ | 按位非 | ~b | b 转换为二进制后的每一位进行"非"运算后的结果 |
| ^ | 按位异或 | a^b | a 和 b 转换为二进制后的每一位进行"异或"运算后的结果 |

表 2-8（续）

| 运算符 | 含义 | 示例 | 结果 |
|---|---|---|---|
| << | 左移 | a<<b | 将 a 转换为二进制后左移 b 位，右边用 0 填充 |
| >> | 右移 | a>>b | 将 a 转换为二进制后右移 b 位，丢弃被移出位，左边最高位用 0 或 1 填充 |
| >>> | 无符号右移 | a>>>b | 将 a 转换为二进制后右移 b 位，丢弃被移出位，左边最高位用 0 填充 |

下面将通过具体的示例，分别对七种位运算符的运算方法进行详细讲解。首先定义两个操作数 3 和 6，3 转换为二进制数为 00000000 00000000 00000000 00000011，6 转换为二进制数为 00000000 00000000 00000000 00000110。

（1）按位与"&"是将两个操作数的二进制位进行"与"运算，两个数的二进制位一一对应，0 和 0 结果为 0，1 和 0 结果为 0，1 和 1 结果为 1。3&6 的运算过程如下：

```
    00000000 00000000 00000000 00000011
&   00000000 00000000 00000000 00000110
-------------------------------------------
    00000000 00000000 00000000 00000010
```

运算的结果为 00000000 00000000 00000000 00000010，转换为十进制数为 2。

（2）按位或"|"是将两个操作数的二进制位进行"或"运算，两个数的二进制位一一对应，0 和 0 结果为 0，1 和 0 结果为 1，1 和 1 结果为 1。3|6 的运算过程如下：

```
    00000000 00000000 00000000 00000011
|   00000000 00000000 00000000 00000110
-------------------------------------------
    00000000 00000000 00000000 00000111
```

运算的结果为 00000000 00000000 00000000 00000111，转换为十进制数为 7。

（3）按位非"~"是对操作数的二进制位进行"非"运算，按位非的结果是返回数值的反码，所谓反码就是 0 对应 1，1 对应 0。~3 的运算过程如下：

```
~   00000000 00000000 00000000 00000011
-------------------------------------------
    11111111 11111111 11111111 11111100
```

运算的结果为 11111111 11111111 11111111 11111100，运算结果的最高位 1 代表负数，计算时末位减 1 取反，转换为十进制数为-4。

（4）按位异或"^"是将两个操作数的二进制位进行"异或"运算，两个数的二进制位一一对应，0 和 0 结果为 0，1 和 0 结果为 1，1 和 1 结果为 0。3^6 的运算过程如下：

```
    00000000 00000000 00000000 00000011
^   00000000 00000000 00000000 00000110
-------------------------------------------
```

```
          00000000 00000000 00000000 00000101
```
运算的结果为 00000000 00000000 00000000 00000101，转换为十进制数为 5。

（5）左移"<<"是将操作数所有二进制位向左移动指定位数，"<<"左边的数值表示操作数，右边的数值表示移动的位数。在进行左移操作时，右边的空位进行补 0 操作，左边移出的部分舍弃。3<<6 的运算过程如下：

```
          00000000 00000000 00000000 00000011
------------------------------------------------
          00000000 00000000 00000000 11000000
```

运算的结果为 00000000 00000000 00000000 11000000，转换为十进制数为 192。

（6）右移">>"是将操作数所有二进制位向右移动指定位数，">>"左边的数值表示操作数，右边的数值表示移动的位数。在进行右移操作时，左边的空位进行补 0 或者补 1 操作（操作数为正数则补 0，为负数则补 1），右边移出的部分舍弃。3>>6 的运算过程如下：

```
          00000000 00000000 00000000 00000011
------------------------------------------------
          00000000 00000000 00000000 00000000
```

运算的结果为 00000000 00000000 00000000 00000000，转换为十进制数为 0。

（7）无符号右移">>>"是将操作数的所有二进制位向右移动指定位数，">>>"左边的数值表示操作数，右边的数值表示移动的位数。在进行右移操作时，左边的空位进行补 0 操作，右边移出的部分舍弃。3>>>6 的运算过程如下：

```
          00000000 00000000 00000000 00000011
------------------------------------------------
          00000000 00000000 00000000 00000000
```

运算的结果为 00000000 00000000 00000000 00000000，转换为十进制数为 0。

## 2.4.7 运算符优先级

前面几节介绍了 JavaScript 中的各种运算符，每个运算符都有自己的运算规则。当一个表达式中同时出现多个运算符时，需要按照一定的顺序执行运算符，以保证程序的正确执行。运算符的执行顺序也就是运算符优先级。表 2-9 展示了 JavaScript 中运算符的优先级（自上向下运算符优先级依次降低）和执行顺序（自左向右或者自右向左）。

表 2-9  运算符优先级

| 运算符 | 执行顺序 |
| --- | --- |
| () | 无 |
| . [] new（带参数） | 自左向右 |
| new（无参数） | 自右向左 |
| ++（后置）  --（后置） | 无 |

表 2-9（续）

| 运算符 | 执行顺序 |
| --- | --- |
| ！ ~ -（负数） +（正数） ++（前置） –（前置）、typeof void delete | 自右向左 |
| * / % | 自左向右 |
| + - | 自左向右 |
| << >> >>> | 自左向右 |
| < <= > >= | 自左向右 |
| == === != !== | 自左向右 |
| & | 自左向右 |
| ^ | 自左向右 |
| \| | 自左向右 |
| && | 自左向右 |
| \|\| | 自左向右 |
| ?: | 自右向左 |
| = += -= *= /= %= <<= >>= >>>= | 自右向左 |
| , | 自左向右 |

## 2.4.8 【示例】计算立方体的体积

本示例通过计算立方体的体积，练习前面学习的变量、数据类型及运算符的应用。要实现的效果为，在输入立方体的长、宽、高后，单击按钮系统自动计算立方体的体积。（实例位置：example/ch2/example2.4.8.html）

### 1. 编写 HTML 代码

```
<div>
    <input type="number" id="length" placeholder="请输入长">
    <input type="number" id="width" placeholder="请输入宽">
    <input type="number" id="height" placeholder="请输入高">
    <button id="button">计算结果</button>
</div>
```

### 2. 编写 JavaScript 代码

```
// 为按钮添加一个单击事件
document.getElementById('button').onclick = function () {
    var length = document.getElementById('length').value
    // 获取输入的长度值
    var width = document.getElementById('width').value
```

```
    // 获取输入的宽度值
    var height = document.getElementById('height').value
    // 获取输入的高度值
    var volume = length * width * height;    // 通过乘法计算体积
    // 如果计算的体积不是一个数字，提示用户"请输入正确的长、宽、高"
    isNaN(volume) ? alert('请输入正确的长、宽、高') : alert('立方体体积为:' + volume);
}
```

当输入长度为 3、宽度为 4、高度为 5 时，单击"计算结果"按钮，最终得到结果为 60，效果如图 2-3 所示。

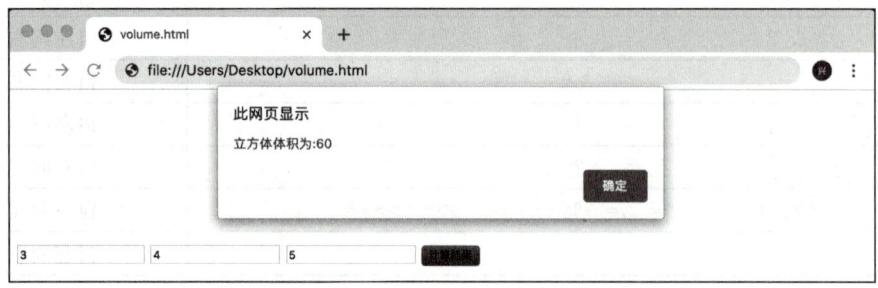

图 2-3　计算立方体体积

　　　　　　　　　　　知类通达　　　　　　　　　　　

空谈误国，实干兴邦。我们要志存高远、脚踏实地、行循自然、学好知识、打好基础、增长才干，将来为中华民族伟大复兴贡献自己的智慧和力量。

不管将来从事什么职业、有什么样的志向，一定要注意加强基础知识学习。树高千尺也离不开根，把基础打牢了，将来才可以触类旁通，才能谱写出精彩。

## 2.5　流程控制语句

JavaScript 提供了一些语句（也称为流程控制语句）来控制程序的执行流程。这些语句包括顺序结构、选择结构和循环结构共三大类。前面编写的自上而下按顺序执行的程序都是顺序结构的语句。本节将分别介绍选择结构和循环结构语句。

## 2.5.1 选择结构语句

选择结构语句就是通过对程序中给出的不同条件进行判断,进而决定执行对应的语句。常用的选择结构语句有 if 和 switch 两种,下面分别介绍。

选择结构语句

**1. if 语句**

if 语句是最基本、最常见的选择结构语句。其基本语法格式如下:

```
if (判断条件) {
代码块 1
} else {
    代码块 2
}
```

上述语句中,判断条件是一个 Boolean 类型的值,当其值为 true 时,执行代码块 1;当其值为 false 时,执行代码块 2。

根据分支数量的多少,if 语句又可以分为单分支、双分支和多分支语句。

**1) 单分支语句**

在单分支 if 语句中省略了 else 分句,当满足判断条件时,就向下执行程序,否则不做任何处理。下面通过实例介绍。

【例 2-9】 单分支 if 语句的应用。(实例位置:example/ch2/2-9.html)

```
var price = 10;
if (price > 5) {
    console.log('价格大于 5');
}
```

上述示例中,判断条件为一个布尔值,当判断条件值为 true 时,执行{}中的代码段;当判断条件值为 false 时,不做任何处理。

> **提 示**
>
> 当代码段中只有一条语句时,"{}"可以省略。

**2) 双分支语句**

在双分支语句中有一个 else 分句,当满足某个条件时就执行某一个语句块,否则执行另一个语句块。

【例 2-10】 双分支 if...else 语句的应用。(实例位置:example/ch2/2-10.html)

```
var price = 3;
if (price > 5) {
    console.log('价格大于 5')
```

```
} else {
    console.log('价格不大于 5')
}
```

上述示例中,当 if 判断条件为 true 时,就执行语句块 1;当 if 判断条件为 false 时,就执行语句块 2。其执行流程如图 2-4 所示。

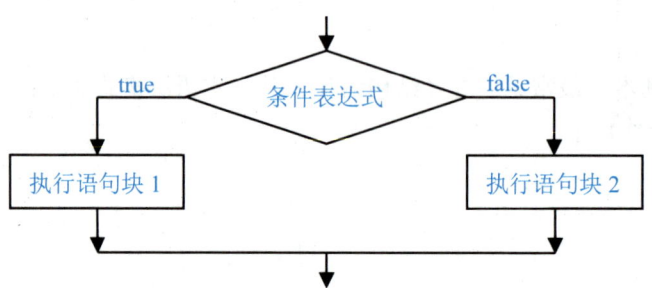

图 2-4　双分支语句执行流程

3)多分支语句

当判断条件同时有多个时,除了连续使用多个 if 进行条件判断之外,还可以使用 else if 语句来扩展需求。代码如下:

```
if (color === 'red') {
  console.log('red');
} else if (color === 'green') {
  console.log('green');
} else if (color === 'blue') {
  console.log('blue');
} else {
  console.log('other')
}
```

上述示例中,一个 if 可以接上多个 else if 语句。当第一个判断条件为 true 时,则执行第一个语句块;否则继续判断第二个条件,若为 true 则执行第二个语句块;依此类推,若所有条件都为 false,则执行 else 下的最后一个语句块。值得注意的是,else if 必须在 if 语句之后,else 语句之前。多分支语句的执行流程如图 2-5 所示。

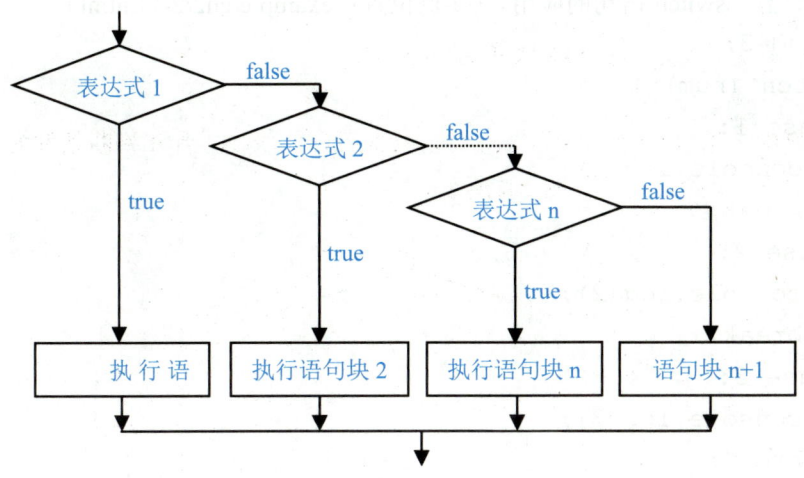

图 2-5　多分支语句执行流程

2. switch 语句

除 if 语句外，还可以通过 switch 语句进行流程控制。switch 语句也是多分支选择结构语句，和 if 系列条件语句功能相同。不同的是，它只能针对某个表达式的值进行判断，从而决定执行哪一段代码。其特点是代码结构更加清晰简洁。其基本语法结构如下：

```
switch (表达式) {
    case 值1:
        语句块1;
        break;
    case 值2:
        语句块2;
        break;
        ……
    default:
        语句块n;
}
```

switch 语句主要是通过 case 进行条件判断，一个 case 代表一种结果，当满足 case 条件后，会执行 case 里的代码块；当前面所有 case 都没有匹配成功时，会执行 default 里的代码块。值得注意的是，case 匹配到一个条件以后还会执行下一个 case，这个时候可能需要跳出这个条件语句，所以使用了 break 语句（在 2.5.3 节将详细讲述其应用）。

　提　示

switch 语句中的 default 属于可选值，具体应用时可根据实际情况选择是否设置 default。

【例 2-11】 switch 语句的应用。(实例位置：example/ch2/2-11.html)

```
var num=3;
  switch (num) {
    case 1:
      console.log(1);
      break;
    case 2:
      console.log(2);
      break;
    case 3:
      console.log(3);
      break;
    case 4:
      console.log(4);
      break;
    default:
      console.log('匹配失败');
  }
```

当遇到需要对同一个变量进行多次判断的场景时，可以考虑使用 switch 语句。

### 提示

switch 语句在比较值时，使用全等运算符"==="进行判断，因此在判断时不会发生类型转换。例如，值为'1'时，case 1 是无法匹配到的。

### 修身笃学

在人生道路的选择上，不同的选择会产生不同的结果，我们应该树立正确的人生观和价值观，从而能够帮助我们在今后的人生中做出正确的决定。

例如，在中国疫情最严峻的时期，那些曾经在父辈护佑下的 90 后、00 后青年医生护士们，在面临居家与抗疫第一线的选择时，他们选择了后者，选择了在挥汗如雨中脱胎换骨，在逆境挑战中顶天而立，他们一边害怕，一边在勇敢中破茧成蝶，淬炼成钢。

## 2.5.2 循环结构语句

循环结构语句用于反复执行一系列语句,直到条件表达式的值为假为止。JavaScript 中常用的循环结构语句包括 for、for-in、while 和 do-while。

循环结构语句

### 1. for 语句

for 语句是最常用的循环结构语句,适合循环次数已知的情况。for 语句的基本结构如下:

```
for (初始化表达式;循环条件;操作表达式) {
    代码块
}
```

for 关键字后面的小括号()中包括初始化表达式、循环条件和操作表达式共三部分内容,它们之间用分号隔开,大括号{}中代码块为循环体。

【例 2-12】 使用 for 语句输出数字 0~9。(实例位置:example/ch2/2-12.html)

```
for (var i=0;i<10;i++) {
    console.log(i);              // 循环10次打印i的值
}
```

上述示例,首先定义了一个初始值 i 并赋值为 0,接着给出循环条件 i<10,最后一个是操作表达式 i++。所以 for 循环的执行条件是先判断初始值是否满足循环条件,满足条件,执行代码块内容,然后执行操作表达式,之后不断重复,直至循环结束。

> **拓展阅读**
>
> for 循环中的初始化表达式、循环条件及操作表达式都是可选的,如果在 for 语句中一个表达式都不写,将创建一个无限循环。具体示例如下:
> ```
> for (;;) {
>     console.log(1);
> }
> ```
> 运行这段代码会陷入无限循环(也称作死循环),for 语句之后的代码将无法继续执行。一般应用程序不会用到无限循环。

### 2. for-in 语句

for-in 语句主要用于遍历对象,其基本结构如下:

```
for (属性名 in 对象) {
    // 代码块
}
```

【例2-13】 使用for-in语句输出window对象上所有属性和方法。（实例位置：example/ch2/2-13.html）

```
for (var name in window) {
  console.log(name);
}
```

上述示例中，for-in语句由属性名、in和待遍历的对象组成。for-in语句将遍历对象上的所有属性，当属性遍历完成后循环结束。值得注意的是，for-in循环是没有顺序的，不同浏览器遍历出的属性顺序可能存在不一致的情况。

3. while语句

while语句根据循环条件来判断是否重复执行一段代码，它的结构比for语句更简单，while语句的基本结构如下：

```
while (循环条件) {
  // 代码块
}
```

上述语句中，大括号{}中的代码块为循环体，当循环条件为true时，则执行循环体，执行结束后，再次判断循环条件是否为true，循环反复执行。

【例2-14】 使用while语句输出数字0~9。（实例位置：example/ch2/2-14.html）

```
var i = 0;
while (i < 10){
  console.log(i);
  i++;
}
```

while语句比for语句使用更简单，但是由于缺少终止条件，很容易出现死循环。所以在使用while语句时，一定要注意控制好终止条件，可根据需要在循环体中设置循环结束的条件。

4. do-while语句

do-while语句和while语句类似，最大的不同在于，while是先判断条件再执行循环体，而do-while是无条件执行一次循环体后再判断条件。其语法结构如下：

```
do {
  循环体
}while (循环条件);
```

【例2-15】 使用do-while语句输出数字0~9。（实例位置：example/ch2/2-15.html）

```
var i = 0;
do {
  console.log(i);
  i++;
} while (i < 10)
```

上述示例中，do-while 语句将待执行的代码块放在 do 语句中，循环开始时，先执行一次 do 语句里的代码，再判断 while 条件是否成立，之后的执行流程和 while 语句一致，循环反复执行。

### 2.5.3 跳转语句

在 2.5.1 节中讲到 switch 语句时已经用到了跳转语句 break，它不仅能用于 switch 语句，还能用于循环控制语句，主要作用是终止当前语句的执行。

【例 2-16】 break 在循环语句中的应用。（实例位置：example/ch2/2-16.html）

```
for (var i=0;i<5;i++) {
  if (i === 1) {
    break;
  }
  console.log(i);
}
```

上述示例的运行结果是 0。由此可以看到，当 i 等于 1 时执行了 break 语句，此时 for 循环被 break 终止，不再往下执行。

除 break 外，还有一个跳出语句 continue，主要应用于循环中，其主要作用是结束当前一次循环。

【例 2-17】 continue 在循环语句中的应用。（实例位置：example/ch2/2-17.html）

```
for (var i=0;i<5;i++) {
  if (i === 1) {
    continue;
  }
  console.log(i);
}
```

上述示例的运行结果是 0、2、3、4。由该运行结果可以看出，continue 语句仅在 i 等于 1 时没有打印出对应的值，由此可知 continue 语句并没有跳出整个循环，仅跳过当次循环的执行。

### 2.5.4 【示例】打印菱形图形

本示例通过打印一个由雪花组成的菱形，练习选择结构语句和循环结构语句的应用，具体效果如图 2-6 所示。（实例位置：example/ch2/example2.5.4.html）

该图形一共由两种元素组成，分别是空格和"*"，在运行网页后，首先会弹出一个提示框，可在提示框中输入任意行数，然后打印出对应行数的图形。需要注意的是，只有行数为奇数时，图形才会是菱形，所以需要注意限制条件。

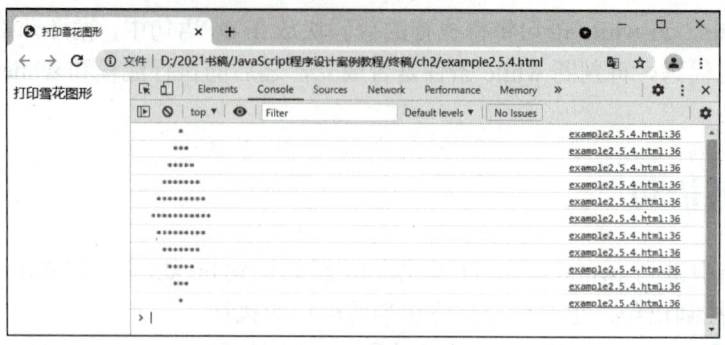

图 2-6　打印菱形图形

在编写代码之前，先观察一下该图形的特点。可以将图形从中间分为上下两部分，上半部分中雪花图形递增，下半部分中雪花图形递减，同时每行都有对应的空格和"*"。通过观察可以总结出以下规律：

① 上半部分的"*"=当前行数*2-1。

② 下半部分的"*"=（总行数-当前行数）*2+1。

总结出规律后，可以动手编写代码，代码如下：

```javascript
var line = prompt("请输入图形行数");        // 提示用户输入行数
// 将输入的行数转换成数字，如果为 NaN 则提示用户
if (isNaN(Number(line))) {
    alert('请输入数字');
}
// 图形层数必须为奇数，如果为偶数，则弹出提示
if (line % 2 === 0) {
    alert('请输入奇数');
}
for (var i=1;i<=line;i++) {                // 遍历每一行
    var result ='';
    // 一半的层数，Math.floor()为向下取整函数
    var half = Math.floor(line / 2) + 1;
    if (i <= half) {                        // 上半部分图形
        for (var j=0;j<half - i;j++) {      // 上半部分空格
            result += ' ';
        }
        for (var k=0;k<i*2-1;k++) {         // 上半部分*
            result += '*';
        }
    } else {                                // 下半部分图形
```

```
        for (var m=0;m<i - half;m++) {            // 下半部分空格
            result += ' ';
        }
        for (var n=0;n<(line - i + 1)*2-1;n++) {    // 下半部分*
            result += '*';
        }
    }
    result += '\n';
    console.log(result);
}
```

上述示例中,首先判断输入的值是否为数字,如果不是,给出对应提示;然后判断输入的数字是否为奇数,如果不是奇数,则给出对应提示;接着开始循环打印空格和*,分为上下两部分进行打印。最终运行结果和图2-6效果一致。

## 综合案例:计算银行存款

小明在中国建设银行、中国工商银行、中国农业银行三家银行分别存入10 000元定期存款,存款年限分别为4年、5年、6年,年利率分别为3.75%、3.25%、3%。请问当所有定期存款日期结束时,小明在哪家银行获得的收益最高。

本案例是一个简单的数学运算,只需要分别循环计算出各个银行到期之后存款的总额度,然后将这3个数值进行比较,即可得到结果,以下为主要代码。(实例位置:example/ch2/count.html)

```
var moneyOfBank1 = 10000;          // 定义银行1存款10000
var moneyOfBank2 = 10000;          // 定义银行2存款10000
var moneyOfBank3 = 10000;          // 定义银行3存款10000
// 通过for循环4次,计算银行1总额度
for (var i=1;i<5;i++) {
moneyOfBank1 += moneyOfBank1 * 3.75 / 100;
}
// 通过for循环5次,计算银行2总额度
for (var j=1;j<6;j++) {
moneyOfBank2 += moneyOfBank2 * 3.25 / 100;
}
// 通过for循环6次,计算银行3总额度
for (var k=1;k<7;k++) {
    moneyOfBank3 += moneyOfBank3 * 3 / 100;
```

```
        }
        // 比较各银行最终计算的存款
        if (moneyOfBank1 > moneyOfBank2 && moneyOfBank1 > moneyOfBank3) {
            // 如果 moneyOfBank1 值最大,弹出提示框"中国建设银行收益最高"
            alert('中国建设银行收益最高');
        } else if (moneyOfBank2 > moneyOfBank1 && moneyOfBank2 > moneyOfBank3) {
            // 如果 moneyOfBank2 值最大,弹出提示框"中国工商银行收益最高"
            alert('中国工商银行收益最高');
        } else if (moneyOfBank3 > moneyOfBank1 && moneyOfBank3 > moneyOfBank2) {
            // 如果 moneyOfBank3 值最大,弹出提示框"中国农业银行收益最高"
            alert('中国农业银行收益最高');
        }
```

上述示例,首先定义了三个银行的存款初始值 10 000,然后使用 3 个 for 循环分别计算出存款日期结束后的存款总额度,最后通过 3 个条件语句比较哪个银行最终的存款总额度最高。比较结果为中国农业银行的收益最高。

## 本章总结

本章首先讲解了 JavaScript 的标识符、关键字与保留字,然后通过代码示例讲解了变量的声明与赋值,接下来介绍了五种数据类型,之后通过案例讲解运算符及运算符的优先级,最后讲解了 JavaScript 中常用的流程控制语句,以及如何使用这些语句编写程序。

通过本章的学习,读者应重点掌握标识符的定义规则、变量的赋值与声明、各种数据类型的特点、各种运算符的应用、运算符优先级,以及条件语句、循环语句等常用语句的应用,为之后的程序编写打下基础。

## 课后习题

1. 选择题

(1)以下选项中,属于非法标识符的是(　　)。
   A. $age                B. JavaScript
   C. _hello_world        D. 88vip

(2)以下选项中,属于赋值运算符的是(　　)。
   A. ==        B. =        C. !=        D. ===

（3）以下选项中，不属于循环语句的是（    ）。

  A．switch    B．do-while    C．for    D．while

2．判断题

（1）变量声明和赋值不能为同一行语句。          （    ）

（2）NaN 是 Number 类型。              （    ）

（3）0 == false 结果为真。              （    ）

3．填空题

（1）Number(undefined)方法的运行结果是_____。

（2）typeof null 的运行结果是_____。

（3）9 % 2 的运行结果是_____。

（4）8>>>2 的运行结果是_____。

4．编程题

（1）一辆卡车装着从果园运来的苹果、梨和橘子三种水果，总计有 500 斤。其中苹果的重量是梨的 2 倍，橘子比梨重 20 斤，请计算出三种水果的重量。（实例位置：example/ch2/program1.html）

（2）在控制台输出一个九九乘法表，效果如图 2-7 所示。（实例位置：example/ch2/program2.html）

```
1x1=1
2x1=2    2x2=4
3x1=3    3x2=6    3x3=9
4x1=4    4x2=8    4x3=12   4x4=16
5x1=5    5x2=10   5x3=15   5x4=20   5x5=25
6x1=6    6x2=12   6x3=18   6x4=24   6x5=30   6x6=36
7x1=7    7x2=14   7x3=21   7x4=28   7x5=35   7x6=42   7x7=49
8x1=8    8x2=16   8x3=24   8x4=32   8x5=40   8x6=48   8x7=56   8x8=64
9x1=9    9x2=18   9x3=27   9x4=36   9x5=45   9x6=54   9x7=63   9x8=72   9x9=81
```

图 2-7 九九乘法表效果

# 第 3 章

# 数 组

## 项目导读

第 2 章讲解了 5 种基本数据类型，JavaScript 中除了这 5 种基本数据类型外，还有一种数据类型——引用类型。数组和对象是 JavaScript 中最常用的引用类型，本章主要介绍数组的相关知识，对象将在第 5 章中详细介绍。接下来将首先带领大家认识引用类型，然后介绍数组的相关知识，最后通过一个综合案例，带领大家了解数组在实际案例中的应用，并掌握数组的常用方法。

## 学习目标

- 了解什么是引用类型
- 掌握定义数组的方法
- 掌握数组元素的基本操作
- 掌握数组的遍历
- 掌握数组相关方法的应用

## 素质目标

- 强化网络安全意识，树立正确的理想信念
- 增强个人信息保护和依法维权意识

## 3.1 认识引用类型

JavaScript 中有两大数据类型，分别是基本类型和引用类型。基本类型是指简单的数据片段，如数字 1、字符串'aa'等；引用类型是一种具有复杂结构的数据，其内部包含了许多属性和方法。下面通过示例对比基本类型和引用类型的区别。

当一个变量为基本类型时，将该变量赋值给另一个变量时，是将该变量对应值的副本赋值给另一个变量，代码如下：

```
var x = 1;
var y = x;                    // 将变量 x 赋值给 y
y = 2;
console.log(x);               // 输出结果 1
```

上述示例，变量 x 的值为 1，将变量 x 赋值给变量 y，再将变量 y 的值修改为 2，最终 x 对应的值还是 1，并没有因为 y 值的改变而改变。基本类型数据在内存中的存储如图 3-1 所示。

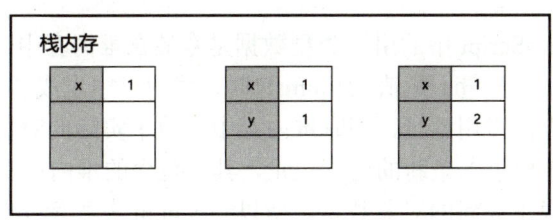

图 3-1　基本类型数据在内存中的存储

由图 3-1 可见，JavaScript 中的基本类型数据是存储在栈内存中，变量 x 赋值为 1 时，生成了一条对应的内存记录；当将 x 赋值给变量 y 时，在内存中生成了一条新的内存记录，并复制了一个值 1 赋值给变量 y；当 y 被赋值为 2 时，仅修改了 y 对应的内存记录，变量 x 对应的值仍然为 1。

当一个变量为引用类型时，将该变量赋值给另一个变量时，是将该变量对应的引用地址赋值给另一个变量，代码如下：

```
var x = {
    num: 1
}
var y = x;                    // 将变量 x 赋值给 y
y.num = 2;                    // 修改对象中 num 属性的值
console.log(x.num);           // 输出结果 2
```

在上述示例中，变量 x 的值为对象{num: 1}（对象的相关知识将在第 5 章详细介绍，此处仅简单应用），将变量 x 赋值给变量 y，再修改 y.num 的值为 2，最终 x.num 对应的值也变为了 2。由此可知，当 y 修改了对应的 num 值时，x 对应的 num 值也会发生变化。引用类型数据在内存中的存储如图 3-2 所示。

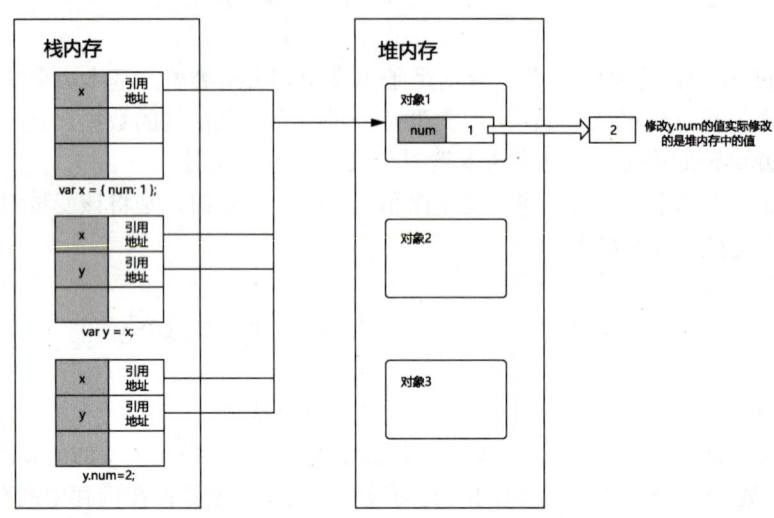

图 3-2　引用类型数据在内存中的存储

由图 3-2 可见，JavaScript 中的引用类型数据是存储在堆内存中，而栈内存中仅存放了一个堆内存的引用地址。变量 x 赋值为{num:1}时，栈内存中生成了一条对应的内存记录，其中包含对应的堆内存的引用地址，同时堆内存中存放了实际的对象数据；当将 x 赋值给变量 y 时，栈内存中生成了一条新的内存记录，其中包含的堆内存引用地址和变量 x 是同一个，并没有在堆内存生成新的对象数据。所以当 y.num 发生变化时，x.num 对应值也发生了变化。

## 3.2　数　组

数组是编程语言中最常见的数据类型，在程序开发中起着非常重要的作用。

### 3.2.1　什么是数组

在 JavaScript 开发中，数组主要用于临时存储同类数据，进行高速批量运算。例如，有一批用户名称需要临时进行记录保存，根据之前学习的知识，如果使用一个变量保存一个用户名称，就需要多个变量，这给代码编写和维护都带来了很大的困难，使用数组类型的变量来保存这种批量数据就很好地解决了这些问题。

数组本质上是一种具有顺序的特殊对象。数组由多个元素组成，每个元素由"下标"和"值"组成。其中数组元素的"下标"又称"索引"或"键"，以数字标识，代表元素在数组中的位置，默认情况下从 0 开始递增。数组元素的值可以存储任意类型的数据，如 String 类型、Number 类型、Object 类型等。数组结构如图 3-3 所示。

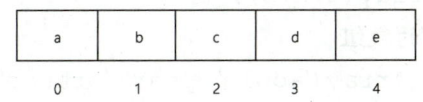

图 3-3　数组结构

图 3-3 所示的数组，0、1、2、3、4 代表数组元素的下标，a、b、c、d、e 代表数组中存储的元素值。

### 拓展阅读

前面介绍的是一维数组。所谓一维数组，就是数组元素的值是除数组以外的其他类型数据。除一维数组外，还有二维数组、三维数组等多维数组，当一个数组的值中有一维数组时，那这个数组就是二维数组，可以理解为，数组存储数组类型的数据即构成了多维数组。例如，[a,b,[c,d],e]就是一个二维数组。

 居安思危

"没有网络安全就没有国家安全，没有信息化就没有现代化。"这一重要论断，把网络安全上升到了国家安全的层面，为推动我国网络安全体系的建立，树立正确的网络安全观指明了方向。

关于如何培养网络安全人才，中央网信办、教育部等六部门联合印发的《关于加强网络安全学科建设和人才培养的意见》明确提出，支持高等院校开设网络安全相关专业"少年班""特长班"等。也可以理解为，国家注重从小培养学生网络安全的基础学习。

## 3.2.2　定义数组

JavaScript 中有两种定义数组的方式，一种是实例化 Array 对象的方式；另一种是直接使用[]定义数组，下面分别对两种方式进行讲解。

#### 1. 使用 Array 对象

使用 Array 对象（内置）定义数组是通过 new 关键字实现的。具体方法如下：

```
// 定义一个空数组
```

定义数组

```
var array = new Array();
// 定义元素为数值的数组
var nums = new Array(1,2,3);
// 定义元素为字符串的数组
var fruits = new Array('apple','pear','orange');
// 定义元素为复杂类型的数组
var complex = new Array('hello',1,true,null);
```

### 拓展阅读

> 对象可以理解为属性和方法的集合。在浏览器环境下，对象分为内置对象和自定义对象两种，内置对象是由浏览器提供的一些对象（如此处的 Array 对象），不用开发者自己定义，而自定义对象是通过对象创建的方式创建出的对象。

由上述示例可以看出，实例化 Array 数组时可以传入各种数据类型的值。需要注意的是，如果初始化对象时仅传入一个数值类型的参数，并不是定义了一个元素为对应数值的数组，而是定义了一个长度为对应数值的数组。代码如下：

```
var array = new Array(5);
console.log(array);            // 输出结果：(5) [empty × 5]
```

使用 Array 对象定义数组时，可以省略关键字 new。代码如下：

```
var names = Array('edward','tom');
// 等价于 var names = new Array('edward','tom');
var colors = Array(3);
// 等价于 var colors = new Array(3);
```

使用 new Array() 和 Array() 都能初始化数组，但使用关键字 new 进行初始化符合 JavaScript 语言规范，建议大家在使用时加上 new 关键字。

### 提示

> 数组命名通常使用复数，因为数组一般代表多个元素。

#### 2. 使用"[]"定义数组

使用"[]"和使用 Array 对象定义数组的方式类似，将 new Array() 替换为"[]"即可，代码如下：

```
// 定义一个空数组
var array = [];
// 数组元素值为数值
var nums = [1, 2, 3];
// 数组元素值为字符串
```

```
var fruits = ['apple', 'pear', 'orange'];
// 数组元素值为复杂类型
var complex = ['hello', 1, true, null];
// 部分元素为空的数组
var empty = [1, , , 4, 5];
console.log(empty);              // 输出结果(5):[1, empty × 2, 4, 5]
```

> **提示**
>
> 使用 Array 对象和 "[]" 定义数组类似，不同之处在于，后者可以定义部分数据元素为空的数组，如上述 empty 数组中包含两个为空的元素，前者则不可以；还有前者能通过传入一个数值类型的参数定义一个长度为这个参数值的数组，如 new Array(2)定义了一个长度为 2 的数组，后者则不可以。

### 3.2.3 数组元素操作

常见的数组元素操作包括获取数组中的某个元素，获取数组长度，为数组元素赋值等，下面分别介绍。

数组元素操作

#### 1. 获取数组元素

在 3.2.1 节曾提到，每个数组元素都有一个下标，获取数组元素的值就是通过元素下标实现的。下面通过实例说明。

【例 3-1】 定义数组 names，并输出数组中元素的值。（实例位置：example/ch3/3-1.html）

```
var names = ['tim', 'jack', 'rose'];
console.log(names[0]);           // 输出结果'tim'
console.log(names[2]);           // 输出结果'rose'
console.log(names[3]);           // 输出结果 undefined
```

上述实例，分别通过下标 0 和 2 获取到了对应元素的值 "tim" 和 "rose"。在获取 names 数组中下标为 3 的元素时，获取的结果为 undefined，这是因为 names 数组总共只有 3 个元素，下标为 3 及以后的元素都不存在。

#### 2. 获取数组长度

在一些场景中，需要获取数组的长度。使用数组的 length 属性可获取数组长度。数组长度为数组元素的最大下标值加 1。下面通过实例说明获取数组长度的具体方法。

【例 3-2】 定义 3 个数组，并分别获取各个数组的长度。（实例位置：example/ch3/3-2.html）

```
var langs = ['javaScript', 'java', 'c++'];
var mix = [1, false, , 'hello', null];
var empty = [];
```

```
console.log(langs.length);          // 输出结果 3
console.log(mix.length);            // 输出结果 5
console.log(empty.length);          // 输出结果 0
```

上述实例，langs 数组一共有 3 个元素，所以 langs 数组长度为 3。mix 数组的第三个元素为空，但是空元素也会占用数组的存储位置，所以 mix 数组的长度为 5。需要注意的是，类似 empty 的空数组长度为 0。

使用数组元素的 length 属性不仅能获取数组长度，还可以通过对 length 属性赋值，改变数组长度，代码如下：

```
var langs = ['javaScript', 'java', 'c++'];
langs.length = 4;
// 输出结果 (4) ["javaScript", "java", "c++", empty]
console.log(langs);
var mix = [1, false, , 'hello', null];
mix.length = 2;
console.log(mix);                   // 输出结果 (2) [1, false]
var empty = [];
empty.length = 3;
console.log(empty);                 // 输出结果 (3) [empty × 3]
```

由上述代码可以看出，将数组长度值设置为比数组本身的长度值大时，会使用空元素填充数组，使数组长度和 length 属性值保持一致。当将数组长度值设置为比数组本身的长度值小时，会按照下标由大到小的顺序删除数组元素，使数组长度和 length 属性保持一致。当为空数组设置 length 属性值时，同样会使用空元素填充数组，使数组长度和 length 属性一致。

### 3. 为数组元素赋值

在初始化数组后，经常会碰到需要改变数组中元素值的情况，也就是为数组元素赋值。下面通过实例说明为数组元素赋值的方法。

【例3-3】 定义数组并为数组元素赋值。（实例位置：example/ch3/3-3.html）

```
var langs = ['javaScript', 'java', 'c++'];
langs[1] = 'python'
// 输出结果 (3) ["javaScript", "python", "c++"]
console.log(langs);
var nums = [1, 2, 3];
nums[3] = 4;
console.log(nums);                  // 输出结果 (4) [1, 2, 3, 4]
var empty = [];
empty[2] = 'hello';
console.log(empty);                 // 输出结果 (3) [empty × 2, "hello"]
```

由上述实例可以看出，当为数组元素赋值时，如果被赋值元素存在，则改变该元素的值，如 langs 数组所示；如果被赋值元素下标和数组长度相等，则在数组末尾添加该元素值，如 nums 数组所示；如果被赋值元素下标大于数组长度，则在被赋值元素所在位置添加元素值，同时在原数组最后一个元素到被赋值元素之间添加空元素，如 empty 数组所示。

> **拓展阅读**
>
> C++和Java等语言在初始化数组时，需要指定数组长度，且数组长度固定，不能动态调整。JavaScript 则不同，它支持动态调整数组长度，且对数组做了很多优化，感兴趣的读者可以查阅相关资料学习。

### 4. 添加数组元素

定义数组后，可以根据实际需求为数组添加元素。在 JavaScript 中常使用 push()和 unshift()两个方法添加数组元素。下面通过实例说明其用法。

**【例 3-4】** 定义数组并为其添加元素。（实例位置：example/ch3/3-4.html）

```
var nums = [1, 2, 3];
var length1 = nums.push(4);
console.log(nums);           // 输出结果 (4) [1, 2, 3, 4]
console.log(length1);        // 输出结果 4
var nums2 = [1, 2, 3, 4];
var length2 = nums2.unshift(0);
console.log(nums2);          // 输出结果 (5) [0, 1, 2, 3, 4]
console.log(length2);        // 输出结果 5
```

由例 3-4 可以看出，push()方法是在数组末尾添加对应元素，unshift()方法是在数组开头添加对应元素，它们的返回值都为添加元素后的数组长度。

> **拓展阅读**
>
> push()和 unshift()方法支持同时添加多个元素，如 array.push(1, 2, 3)、array.unshift(1, 2, 3)。如果需要同时添加多个元素，可以使用该方法。

### 5. 删除数组元素

在定义数组后，有时也需要根据实际情况删除数组中的某个元素。例如，一个保存全体员工信息的多维数组，若有一个员工离职了，那么就需要从数组中删除该员工的信息。JavaScript 中常使用 pop()和 shift()方法删除数组元素。下面通过实例说明它们的用法。

**【例 3-5】** 定义数组并删除其中的个别元素。（实例位置：example/ch3/3-5.html）

```
var array = ['a', 'b', 'c', 'd ', 'e'];
var item1 = array.pop();
```

```
console.log(array);           // 输出结果 (4) ["a", "b", "c", "d"]
console.log(item1);           // 输出结果 e
var array2 = ['a', 'b', 'c', 'd '];
var item2 = array2.shift(0);
console.log(array2);          // 输出结果 (3) ["b", "c", "d"]
console.log(item2);           // 输出结果 a
```

由上述实例可以看出，pop()方法删除数组末尾的对应元素，shift()方法删除数组开头的对应元素，它们的返回值都为删除元素的值。

### 3.2.4 数组遍历

目前是通过数组下标获取数组元素对应值的，如果要获取整个数组的所有元素，通过下标获取显然是不合适的。为此，JavaScript 提供了另外一种获取数组元素的方式——数组遍历。所谓数组遍历，就是按照数组下标由小到大的顺序挨个访问数组元素，直到最后一个元素。下面介绍两种常用的数组遍历的方法。

#### 1. for 循环

for 循环语句在本书 2.5.2 节已经介绍过，本节通过实例介绍如何通过 for 循环遍历数组。

【例 3-6】 定义数组，并使用 for 循环语句遍历数组。（实例位置：example/ch3/3-6.html）

```
var langs = ['javaScript', 'java', 'c++'];
var length = langs.length;            // 获取数组长度
for (var i = 0; i < length; i++) {
    console.log(langs[i]);            // 输出结果：每个数组元素值
}
```

上述实例首先通过数组的 length 属性获取数组长度，然后通过 for 循环语句遍历数组，再通过数组下标获取数组元素值。

#### 2. forEach()

使用 forEach()方法可以遍历数组的每个元素，并返回元素的值、下标和数组本身。下面通过实例介绍其用法。

【例 3-7】 定义数组，使用 forEach()方法遍历数组，并输出数组元素及其下标。（实例位置：example/ch3/3-7.html）

```
var langs = ['javaScript', 'java', 'c++'];
langs.forEach(function(value, index, array) {
    console.log(value, index);        //输出结果：每个数组元素值及下标
});
```

forEach()方法传入的参数是一个函数，这是本书 4.3.3 节将会讲到的回调函数，在此先

掌握其使用方法。该函数一共有 3 个参数，分别代表数组元素值、数组元素下标及数组本身。值得注意的是，使用 forEach()方法遍历数组不能使用 for 循环中的 break 和 continue 跳过循环。

## 3.2.5 数组元素定位

日常开发中通常需要查询某个元素在数组中的位置。要解决这个问题，可以使用数组遍历功能遍历数组中的元素，并将遍历元素和目标元素进行对比，如果相等，则查到元素在数组中的位置。另外，JavaScript 还提供了 indexOf()和 lastIndexOf()两个方法对数组元素进行定位，下面分别介绍。

### 1. indexOf()

indexOf()方法传递的参数为需要查找的目标元素，它按照下标从小到大的顺序在数组中进行查找，匹配到目标元素则返回对应元素下标，如果目标元素不在数组中，则返回-1，下面通过实例介绍其具体用法。

【例 3-8】 定义数组并使用 indexOf()方法定位数组元素。（实例位置：example/ch3/3-8.html）

```
var langs = ['javaScript', 'java', 'c++'];
var result1 = langs.indexOf('java');
console.log(result1);                    //输出结果 1
var result2 = langs.indexOf('php');
console.log(result2);                    //输出结果-1
```

### 2. lastIndexOf()

lastIndexOf 和 indexOf()传入的参数和返回的值一致，唯一的区别是，lastIndexOf()方法是按数组下标从大到小的顺序进行查找的。

## 3.2.6 数组排序

**数组排序**

程序开发中，经常需要对一个无序的数组进行排序，使用在计算机基础算法中学到的冒泡排序法、插入排序法等可以解决这个问题。下面分别对冒泡排序法和插入排序法进行介绍。

### 1. 冒泡排序法

冒泡排序的原理是遍历整个数组，将当前元素和后续元素进行大小比较，如果当前元素大于后续元素，将当前元素和后续元素进行位置交换，最后一个元素即为当前冒泡轮次中最大的元素，这个过程称为一轮冒泡。不断重复这一过程，最终数组元素会按照由小到大的顺序进行排列，具体的排序流程如图 3-4 所示。

由图 3-4 可见，经过一轮冒泡之后，当前最大元素 9 排到了数组的最后一个位置。接下来重复进行元素冒泡操作，最终得到一个由小到大有序排列的数组。下面通过实例介绍使用 JavaScript 实现冒泡排序的方法。

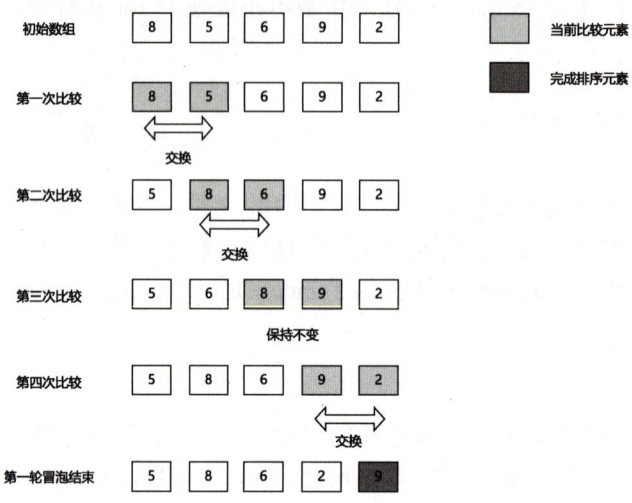

图 3-4　冒泡排序法的排序流程

【例 3-9】　使用冒泡排序法排序数组。（实例位置：example/ch3/3-9.html）

```
// 初始数组
var arr = [8, 5, 6, 9, 2];
// 循环冒泡的轮数
for (var i=1;i<arr.length;i++) {
    // 从第一个元素遍历到最后一个元素
    for (var j=0;j<arr.length-i;j++) {
        // 如果当前元素大于下一个元素，交换两个元素的位置
        if (arr[j] > arr[j + 1]) {
            // 使用一个临时遍历存储数据
            var tmp = arr[j];
            arr[j] = arr[j+1];
            arr[j+1] = tmp;
        }
    }
}
console.log('排序后数组:', arr);        // 输出结果 (5)[2, 5, 6, 8, 9]
```

2. 插入排序法

插入排序法的原理是遍历整个数组，将数组中的元素逐个插入到一个假设的有序数组中。其中，待排序数组的第一个元素会被看作有序数组，第 2 个至最后一个元素会被看作待排序的无序数组。插入过程是数组中的一个元素和有序数组中的元素进行比较，如果数

组元素大于有序数组中的某个元素，则将数组元素插入到该元素后；接着将待排序数组中的下一个元素和有序数组中的元素进行比较并插入到合适位置，不断重复插入过程，最终数组会由小到大进行排列。具体的排序过程如图3-5所示。

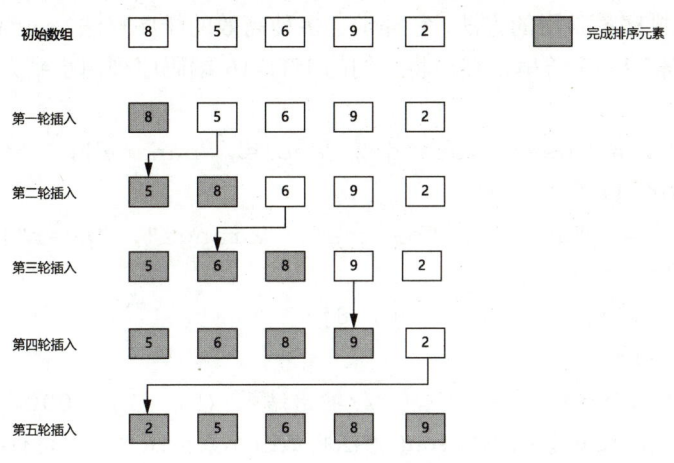

图3-5 插入排序法的排序过程

由图3-5可见，第一轮插入从第2个元素开始，它与有序数组中的第一个元素比较，小于第一个元素，所以插入到其前面。接下来将第3个元素与有序数组中的元素进行比较，插在比其小的元素后面，依次循环，经过多轮元素插入操作，最终得到一个从小到大有序排列的数组。下面通过实例介绍使用JavaScript实现插入排序的方法。

【例3-10】 使用插入排序法排序数组。（实例位置：example/ch3/3-10.html）

```javascript
// 初始数组
var arr = [8, 5, 6, 9, 2];
// 从第2个元素开始循环，比较大小并插入合适位置
for (var i=1;i<arr.length;i++) {
    // 对已排序数组开始循环
    for (var j=i;j>0;j--) {
        // 将当前元素插入合适位置
        if (arr[j-1] > arr[j]) {
            var tmp = arr[j];
            arr[j] = arr[j-1];
            arr[j-1] = tmp;
        }
    }
}
console.log('排序后数组:', arr);        //输出结果 (5)[2, 5, 6, 8, 9]
```

3. sort()

除前面介绍的冒泡排序法和插入排序法外，JavaScript 还提供了一些现成的排序方法来帮助开发者快速解决数组排序的问题，下面简单介绍。

sort()是数组排序最常用的方法，它提供了多种高效的排序算法。sort()方法默认的比较方式是将数组元素转为字符串，然后将它们的 UTF-16 编码序列由小到大进行排序。其使用方法如下：

```javascript
var fruits = ['pear', 'orange', 'apple', 'banana'];
fruits.sort();
//输出结果 (4)["apple", "banana", "orange", "pear"]
console.log(fruits);
var nums = [1, 30, 5, 1000, 8];
nums.sort();
console.log(nums);              //输出结果 (5) [1, 1000, 30, 5, 8]
```

在上述示例中，fruits 数组调用 sort()方法将数组元素按照首字母进行了排序。nums 数组的排序和预期有些不同，它并不是按照数字的大小进行排序，而是按照数字对应字符串的 UTF-16 编码顺序来排序的。如果想按照数字大小进行排序应该如何处理呢？下面通过实例进行介绍。

【例 3-11】 使用 sort()方法实现数组排序。（实例位置：example/ch3/3-11.html）

```javascript
var nums = [1, 30, 5, 1000, 8];
nums.sort(function (a, b) {
    if (a > b) {
        return 1;           // 返回结果为1，表示a会排到b后面
    } else if (a < b) {
        return -1;          // 返回结果为-1，表示b会排到a后面
    } else {
        return 0;           // 返回结果为0，表示顺序不变
    }
});
console.log(nums);          // 输出结果 (5) [1, 5, 8, 30, 1000]
```

例 3-11 中，通过将 sort()方法中回调函数的 a 和 b 参数进行比较，对数组进行数字由小到大的顺序排序。具体比较规则有以下几项。

① 函数返回结果大于 0，则 a 排到 b 后面；
② 函数返回结果小于 0，则 b 排到 a 后面；
③ 函数返回结果等于 0，则 a 和 b 顺序不变。

## 第3章 数 组

**旗帜引领**

算法是基于数据用系统方法描述、解决问题的策略机制，在经济、社会生活多领域广泛应用的同时，基于累积数据不断迭代，成为影响信息分发、服务提供、机会分配、资源配置的基础性机制和力量。当前，既要把握人工智能发展趋势，用得好，也要管得住，有效防范算法滥用带来的风险隐患，更要通过加强算法综合治理，实现以主流价值导向驾驭算法。

目前，针对算法应用这一全新的治理课题，我国先后出台并完善了有关制度，加强相关领域的规范。例如，《数据安全管理办法（征求意见稿）》规定"网络运营者不得违反收集使用规则使用个人信息"；《法治社会建设实施纲要（2020—2025年）》提出"制定完善对网络直播、自媒体、知识社区问答等新媒体业态和算法推荐、深度伪造等新技术应用的规范管理办法""加强对大数据、云计算和人工智能等新技术研发应用的规范引导"。这些政策举措，充分彰显了我国加强算法规制、保障消费者权益、促进数字经济健康发展的决心。

### 3.2.7 数组相关方法

除前面介绍的常用数组方法之外，数组还内置了一些其他方法，下面分别介绍。

#### 1. reverse()

reverse()方法的作用是将数组翻转，简单来说就是将数组中第一个元素和最后一个元素交换位置，第2个元素和倒数第2个元素交换位置，依此类推，下面通过实例介绍其使用方法。

【例3-12】 使用reverse()方法翻转数组。（实例位置：example/ch3/3-12.html）

```
var array = ['a', 'd', 'e', 'b', 'c'];
array.reverse();
console.log(array);        // 输出结果 (5) ["c","b","e","d","a"]
```

#### 2. concat()

concat()方法常用于合并两个或多个数组。使用该方法可生成一个新数组，并且不改变原数组，下面通过实例介绍其使用方法。

【例3-13】 使用concat()方法合并数组。（实例位置：example/ch3/3-13.html）

```
var nums1 = [1, 2, 3];
var nums2 = [4, 5, 6];
var nums3 = nums1.concat(nums2);
```

63

```
console.log(nums3);              // 输出结果 (6) [1, 2, 3, 4, 5, 6]
console.log(nums1);              // 输出结果 (3) [1, 2, 3]
console.log(nums2);              // 输出结果 (3) [4, 5, 6]
```

在上述实例中，nums3 为 nums1 和 nums2 数组合并之后的数组，同时 nums1 数组和 nums2 数组本身并没有改变。

### 3. slice()

slice()方法常用于从现有数组中拷贝元素生成一个新数组，它最多支持传入两个参数，分别表示新数组的起始元素下标和数组中的元素个数；当传入一个参数时，该参数表示新数组的起始元素下标，并且新数组中元素为从原数组指定元素到最后一个元素之间的元素；当不传入任何参数时，则生成一个和原数组一样的数组。下面通过实例介绍其使用方法。

【例 3-14】 使用 slice()方法基于原数组生成新数组。（实例位置：example/ch3/3-14.html）

```
var array = ['a', 'b', 'c', 'd', 'e'];
var newArray1 = array.slice(0, 3);
console.log(newArray1);          //输出结果 (3) ["a", "b", "c"]
var newArray2 = array.slice(2);
console.log(newArray2);          //输出结果 (3) ["c", "d", "e"]
var newArray3 = array.slice();
console.log(newArray3);          //输出结果 (5) ["a","b","c","d","e"]
```

### 4. splice()

splice()方法常用于在数组的某个位置插入某些元素，或者删除数组中某个位置的元素。它的第一个参数用于标记需要删除或添加元素的位置，第二个参数表示需要删除的元素个数，之后的参数表示需要在该位置添加的元素，可以传任意多个元素。下面通过实例介绍其使用方法。

【例 3-15】 使用 splice()方法为数组添加或删除元素。（实例位置：example/ch3/3-15.html）

```
var nums1 = [1, 2, 3, 4];
nums1.splice(1, 2);
console.log(nums1);              // 输出结果 (2) [1, 4]
var nums2 = [1, 2];
nums2.splice(1, 0, 3, 4);
console.log(nums2);              // 输出结果 (4) [1, 3, 4, 2]
var nums3 = [1, 2, 3];
nums3.splice(2, 1, 5);
console.log(nums3);              // 输出结果 (3) [1, 2, 5]
```

上述实例中，针对 nums1 数组操作时传入 1，2 两个参数，表示从下标 1 位置删除 2 个元素。nums2 数组传入 1，0，3，4 四个参数，表示不删除数组，并从下标 1 位置处添加 3，

4 两个元素。针对 nums3 数组操作时传入 2, 1, 5 三个参数，表示从下标 2 位置删除一个元素，并在下标 2 的位置添加 5 这个元素。

5. join()

join()方法主要用于将数组元素拼接成字符串，它支持传入一个参数，表示数组元素的拼接规则。

【例 3-16】 使用 join()方法将数组元素拼接成字符串。（实例位置：example/ch3/3-16.html）

```
var array = ['a', 'b', 'c', 'd'];
var str1 = array.join('-');
console.log(str1);                    // 输出结果 a-b-c-d
var str2 = array.join();
console.log(str2);                    // 输出结果 a,b,c,d
```

上述实例中，当使用 join()方法传入参数"-"时，将数组每个元素以"-"分割拼接成一个字符串。当使用 join()方法不传入参数时，将数组元素以","分割拼接成一个字符串。

### 知识链接

ES 6+中为 Array 增加了 from()函数、includes()函数等，具体如表 3-1 所示。

表 3-1　Array 常见扩展

| 名称 | 说明 |
| --- | --- |
| Array.from() | 将类数组或可遍历的对象转换为数组 |
| includes() | 查找数组中是否存在某个元素，如果存在返回 true，不存在则返回 false |
| find() | 查看数组中满足条件的某个值并返回 |
| findIndex() | 查看数组中满足条件的某个元素，并返回对应元素下标 |

（1）Array.from()函数

使用 Array.from()函数可以将函数中的 arguments 对象及 document.getElementsByTagName()获取的 DOM 元素等转换为数组。下面通过一个示例展示 Array.from()的基本用法。

```
function arrFrom() {
let arr = Array.from(arguments);
  console.log(arr);                   // 输出结果[1, 2, 3]
}
arrFrom(1, 2, 3);
```

将类数组转换为真正的数组，可以使用数组的一些常用方法，如 map()、forEach()等对其进行操作。

（2）includes()函数

includes()函数是数组对象的方法，主要用于查找数组中是否存在某个元素，其使用方法如下：
```
const books = ['JavaScript', 'PHP', 'Python'];
console.log(book.includes('JavaScript'));          // 输出结果 true
```
（3）find()函数

find()函数是数组对象的方法，主要用于查找数组中满足条件的第一个元素，并返回该元素。当数组中的元素满足条件时返回 true,find()返回符合条件的元素，之后的值不会再调用执行函数；如果没有符合条件的元素则返回 undefined。其基本使用如下：
```
let nums = [1, 2, 3, 4, 5];
let result = nums.find(function (value) {
    return value > 3;
});
console.log(result);                    // 输出结果 4
```
（4）findIndex()函数

findIndex()函数与 find()函数用法一样，唯一的区别在于它返回的是元素下标。

## 3.2.8 【示例】奇偶数组

有一个数值类型的数组 target，它的值为[3,12,8,15,22,5,11,7,18,2]。将 target 数组中的元素按照奇数和偶数划分，分别生成一个奇数数组和偶数数组，并将数组的值按照数值大小排序。（实例位置：example/ch3/example3.2.8.html）

```
var target = [3,12,8,15,22,5,11,7,18,2];   // 目标数组
var odd = [];                               // 创建一个奇数数组
var even = [];                              // 创建一个偶数数组
var length = target.length;                 // 获取目标数组长度
// 使用 for 循环遍历目标数组
for (var i = 0; i < length; i++) {
    var value = target[i];      // 获取当前元素的值
    // 如果 value 为偶数，添加到偶数数组
    if (value % 2 === 0) {
        even.push(value);
    } else {
        odd.push(value);        // 如果 value 为奇数，添加到奇数数组
    }
}
// 对奇数数组进行排序
odd.sort(function (a, b) {
    return a - b;
```

```
});
// 对偶数数组进行排序
even.sort(function(a, b) {
    return a - b;
});
console.log(odd);            // 输出结果 (5)[3, 5, 7, 11, 15]
console.log(even);           // 输出结果 (5)[2, 8, 12, 18, 22]
```

## 综合案例：地区选择器

在网上购物或订外卖时，通常需要填写收货地址，而填写收货地址又必然要选择所在地区，这就用到了一项比较常用的功能——地区选择器。地区选择器是一种级联选择器。所谓级联选择器，就是选中了省之后，再选择省对应的市，选择市之后，再选择市对应的区。本案例将综合前面所学知识，实现一个简单的地区选择器。（实例位置：example/ch3/area_select.html）

### 1. 编写 HTML 代码

创建一个 HTML 文件，首先在页面上添加 3 个选择框，分别对应省、市、区 3 个选择器，然后在选择框下方放置 4 个<span>标签，用于展示选中的省市区及地区对应 id。

```
<div>
    <select name="" id="province">
        <option>请选择</option>
    </select>
    <select name="" id="city">
        <option>请选择</option>
    </select>
    <select name="" id="area">
        <option>请选择</option>
    </select>
</div>
<div>
    <span>选择地区名称为: </span>
    <span id="select-area-name"></span>
</div>
<div>
    <span>选择地区 id 为: </span>
```

```
        <span id="select-area-id"></span>
    </div>
```

2. 定义城市数据

创建 HTML 文件后，接下来编写 JavaScript 代码，首先需要定义标准的城市数据 data。data 是一个复杂的数组，其元素值为对象。每个数组元素包含 id、name 及 child 三个属性，分别代表省的 id，名称及市数组。市数组与省数组类似，同样包含 id、name 及 child 三个属性，市数组元素中的 child 代表区数组。区数组中包含 id 和 name 两个属性。代码如下（截取部分）：

```javascript
// 定义标准城市相关数据
var data = [
    {
        id: 100000,
        name: '北京市',
        child: [
            {
                id: 100000,
                name: '北京市',
                child: [
                    {
                        id: 100001,
                        name: '朝阳区'
                    },
                    {
                        id: 100002,
                        name: '大兴区'
                    },
                    {
                        id: 100003,
                        name: '东城区'
                    },
                    {
                        id: 100004,
                        name: '海淀区'
                    },
                    {
                        id: 100005,
```

```
                name: '昌平区'
            }
        ]
    }
  ]
},
{
    id: 200000,
    name: '河北省',
    child: [
        {
            id: 201000,
            name: '石家庄市',
            child: [
                {
                    id: 201001,
                    name: '长安区'
                },
                {
                    id: 201002,
                    name: '桥西区'
                },
                {
                    id: 201003,
                    name: '裕华区'
                }
            ]
        },
        {
            id: 202000,
            name: '张家口市',
            child: [
                {
                    id: 202001,
                    name: '崇礼区'
                },
                ……
```

```
                    ]
                },
                {
                    id: 203000,
                    name: '邯郸市',
                    child: [
                        {
                            id: 203001,
                            name: '复兴区'
                        },
                        ……
                    ]
                }
            ]
        },
        ……
    ];
```

城市信息数据量比较大，一般不会直接编写到代码，通常是通过服务端返回或使用单独的文件进行存储。本示例编写到代码里，仅为演示此功能。

### 3. 初始化变量

接下来初始化需要用到的一些变量，如选中的省、市、区的值。另外，页面上的 DOM 元素会多次用到，所以使用变量保存起来，以减少代码的重复编写。

```
var selectProvince = '';            // 定义选中的省
var selectCity = '';                // 定义选中的市
var selectArea = '';                // 定义选中的区
// 将 DOM 元素定义为单独的变量，以减少重复代码
var $province = document.getElementById('province');
var $city = document.getElementById('city');
var $area = document.getElementById('area');
var $selectAreaName = document.getElementById('select-area-name');
var $selectAreaId = document.getElementById('select-area-id');
```

### 4. 初始化省份数据

接下来进行省份数据的初始化，首先定义将插入到省选择框的字符串 provinceOptions，选择框的第一项为"请选择"，然后遍历 data 数组，将省数据的 id 和 name 属性通过字符串拼接组装成需要插入到 HTML 中的字符串，然后使用 innerHTML 将省数据插入到 HTML 中。

```
var provinceOptions = '<option>请选择</option>';  // 省默认 DOM 元素
// 遍历 data 数组
for (var i = 0; i < data.length; i++) {
    // 将省数据拼接成 HTML
    var option = '<option id="'+data[i].id+'">'+data[i].name+'</option>';
    provinceOptions += option;
}
// 将省数据插入到 HTML 中
$province.innerHTML = provinceOptions;
```

通过 innerHTML 将字符串插入 HTML 后，单击省选择框，页面效果如图 3-6 所示。

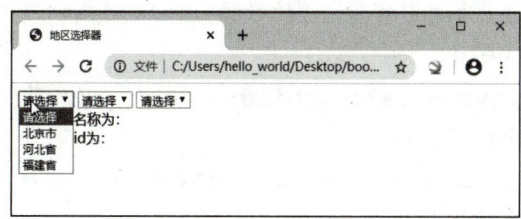

图 3-6　初始化省份数据

> innerHTML 的相关知识将在第 7 章详细介绍。

#### 5. 监听省数据变化

当选择某个省数据时，需要将该省对应的城市数据展示到第 2 个选择框，所以需要监听省选择框的数据变化，使用 onchange 事件可以获取省选择框值发生变化时的动作。onchange 事件会返回一个对象 e，通过 e.target.value 获取选中的省的名称。然后定义一个城市的选项字符串 cityOptions，通过 e.target.selectedOptions[0].id 获取省对应的 id。如果省 id 不存在，代表选择的是"请选择"选项，此时将市选择框和区选择框设置为默认选项。另外省数据发生变化时，还需要将之前选中的市和区数据还原。

接下来遍历 data 数组，找到数组中和选中省 id 一致的省 id 数据，然后获取该省的所有城市数据。遍历获取到的城市数据，同样通过字符串拼接的方式组装市数据，并插入到 HTML 中。代码如下：

```
// 监听省选择框变化
$province.onchange = function(e) {
    selectProvince = e.target.value; // 将选中的省赋值给 selectProvince
    var cityOptions = '<option>请选择</option>';
//获取选中的省对应的 id，默认取出为字符串类型，通过 Number()方法转为数值类型
    var id = Number(e.target.selectedOptions[0].id);
```

```javascript
    // 如果选择的是"未选择"选项，则将市和区的 HTML 还原
    if(!id) {
        $city.innerHTML = '<option>请选择</option>';;
        $area.innerHTML = '<option>请选择</option>';
    }
    // 还原选中的值
    $selectAreaName.innerText = ' ';
    $selectAreaId.innerText = ' ';
    // 遍历 data 数据
    data.forEach(function(value) {
        // 查找 id 为选中省份 id 的数据
        if (value.id === id) {
          var citys = value.child;          // 获取该省份下的所有市
          // 遍历该市数据
          citys.forEach(function(city) {
          // 将市数据拼接成 HTML
          cityOptions += '<option id="'+ city.id +'">'+ city.name +'</option>';
          });
            $city.innerHTML = cityOptions;  // 将市数据插入到 HTML 中
            // 将区数据还原为默认数据
            $area.innerHTML = '<option>请选择</option>';
        }
    });
}
```

通过 innerHTML 将字符串插入 HTML 后，首先选择一个省，然后点击市选择框，页面效果如图 3-7 所示。

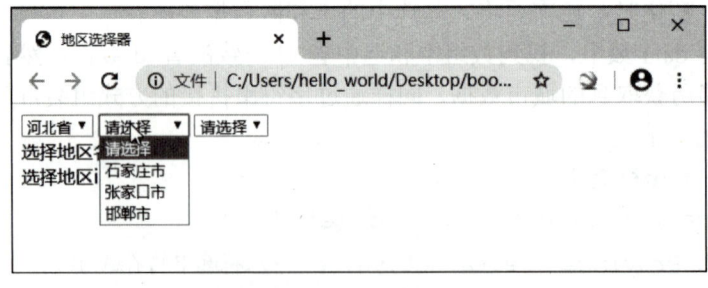

图 3-7　根据省数据确定市数据

6. 监听市数据变化

接下来监听市数据的变化,市数据变化和省数据变化的处理类似,代码如下:

```javascript
// 监听市选择框变化
$city.onchange = function(e) {
    // 将选中的市赋值给 selectCity
    selectCity = e.target.value;
    var areaOptions = '<option>请选择</option>';
    // 获取选中的市对应的id,默认取出为字符串类型,通过Number()方法转为数值类型
    var id = Number(e.target.selectedOptions[0].id);
    // 如果选择的是"未选择"选项,则将区的HTML还原
    if (!id) {
        document.getElementById('area').innerHTML = '<option>请选择</option>';
    }
    // 还原选中的值
    $selectAreaName.innerText = '';
    $selectAreaId.innerText = '';
    // 遍历 data 数据
    data.forEach(function(value) {
        var citys = value.child;          // 获取所有市
        // 遍历市数据
        citys.forEach(function(city) {
            // 查找id为选中市id的数据
            if (city.id === id) {
                var areas = city.child;    // 获取该市下的所有区
                // 遍历该区数据
                areas.forEach(function(area){
                    // 将区数据拼接成 HTML
                    areaOptions += '<option id="'+ area.id +'">'+ area.name +'</option>';
                });
                $area.innerHTML = areaOptions;    // 将区数据插入到 HTML 中
            }
        });
    });
}
```

通过 innerHTML 将字符串插入 HTML 后,首先选择一个省,然后选择一个市,再单击区选择框,页面效果如图 3-8 所示。

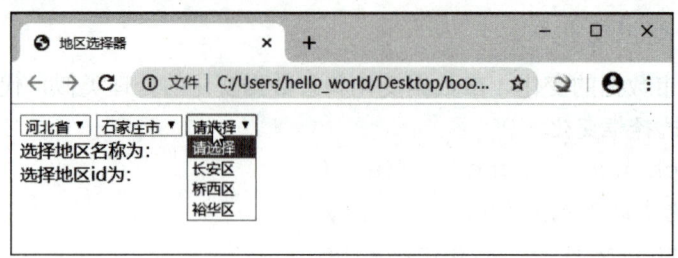

图 3-8　根据市数据确定区数据

### 7. 监听区数据变化

最后监听区数据的变化，当选择区时，将选中的值赋值给 selectArea 变量，然后将拼接的省市区及区 id 插入到 HTML 中。代码如下：

```javascript
// 监听区选择框变化
$area.onchange = function(e) {
    selectArea = e.target.value;              // 将选中的区赋值给selectArea
    // 将省市区显示到页面上
    $selectAreaName.innerText = selectProvince + selectCity + selectArea;
    // 将区域id显示到页面上
    $selectAreaId.innerText = Number(e.target.selectedOptions[0].id);
}
```

当选择完省市区之后，页面效果如图 3-9 所示。

图 3-9　页面最终效果

## 本章总结

本章首先介绍了 JavaScript 中的引用类型，然后介绍了数组的定义与基本元素操作；接着通过示例讲解了数组的遍历方法；最后通过示例讲解了数组的排序及增删元素等方法。通过本章的学习，读者应重点掌握数组的定义方法、数组元素的基本操作、数组的遍历和数组的常用方法。

## 课后习题

1. 选择题

（1）以下方法中能把数组转为字符串的是（　　）。
　　A．join()　　　　　　　　　　　B．concat()
　　C．pop()　　　　　　　　　　　D．push()

（2）以下方法不会改变数组本身的是（　　）。
　　A．shift()　　　　　　　　　　　B．push()
　　C．slice()　　　　　　　　　　　D．splice()

2. 判断题

（1）JavaScript 中数组本质上也是一种对象。　　　　　　　　　　　　（　　）
（2）[5, 12, 1].sort()的排序结果是[1, 12, 5]。　　　　　　　　　　　（　　）

3. 填空题

（1）[[1,1], 2].length 的运行结果是_____。
（2）[1,2,3].splice(0, 2)的运行结果是_____。

4. 编程题

（1）使用冒泡排序法将数组[10, 100, 94, 6, 33, 76, 22, 98, 57, 2]按照由大到小的顺序进行排序。

（2）数组 array 的值为[1, 2, 3, 4, 5, 6, 7, 8, 9, 10]，请计算出 array 数组中的元素两两相加为 10 的组合有多少种，并将各种组合放入一个新数组中输出到控制台，其中[4, 6]和[6, 4]算是两种组合。

# 第 4 章

# 函　数

## 项目导读

函数是 JavaScript 中最常用的功能之一。使用函数可以将代码片段封装到单独的模块中，用到该代码片段时直接调用即可，这样可以避免重复代码的编写，同时也能提升代码的可读性和可维护性。使用函数的另一个好处是，当函数内的某个功能发生变化时，仅需调整函数内部的代码即可，调用函数的地方不用进行调整。

## 学习目标

- 了解什么是函数
- 掌握函数的定义与调用
- 了解作用域及其应用
- 掌握匿名函数的应用
- 了解函数的嵌套和递归
- 了解变量提升
- 掌握闭包函数的应用

## 素质目标

- 提高对相似事物归纳总结的能力
- 提高组织管理能力，加强团队合作能力
- 培养人文精神和法治意识

## 4.1 函数的定义与调用

### 4.1.1 函数定义

函数封装了一段实现特定功能的代码,也可以理解为将一段代码通过函数的方法体包装起来。函数的一个特点是,调用函数能实现相应的功能及获取返回值,而并不需要了解函数内部的实现。JavaScript 提供了许多内置函数,如前几章使用的 alert()函数,isNaN()函数,及后面章节将会介绍的 setTimeout()函数等。

函数的定义与调用

下面通过一段代码演示函数的应用。

```
alert('function');
isNaN('function');
setTimeout(function() {
    console.log('function');
});
```

上述代码,调用 JavaScript 内置的 alert()函数弹出提示框;调用 isNaN()函数判断字符串 "function" 是否为 NaN 值;调用 setTimeout()函数输出字符串 "function"。调用这些函数都实现了相应的功能,但我们并不清楚其内部的实现,这也印证了函数封装性的特点。

除内置函数外,JavaScript 还允许开发者自定义函数,通过自定义函数可减少代码重复,提升代码的可维护性。自定义函数的语法如下:

```
function 函数名(参数1,参数2,参数3,……) {
    //函数体
}
```

由上述语法可以看出,一个完整的函数由 function、函数名、函数参数、函数体 4 大部分组成。function 是定义函数的关键字;函数名命名规则和变量一致,可由大小写字母、下划线(_)、美元符号($)、数字组成,但不能以数字开头;函数参数是调用函数的使用者传递给函数的值,它是一个可选项,一个函数可以包含 0 到 n 个参数,函数参数可以理解为函数的初始条件,多个参数之间使用","分隔;函数体是用于实现函数功能的代码片段。

函数除了能实现某些功能外,还能返回一个结果。如 isNaN()函数的执行结果返回一个 Boolean 类型的值。在函数体中使用 return 关键字返回函数执行结果,当函数体中没有 return 关键字时,函数的返回值为 undefined。下面通过定义一个加法函数来展示函数的定义方法。

【例 4-1】 自定义加法函数。(实例位置:example/ch4/4-1.html)

```
// 定义一个加法函数
```

```
function add(num1, num2) {
   // 执行加法运算，并将结果赋值给 result
var result = num1 + num2;
return result;                              // 返回函数执行结果
   }
   // 输出函数调用结果
var result = add(3, 5);
console.log(result);                        //输出结果 8
```

上述实例定义了一个函数 add()，它包含两个参数 num1 和 num2，函数体中执行 num1 和 num2 的加法操作并将结果赋值给 result，最后通过 return 返回计算结果。add()函数定义完成后，可以像内置函数一样通过 add(3, 5)的方式调用。

### 名师点睛

一个函数通常表示一个动作或者行为，所以通常在函数命名时使用动词+名词的形式。例如，获取手机号函数可以定义为 getPhoneNumber。

### 知识链接

箭头函数是 ES 6+中新增的函数定义方式，使用箭头函数可以简化函数的定义，同时它能绑定上下文的 this 指向，可以减少 this 指向导致的问题。

箭头函数使用 "=>" 作为标识，箭头左侧为函数参数，右侧为函数返回值或者函数体。下面通过示例介绍箭头函数的使用。

```
// 定义箭头函数
let func = num => num + 1;
```

上述代码等价于以下代码。

```
let func = function (num) {
   return num + 1;
}
```

当函数参数为空，或者存在多个参数时，需要使用()包裹参数。
当函数没有参数时，定义方法如下：

```
let func = () => 1;
```

上述代码等价于以下代码。

```
let func = function () {
   return 1
}
```

当有多个参数时，定义方法如下：

```
let func = (x, y) => x - y
```

上述代码等价于以下代码。
```
let func = function (x, y) {
    return x - y
}
```
当需要定义复杂的函数体时,箭头函数右侧可以使用代码块包裹。代码如下:
```
// 右侧为函数体
let func = (x, y) => {
const a = 2 * x;
const b = 3 * y;
return a + b;
};
```

## 4.1.2 函数参数

定义函数时,()中的参数称为形参,形参表示函数所需要的前置条件;调用函数时传入的参数称为实参,实参是传入调用函数的实际值,如在例 4-1 中,add(3,5)中的 3 和 5 为实参。根据函数定义时是否包含参数,可以将函数分为无参函数和有参函数,下面分别介绍。

### 1. 无参函数

无参函数适用于无需任何前置条件,即可实现某种功能的情况。下面定义一个简单的无参函数,代码如下:
```
function sayHi() {
    alert('hi');
}
```
上述代码定义了一个无参函数 sayHi(),每次调用 sayHi()函数时,都会出现提示框并显示"hi"。需要注意的是,无参函数虽然没有参数,但包裹参数的()不能省略,否则会报错。

### 2. 有参函数

在程序开发中,通常需要根据不同的输入条件获取不同的结果,此时就需要用到有参函数。下面定义一个简单的有参函数,代码如下:
```
function addProtocal(domain) {
    // 为每个域名添加网络协议
    var finalDomain= 'https://' + domain;
    return finalDomain;
}
```
上述代码定义了一个有参函数 addProtocal(),其中包含一个参数 domain,在函数体中为 domain 添加了"https://"网络协议前缀,最后使用 return 将拼接后的域名字符串返回给调用者。

### 3. 获取函数调用时传递的所有实参

在某些情况下，定义函数时并不知道调用方会传入多少个参数，这种情况下在定义函数时可以不设置形参。JavaScript 在函数内提供了一个 arguments 对象来获取调用函数的所有参数，arguments 是一个类数组对象，可以通过其 length 属性获取参数个数，通过数组取值的方式获取某一个参数值，具体示例如下：

```javascript
function getAllParams() {
    console.log(arguments.length);        // 获取传入参数个数
    console.log(arguments[0]);            // 获取第一个传入参数
}
```

上述代码定义了函数 getAllParams()，它的函数体中使用 arguments.length 获取参数个数，使用 arguments[0]获取第一个传入参数。

**知识链接**

ES 6+中支持为函数参数设置默认值，当调用函数未传入对应参数或传入对应参数值为 undefined 时，将使用函数定义时的默认参数值。下面通过一个示例展示参数默认值的基本使用。

```javascript
// 参数默认值
function add(x=1, y=2) {
  return x + y;
}
console.log(add(2));                  // 输出结果 4
console.log(add());                   // 输出结果 3
console.log(add(2, 3));               // 输出结果 5
```

由上述代码可以看出，当未传入对应参数时，将使用参数默认值作为参数对应值。

## 4.1.3 函数返回值

关键字 return 用于处理函数返回值。return 能返回任何类型的值，如 Number 类型、String 类型、Boolean 类型等，它甚至能返回一个新的函数。本节介绍 return 的基本用法，后面的小节会详细介绍函数返回函数的示例。

```javascript
function getResult() {
  var result = 'javaScript';
  return result;
}
```

getResult()函数的函数体中定义了一个变量 result，并被赋值字符串 javaScript，然后通过 return 返回该变量，因此调用 getResult()函数的结果为"javaScript"。

当一个函数体中有多个 return 语句时，函数会执行首先遇到的那个 return 语句（不一定是写在最前面的），并且执行完就会退出，return 后续的代码将不会再执行，下面通过实例进行说明。

【例 4-2】　关键字 return 的应用。（实例位置：example/ch4/4-2.html）

```javascript
function getResult(score) {
    if (score === 0) {
        return true;
    }
    else{
    // 控制台输出 score
    console.log(score);
    return false;
    }
}
getResult(1);                        // 控制台输出结果 1
getResult(0);                        // 控制台无输出
```

在例 4-2 的 getResult()函数中，如果传入参数 score 的值为 0，则返回 true；如果 score 不为 0，则输出 score 的值并返回 false。当 score 为 0 时，执行 return true 代码，后续代码 console.log(score)和 return false 将不会执行。

## 4.1.4　函数调用

在定义好一个函数后，要想函数在程序中发挥作用，就必须调用该函数。函数调用的语法比较简单，只需引用函数名，并在括号中传入相应参数即可。函数调用的语法格式如下：

```
函数名(参数1,参数2,参数3,…,参数n)
```

在上述语法格式中，参数 1 到参数 n 是可选项，表示调用函数传入的实参数据。和大部分语言不同，JavaScript 调用函数时允许传入与形参个数和类型不同的参数。这是 JavaScript 语言的特点之一。

前面的章节中已经用到了函数的调用，下面通过一个函数定义和调用的完整案例，具体介绍函数的应用。

【例 4-3】　函数的定义和调用。（实例位置：example/ch4/4-3.html）

```javascript
function getMaxNum() {                      // 定义获取最大值函数
    var maxNum = -1;                        // 初始最大值为-1
    for (var i=0;i<arguments.length;i++) {  // 循环遍历函数参数
        if (maxNum < arguments[i]) {        // 如果当前值大于 maxNum
            maxNum = arguments[i];          // 将当前值赋值给 maxNum
        }
```

```
        }
        return maxNum;                          // 返回最大值maxNum
    }
    console.log(getMaxNum(10,5,25,18));         // 调用函数并输出结果：25
```

例 4-3 定义了一个函数 getMaxNum()，语句 maxNum=-1 表示默认最大值为-1，然后使用 for 循环遍历函数参数，如果函数参数大于默认最大值，则将参数赋值给 maxNum。调用函数传入 4 个参数，最终控制台输出结果为 25。

> **拓展阅读**
>
> JavaScript 中使用 function 定义的函数，可以将调用函数的语句写在定义函数的语句之前。如例 4-3 中，getMaxNum()调用可以放在定义这个函数之前。这是 JavaScript 语言让人比较疑惑的地方，这种现象称为函数提升。读者在开发过程中，尽量在函数定义之后再进行函数调用，这样比较符合日常开发习惯。

### 4.1.5 【示例】获取手机价格

在学习了函数定义、函数参数、函数调用等相关知识后，本节运用前面学到的内容制作一个获取手机价格的示例。（实例位置：example/ch4/example4.1.5.html）

#### 1. 编写 HTML 代码

新建 HTML 文档并构建页面基本结构，首先在页面中添加<H1>标签用于展示页面标题；然后添加一个<select>标签，其中有 5 个<option>标签，分别对应各品牌手机；最后添加一个"获取手机价格"按钮，单击可获取选中手机的价格。

```
<H1>各品牌手机价格查询</H1>
<div>
  <select>
    <option value="apple">苹果</option>
    <option value="samsung">三星</option>
    <option value="huawei">华为</option>
    <option value="oppo">oppo</option>
    <option value="mi">小米</option>
  </select>
  <button>获取手机价格</button>
</div>
```

#### 2. 编写 JavaScript 代码

定义 getPhonePrice()函数，首先获取<select>元素选中的值，并判断所选值是否为空，为空时则给出提示并返回-1；然后将手机价格赋值给变量 phonePrices；最后返回选中的手机价格。

接下来监听按钮单击事件,并在单击按钮时调用 getPhonePrice()函数获取选中手机的价格,如果手机价格大于 0,使用警示框展示选中手机的价格。

```javascript
  // 定义 getPhonePrice()函数,该函数用于获取手机价格
function getPhonePrice() {
  // 获取选择框标签
  var select = document.querySelector('select');
  // 获取选择框当前选中值
  var content = select.options[select.selectedIndex].value;
  // 如果选择框当前选中值为空,则给出 alert 提示,并返回-1
  if (!content) {
    alert('请选中手机品牌');
    return -1;
  }
  // 定义 phonePrices 变量用于存放各款手机价格
  var phonePrices = {
    apple: 8688,
    samsung: 6999,
    huawei: 5999,
    oppo: 5499,
    mi: 4999
  }
  // 返回选中手机价格
  return phonePrices[content];
}
  // 监听按钮单击事件
document.querySelector('button').addEventListener('click', function () {
  // 调用函数获取当前选中手机价格
  var price = getPhonePrice();
  // 当价格大于 0 时,使用警示框展示手机价格
  if (price > 0) {
    alert('该手机价格为: ' + price + '元');
  }
}, false);
```

通过浏览器打开 example4.1.5.html,选中"华为"手机,单击按钮后将展示华为手机的价格为 5 999 元,如图 4-1 所示。

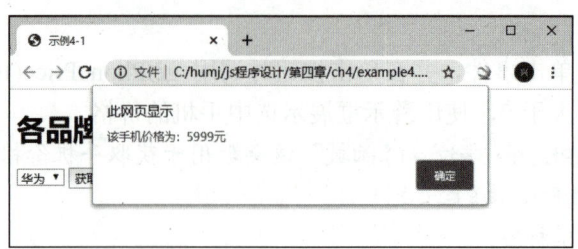

图 4-1  获取手机价格

> **共同家园**
>
> 　　函数是一种功能的抽象，利用它可以将复杂的大问题分解成一系列简单的小问题，而后将小问题继续分解成更小的问题，当问题细化到足够简单时，就能分而治之，为每个小问题编写程序，当每个小问题都解决了，大问题也就解决了。
> 　　从某种意义上讲，我们的社会是由人组成的，只有每个人多为人类做贡献，社会才会良性运行，才会越来越好。

## 4.2 作用域

作用域（scope）可以理解为变量、对象或函数的可运行范围。例如，在一个函数中定义了一个变量 x，则变量 x 仅能在该函数中使用，其他外部函数或全局代码块中无法使用该变量，那么该变量的作用域就是这个函数。这种变量也称为局部变量，示例如下：

```javascript
function test() {
  var x = 1;                            // 局部变量
  console.log(x);                       // 输出结果 1
}
// 输出结果 Uncaught ReferenceError: x is not defined
console.log(x);
```

JavaScript 中的作用域共分为三种，分别是全局作用域、函数作用域、块级作用域。上述代码中，test()函数内声明的变量 x 为函数作用域变量，仅能在 test()函数内获取，在函数外部进行变量 x 的读取时会抛出异常。

接下来对 JavaScript 中的三种作用域进行详细讲解。

① 全局作用域：指在 JavaScript 全局的作用域。在网页上的<script>标签或外部引入的 JS 文件中，直接定义的变量、函数都在全局作用域下。在网页中，所有全局作用域下的变量和函数都挂载在全局对象 window 下。

② 函数作用域：指在函数内部的作用域。每一个函数都有独立的运行环境，在函数外部无法读取函数内部定义的变量和函数。所以函数作用域也是一种局部作用域。

③ 块级作用域：指在代码块内的局部作用域，如 if 语句、for 循环语句、while 循环语句等。它是 es 6 中新增的一种作用域。

JavaScript 中存在多种作用域，而不同的作用域又可以定义相同的变量名或函数名，此时读取变量会存在优先级的问题。变量的读取优先级为局部作用域优先于全局作用域。为便于大家理解 3 种作用域的区别和优先级，下面通过一个实例进行说明。

【例 4-4】 不同作用域下的同名变量。（实例位置：example/ch4/4-4.html）

```
// 全局作用域下
<script>
  var a = 'global';          // 全局作用域下的变量
  function test() {
    var a = 'part';          // 函数作用域下的变量
    console.log(a);          // 输出结果'part'
  }
  test();
  if (true) {
    let a = 'block';         // 块级作用域下的变量
    console.log(a);          // 输出结果'block'
  }
  console.log(a);            // 输出结果'global'
  console.log(window.a)      // 输出结果'global'
</script>
```

上述代码，在函数 test() 内访问的变量 a 是函数作用域内的变量 a，因此输出结果为"part"。在 if(true) 代码块中，使用 es 6 的 let 关键字定义了块级作用域内的变量 a，因此在对应代码块中访问变量 a 返回的结果为"block"。在函数和代码块之外访问变量 a，此时读取的是全局变量 a，所以输出结果为"global"。全局作用域中声明的变量可以使用"widnow.变量名"进行获取，因此 window.a 的输出结果同样为"global"。

使用浏览器访问 4-4.html 文件，运行结果如图 4-2 所示。

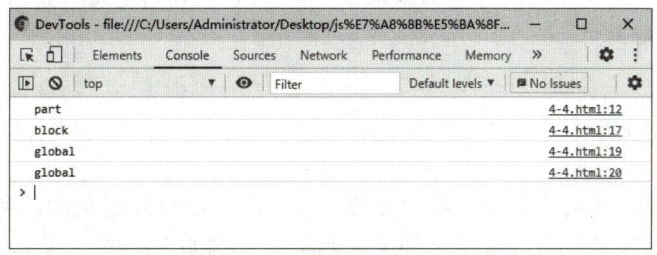

图 4-2　不同作用域下的同名变量

## 4.3 匿名函数

### 4.3.1 函数表达式

匿名函数

在讲解匿名函数之前，先来了解一下什么是函数表达式。函数表达式就是将声明的函数赋值给一个变量，然后通过这个变量进行函数的调用和参数传递，它也是 JavaScript 中一种特殊的实现自定义函数的方式。下面通过实例说明其用法。

【例 4-5】 使用函数表达式比较两个数字的大小。（实例位置：example/ch4/4-5.html）

```
// 定义变量compare，并将匿名函数赋值给变量
var compare = function num(num1, num2) {
    return num1 - num2 > 0 ? true : false;
}
console.log(compare(2, 1));                    // 输出结果true
```

例 4-5 定义了变量 compare，并将带有两个参数的函数赋值给 compare，然后通过 compare(2,1)调用函数表达式。值得注意的是，和函数声明不同，函数表达式的调用必须在函数表达式的定义之后。下面展示一个错误的函数表达式调用示例。

```
func();
var func = function add() {
    console.log('function expression');
}
```

运行上述代码，将出现错误"func is not a function"。

**拓展阅读**

> JavaScript 中除了使用函数声明和函数表达式的方式定义函数之外，还可以通过 new Function()方式定义函数。例如，首先定义函数 var fn = new Function(a, b, 'return a + b')；然后使用 fn(1, 2)调用函数将得到结果 3。new Function()定义函数在日常开发中不常用，在此简单了解即可。

### 4.3.2 匿名函数

所谓匿名函数，就是没有函数名的函数。使用它可以有效避免函数名的冲突问题。将函数表达式中的函数名省略，就是一种匿名函数，示例如下：

```
// 函数表达式中省略函数名
```

```
var compare = function (num1, num2) {
  return num1 - num2 > 0 ? true : false;
}
console.log(compare(2, 1));                    // 输出结果 true
```

上述示例利用函数表达式的方式定义匿名函数，需要使用变量访问。

除上述方式外，匿名函数还有其他定义方式，但因使用不多，此处不做过多介绍。

### 4.3.3 回调函数

程序开发中，如果想要函数体中的某部分功能由调用者决定，可以使用回调函数。所谓回调函数，是将一个匿名函数 A 作为参数传入被调用的函数 B，然后在函数 B 的函数体内调用函数 A。此时函数 A 就称为回调函数。

在 4.1.5 节的案例中，监听按钮元素单击，当触发按钮单击后，执行匿名函数中的代码，这就是回调函数的一种应用。下面通过实例演示回调函数的应用。

【例 4-6】 回调函数的应用。（实例位置：example/ch4/4-6.html）

```
// 定义 col()方法
function col (m1,m2, fn) {
  // 返回 fn()回调函数的调用结果
  return fn(m1,m2);
}
// 调用回调函数
console.log(col(18,32,function(a,b){
  return a+b;
}));                    // 输出结果 50
console.log(col(10,30,function(a,b){
  return a*b;
}));                    // 输出结果 300
```

例 4-6 定义了 col()函数，用于返回 fn()回调函数的调用结果；然后调用 col()函数，并指定该回调函数返回两个参数相加的结果，在控制台输出 50；之后再次调用 col()函数，并指定该回调函数返回两个参数相乘的结果，在控制台输出 300。

由以上案例可以看出，在函数中设置了回调函数后，可以通过在调用时传递不同的参数来实现不同的功能，就相当于根据用户需求在函数体内实现不同功能的定制。

除上述应用外，JavaScript 还为数组提供了很多利用回调函数实现具体功能的方法，如表 4-1 所示。

表 4-1  使用回调函数的数组方法

| 方法名 | 功能简介 |
| --- | --- |
| forEach() | 用于遍历数组,并将数组元素传递给回调函数 |
| map() | 用于遍历数组并对数组元素进行统一处理,得到一个新数组,其结果是原数组中的每个元素都调用一次提供的回调函数后返回的结果 |
| every() | 用于遍历数组并判断数组中的所有元素是否满足回调函数的条件,返回值为 Boolean 值 |
| some() | 用于遍历数组并判断数组中的某些元素是否满足回调函数的条件,返回值为 Boolean 值 |
| filter() | 用于遍历数组并筛选数组中满足回调函数条件的元素,返回值为一个新数组 |
| reduce() | 用于遍历数组并按照回调函数条件合并数组元素,返回值为一个新数组 |

为了让大家更好地理解上述数组方法的应用,下面以 filter()方法为例介绍其应用。

【例 4-7】 使用 filter()方法筛选数组元素。(实例位置:example/ch4/4-7.html)

```
var arr = [1, 8, 5, 7, 12, 9];
// 调用 filter()方法,并传入匿名函数,该函数第一个值为当前遍历元素值
var newArr = arr.filter(function (value) {
   if (value >= 8) {
      return true;
   } else {
      return false;
   }
});
console.log(newArr);              // 输出结果: [8,12,9]
```

上述实例定义了一个包含 6 个数字元素的数组,然后通过数组方法 filter()筛选出大于等于 8 的元素。在匿名函数中如果元素大于等于 8,返回 true,否则返回 false,这样便能筛选出所需要的值。

### 4.3.4  自执行函数

所谓自执行函数,就是当它被定义出来就会自动执行的函数。不需要调用,传参也很方便。自执行函数又称为立即调用函数表达式(IIFE)。下面展示一个自执行函数的实例。

```
(function () {
   var value = 'hello';
   alert(value);
})();
```

上述代码中,一个匿名函数被小括号包裹,后面跟随着函数调用的小括号,这样就构成了一个自执行函数。该函数在定义完成时就立即被执行,然后弹出提示框 hello。

自执行函数最大的作用在于避免创建全局变量，下面通过示例来看一下使用自执行函数给代码带来的不同。

示例一
```
var value = 1;
console.log(window.value);            // 输出结果 1
```
示例二
```
(function () {
  var value = 1;
})();
console.log(window.value);            // 输出结果 undefined
```

通过两个示例可以看出，示例一定义的 value，在不经意间就成了一个全局变量，可以通过 window 全局对象获取到；示例二在自执行函数中定义的变量，不能在函数外获取到。

> **拓展阅读**
>
> 大量的 JavaScript 第三方插件都使用了自执行函数包装自己的代码，如著名的 Jquery、requireJs 等，这样可以避免对全局变量的污染，以及可能导致的变量覆盖问题。

## 4.4 嵌套与递归

JavaScript 中的函数有一个很特别的地方，那就是函数中能够嵌套函数。本小节首先介绍一种函数嵌套的应用——函数柯里化，然后介绍一种编程思路——递归。

### 4.4.1 函数嵌套

所谓函数嵌套，就是一个函数的函数体内包含另一个函数的定义。JavaScript 支持无限层级的函数嵌套，但在实际开发中要尽量避免多层级的函数嵌套，因为这样会导致代码冗长和难以维护。

下面通过一个示例展示何为函数嵌套，代码如下：
```
function outterFn() {
   console.log('我是外部函数');
    function innerFn() {
       console.log('我是内部函数');
   }
   innerFn();
}
outterFn();
```

上述代码定义了一个 outterFn()函数，其内部还定义了另一个函数 innerFn()，当调用 outterFn()函数后，将在控制台分别输出"我是外部函数"和"我是内部函数"。值得注意的是，在 outterFn()函数外部无法调用内部的 innerFn()函数。

函数嵌套也是一种避免创建全局变量的方法，它为后续的闭包的学习打下了基础。

## 4.4.2 递归函数

所谓递归函数，就是在函数内部调用了函数自身的函数。在某些特殊情况下，使用递归函数可以大大提高代码的执行效率。下面通过使用递归函数实现数学上经典的阶乘，来介绍递归函数的应用。

**【例 4-8】** 使用递归函数实现阶乘。（实例位置：example/ch4/4-8.html）

```
// 定义一个阶乘函数
function factorial (n) {
  if (n <= 1) {
    return 1;
  }
    return n * factorial(n-1);         // 将 n 乘以下一阶段的计算值
}
console.log(factorial(5));              // 输出结果 120
```

上述代码定义了一个阶乘函数 factorial()，并支持传入一个参数 n，当 n 小于等于 1 时，返回 1；否则返回 n 乘以 factorial(n-1)，最终经过 5 次 factorial()函数调用之后，返回最终结果 120，这样就实现了函数的递归调用。

> **提示**
>
> 在使用递归函数时特别需要注意递归的终止条件，如果不存在递归终止条件或者终止条件一直无法执行，可能会导致出现栈溢出的异常。
>
> 在 JavaScript 中，每次函数调用会产生一个函数调用栈，如果不断产生调用栈，就会超出调用栈的上限，导致栈溢出。所以在使用递归函数时一定要控制好终止条件。

## 4.4.3 【示例】实现二分查找法

二分查找法又称为折半查找法或对数搜索法，主要用于在有序数组中查找某一个元素。二分查找法对有序数组的查询速度会比直接循环数组查找快很多。本机通过实例展示如何使用递归函数实现二分查找法。（实例位置：example/ch4/example4.4.3.html）

```
// 定义递归函数，包含 4 个参数，分别为待查找数组、查找开始位置、查找结束位置和目标元素
function binarySearch(arr, start, end, target) {
  // 获取数组二分之一位置的下标
  var middle = parseInt((start + end) / 2);
```

```
  // 如果start 大于end，表示查找失败，返回-1
  if (start > end) {
    return -1;
  } else if (arr[middle] > target) {
    // 如果数组1/2位置的值大于目标值，则在start和middle-1之间的元素中查找
    return binarySearch(arr, start, middle - 1, target);
  } else if (arr[middle] < target) {
    // 如果数组1/2位置的值小于目标值，则在middle+1和end之间的元素中查找
    return binarySearch(arr, middle + 1, end, target);
  }
  // 如果上述条件都不满足，表示目标元素被查找到，直接返回
  return middle;
}
var arr = [1, 2, 3, 4, 5, 6, 7, 8, 9, 10, 11, 12];
// 定义一个有序数组arr
var targetIndex = binarySearch(arr, 0, arr.length - 1, 11);
// 获取目标元素下标
console.log(targetIndex);                           // 输出结果10
```

上述实例定义了二分查找递归函数 binarySearch()，它包含 4 个参数，分别是待查找数组、查找开始位置、查找结束位置和目标元素。首先获取数组二分之一位置 middle，当开始位置 start 大于结束位置 end 时，表示查询失败直接返回-1；如果 arr[middle]值大于目标值 target，表示 target 应该在 start 到 middle-1 的位置之间，因此递归调用 binarySearch()函数继续查找。

如果 arr[middle]值小于目标值 target，表示 target 应该在 middle+1 到 end 的位置之间，因此递归调用 binarySearch()函数继续查找；当上述 3 个条件都不满足时，表示 arr[middle]和 target 相等，直接返回下标 middle。最终输出目标元素 11 的下标为 10。

上述实例中，数字 11 的下标一共进行了 3 次查找，详细流程如图 4-3 所示。

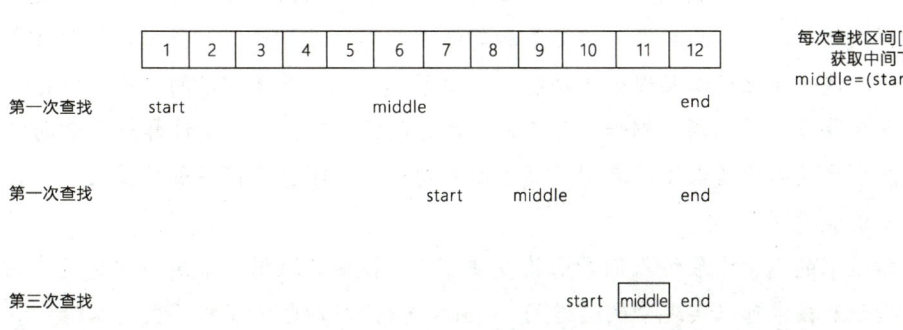

图 4-3　目标元素查找流程

## 4.5 闭包函数

### 4.5.1 认识闭包

一般情况下，在函数被调用后，函数内部的私有变量、参数、私有函数等会立即释放，以避免占用系统资源。但是，当函数内的私有变量、参数、私有函数等被外界引用时，则这些对象会继续存在，直到所有外界引用被注销。

此时可能有人会问，函数的作用域是封闭的，外界怎么访问其私有成员呢？这就用到了闭包，闭包是一种能访问其他函数作用域内成员的函数。

典型的闭包体是一个嵌套结构的函数，内部函数引用外部函数的私有成员，同时内部函数又被外界引用，在外部函数被调用后就形成了闭包，该外部函数就是一个闭包体。

为便于读者理解闭包的概念，下面给出一个典型的闭包结构。

```
function outter() {            //外部函数
  var x = 1;                   //局部变量
  function inner() {           //内部函数
    console.log(x);            //打印输出局部变量值
  }
  inner();                     //调用内部函数
}
outter();                      //调用外部函数，形成闭包，输出结果 1
```

在上述代码中，outter()函数内部定义了一个变量 x，以及一个 inner()函数。调用 inner()函数，在其内部使用了外部函数的变量 x，此时 outter()函数就形成了一个闭包。

> **抱诚守真**
>
> 通常来说，一个函数被调用之后，其内部的变量和函数将会进行释放。但是当函数内形成闭包时，其函数内部的变量和其他函数不会进行释放，会一直存储在内存中。利用这一特性可以实现很多功能，但由于计算机资源是有限的，所以资源不会释放也会导致很多问题。例如，存在大量闭包的情况下，占用了计算机大量的内存，可能会导致浏览器卡死或者浏览器当前窗口卡死。闭包的特性虽然强大，但在开发中不能滥用闭包。
>
> 科学技术的迅速发展给人们带来诸多便利，但技术的滥用也带来不少隐患。例如，人脸识别技术可以实现"刷脸进门""刷脸支付"，却也被某些不良商家暗中利

用，成了个人隐私泄露的重灾区；大数据技术可以精准定位用户和顾客，却也被一些互联网平台用于"杀熟"；网络爬虫技术可以实现自动采集数据，却也被用于爬取未公开、未授权的数据。因此，我们应该合法、正当地利用科学技术，为个人提供便利，为公众带来福祉。

## 4.5.2 闭包函数的应用

在实际开发中，通常利用闭包函数实现 IIFE（自执行函数）、高阶函数等，下面分别对这两种常见应用进行介绍。

### 1. IIFE（自执行函数）

4.3.4 节简单介绍了自执行函数，它是匿名函数的一种，在自执行函数内部能读取外部变量，同时生成的作用域环境继续存在。

大量的第三方库，如 Jquery、Lodash 等都使用了 IIFE。IIFE 可以将一些变量和函数隐藏在其内部，模拟私有变量和私有函数的特性。下面通过一个实例展示 IIFE 的应用。

【例 4-9】 自执行函数的应用。（实例位置：example/ch4/4-9.html）

```
(function() {
  var base = 1000;                              // 基准单位为1000
  var utils = {
    add: function(x, y) {
      return base * (x + y);
    }
  }
  window.utils = utils;
})();
console.log(window.utils.add(1, 2));           // 输出结果3000
```

上述代码定义了一个自执行的匿名函数，函数内部定义了一个变量 base 和一个对象 utils。utils 对象包含一个 add()函数，最后将 utils 对象挂载到 window 对象上。此时该匿名函数也形成了一个闭包，在外部可以通过 window.utils 调用该对象暴露出来的对象和函数。

使用自执行函数的好处是可以模拟私有变量和函数，上述实例中的 base 变量在函数外的任何地方都没法被获取到，所以可以认为 base 变量为一个私有变量。

### 2. 高阶函数

在 JavaScript 中，函数中可以嵌套函数，也可以将函数作为参数传入另一个函数。利用这一特性可以实现高阶函数。高阶函数是将函数作为参数传入另一个函数，或函数内部返回一个函数，4.4.1 节学习的函数柯里化就是高阶函数的应用。

高阶函数是闭包的最常见形式，利用它可以实现一些通用函数的封装。下面通过一个无限求和的实例讲解如何定义一个高阶函数。

【例 4-10】 定义高阶函数。（实例位置：example/ch4/4-10.html）

```
// 定义求和函数 add()
function add(x) {
  var total = x;
  var sum = function(y) {
    total += y;
    return sum;
  }
  sum.print = function () {
    console.log(total);
  }
  return sum;
}
console.log(add(1)(2).print());              // 输出结果 3
console.log(add(1)(2)(3).print());           // 输出结果 6
```

例 4-10 定义了一个函数 add()，接收一个参数 x。函数内部定义了一个变量 total 并将 x 赋值给 total，接着定义一个 sum()函数表达式，其内部将传入的参数 y 和 total 进行累加，并再次返回 sum()函数。sum()函数新增一个属性 print()函数，用于输出计算结果，最后 add()函数返回值为 sum()函数。

上述代码定义了一个高阶函数，在 add()函数内部形成了一个闭包。利用高阶函数的特性可以不断地进行函数连续调用，最终实现无限求和的功能。

## 综合案例：简易版计算器

学习了函数的各种用法之后，本节使用函数实现一个简易版计算器。计算器支持输入两个数字，可以进行加、减、乘、除 4 种运算。

### 1. 编写 HTML 代码

新建 HTML 文档并构建基本页面结构，在页面中添加<H1>标签用于展示标题；然后添加两个输入框，用于输入要运算的两个数字；接着添加 4 个按钮，分别用于执行加法、减法、乘法和除法运算；最后添加一个输入框用于展示计算结果。（实例位置：example/ch4/easy_calculate.html）

```
<H1>简易计算器</H1>
<div>
```

```html
  <span>数字 1</span>
  <input id="num1" type="number">
</div>
<div>
  <span>数字 2</span>
  <input id="num2" type="number">
</div>
<div>
  <button id="addition">加法</button>
  <button id="subtraction">减法</button>
  <button id="multiplication">乘法</button>
  <button id="division">除法</button>
</div>
<div>
  <input id="result" type="number" readonly>
</div>
```

2. 编写 JavaScript 代码

首先定义一个参数为 id 的函数 getElementById()，该函数通过 id 获取元素值；然后定义 getResult() 函数，其参数为回调函数 fn()，函数体内获取 input 框内输入的两个数字，然后通过回调函数计算出最终结果，并显示到结果输入框中。

紧接着分别定义了 4 个函数 add()、decrease()、multipy() 和 divide()。这些函数都包含两个参数 num1 和 num2，在函数体内执行相应的计算并返回对应结果；最后分别监听 4 个按钮的单击事件，在单击的回调函数中执行 getResult() 函数，得到相应的计算结果。

```javascript
// 通过 id 获取元素
function getElementById(id) {
  return document.getElementById(id);
}
// 获取计算结果
function getResult(fn) {
  // 分别获取两个数的值
  var num1 = Number(getElementById('num1').value);
  var num2 = Number(getElementById('num2').value);
  var result = fn(num1, num2);                    // 使用回调函数计算对应结果
  // 将结果赋值给 result 输入框显示
  getElementById('result').value = result;
}
```

```javascript
// 加法
function add(num1, num2) {
  return num1 + num2;
}
// 减法
function decrease(num1, num2) {
  return num1 - num2;
}
// 乘法
function multipy(num1, num2) {
  return num1 * num2;
}
// 除法
function divide(num1, num2) {
  return num1 / num2;
}
// 单击加法按钮，获取对应结果，传入 add() 函数
getElementById('addition').addEventListener('click', function() {
  getResult(add);
});
// 单击减法按钮，获取对应结果，传入 decrease() 函数
getElementById('subtraction').addEventListener('click', function() {
  getResult(decrease);
});
// 单击乘法按钮，获取对应结果，传入 multipy() 函数
getElementById('multiplication').addEventListener('click', function() {
  getResult(multipy);
});
// 单击除法按钮，获取对应结果，传入 divide() 函数
getElementById('division').addEventListener('click', function() {
  getResult(divide);
});
```

## 本章总结

本章首先介绍了 JavaScript 中函数的定义与调用；然后介绍了作用域、匿名函数及函数的嵌套与递归；接着介绍了闭包函数；最后综合应用前面所学知识实现了一个简易版计算器，以便于读者能更全面地掌握 JavaScript 中函数的应用。

通过本章的学习，读者应重点掌握函数的定义方式、函数的调用、匿名函数的使用、函数的嵌套使用、递归函数的使用及闭包函数的应用。

## 课后习题

1. 选择题

（1）定义函数的方式不包括以下选项中的（　　）。
  A．function add() {}　　　　　　B．var add = function() {}
  C．Function add() {}　　　　　　D．var add = new Function()

（2）以下选项中能获取调用函数的所有参数的是（　　）。
  A．params　　　　　　　　　　B．arguments
  C．getNums　　　　　　　　　　D．argument

（3）以下函数命名方式中错误的是（　　）。
  A．123GetNums()　　　　　　　B．getNums()
  C．$getNums()　　　　　　　　D．_getNums()

2. 判断题

（1）使用匿名函数能避免函数名的冲突问题。　　　　　　　　　　　（　　）
（2）不使用 return 关键字的函数默认返回值为 undefined。　　　　　（　　）
（3）getNums()和 getnums()为同一个函数。　　　　　　　　　　　（　　）
（4）闭包可以实现各种强大的功能，可以随意使用闭包。　　　　　（　　）

3. 填空题

（1）一个完整的函数包括_____、函数名、_____。
（2）(function (a) { return a + 5 })(5)运行结果是_____。
（3）[10, 5, 8, 3].filter(function (value, index) {
  return index >= 2
})运行结果是_____。

4. 编程题

实现一个类似数组方法 filter()的函数，支持传入一个数组和回调函数，然后筛选出大于 0 的结果并返回为一个新数组。例：

filter([-2, -1, 0, 1, 2, 3], function (value) { … })的运行结果为[1,2,3]。

# 第 5 章

# 面向对象

### 项目导读

面向对象（object oriented，通常简称 OO）是一种非常重要的编程思想。使用面向对象思想进行编程，可以提高程序的可复用性、可维护性、可拓展性及健壮性等。从 90 年代开始，面向对象程序开发逐步成为主流编程思想，目前已经非常成熟，并广泛应用在了交互界面、应用平台、数据库等领域。

通常来说，使用面向对象的编程语言中都存在类的概念，但在本书前面的章节中，并没有提到传统的类的概念，所以 JavaScript 中面向对象的实现和其他基于类的编程语言有一定的区别。本章将对 JavaScript 开发中面向对象的应用进行详细讲解。

### 学习目标

- 理解面向对象思想，了解面向对象和面向过程的区别
- 了解对象的概念并掌握自定义对象的方法
- 掌握如何使用构造器创建自定义对象
- 掌握内置对象的常用属性和方法
- 掌握对象继承的应用

### 素质目标

- 培养精益求精、科学严谨、追求卓越的工匠精神
- 养成良好的时间管理习惯
- 继承优良传统，培养创新精神

## 5.1 面向对象介绍

### 5.1.1 面向过程与面向对象

面向对象是相对面向过程而言的，在正式学习面向对象之前，我们先来简单了解一下面向过程与面向对象的区别。

面向过程是以过程为中心的编程思想，是将事件拆解为一个个步骤，然后按照顺序执行每个步骤，最终完成整个事件的执行。面向对象是以对象为中心的编程思想，是将一件完整的事项进行抽象，封装为一个个对象（这些对象各司其职，每个对象都有自己的属性和方法），然后通过实例化各个对象来完成整个事件的执行。图 5-1 显示了面向过程和面向对象的执行过程。

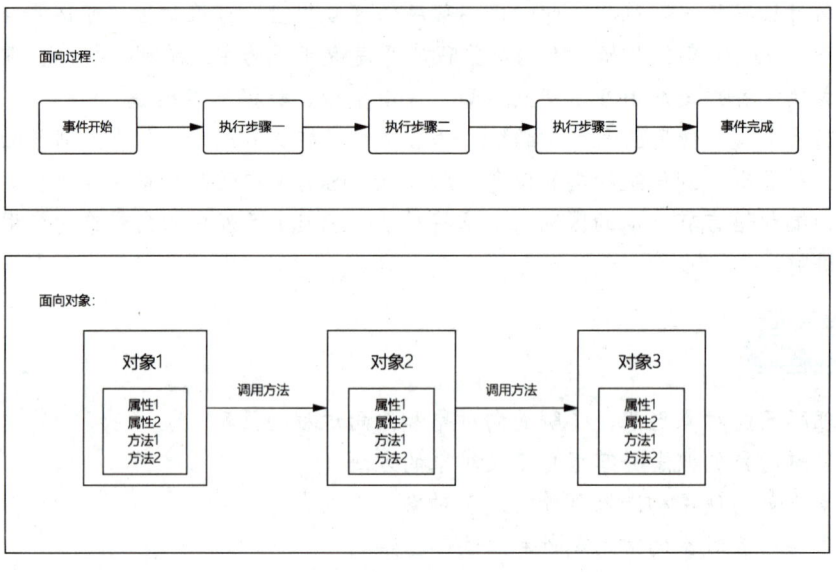

图 5-1　面向过程和面向对象的执行过程

使用面向过程思想编程时，随着程序功能的不断增加，变量、函数也相应地越来越多，各种功能的代码混杂在一起，不仅会引起命名冲突问题，还会导致代码结构混乱，难以理解和维护。而使用面向对象思想编程，则可以将具有共同属性的同类事物封装成对象，然后通过调用对象实例，完成程序的执行，这样可使代码结构清晰、层次分明。在大型项目开发中，面向对象编程能充分发挥其作用，大大提高开发效率。

## 大 国 工 匠

汪成为，于1994年当选为首批中国工程院院士，曾任国家"863计划"专家委员会委员、信息领域首席科学家、智能计算机专家组组长、国家"973计划"专家委员会委员，曾获何梁何利基金"科学与技术进步奖"、中国计算机学会终身成就奖等荣誉。

早在进入计算机领域那天起，汪院士就有一个习惯，每当涉及计算机领域的一个新名词或一项新技术出现，他都会做下标记，并记录它们的成长和发展轨迹。如今，随着时间的推移，这一条条轨迹已长成一棵"信息技术发展树"。

早在2004年，中国工程院第七次院士大会上，汪院士对21世纪初信息技术发展趋势做出预判，他提出，网络技术将发展为协同计算；多媒体技术将发展为虚拟现实；面向对象技术将发展为面向智能体技术；嵌入技术将发展为普适技术。在这些技术的支持下，21世纪初，有望实现一个智能化的人机和谐环境。

10多年后，基于虚拟计算、异构网络、人工智能理念所研发的智能物流、智能管家、智能汽车等应用正逐步实现。

"搞科研，必须时时刻刻把国家装在心里。"作为"863计划""973计划"信息领域的成员，汪院士始终提倡"在限制条件下求出最优解"的思路，对一些可上可不上的项目，坚决不上。

"我是在认识、改造客观世界的同时，也认识、改造着自己的主观世界。我体会到，信息技术领域的角逐不会止步，它是科技实力的比拼，更是志气胆识的角逐，永远需要我们敢于迎着风浪前行。"这位科技先锋，从未停止过对信息领域的探索。

## 5.1.2 面向对象的三大特征

面向对象编程有三大特征，分别是封装、继承和多态。本节将对这三大特征进行简单介绍。

### 1. 封装

封装是指隐藏对象内部的具体实现，仅对外提供操作接口。对外提供的接口就是对象自身提供给外界调用的方法，不管对象内部的实现多么复杂，使用对象的人仅需要知道如何调用该对象即可。例如，电脑的内存条内部具有相当复杂的电路结构，但我们在组装电脑时，并不需要了解内存条的内部构造，而只需要将内存条插口插到电脑的主板上即可。

封装的一大优势在于，不管对象内部的实现如何调整变化，只要对外提供的接口保持不变，使用该对象的用户就不需要做任何调整。例如，我们定义了一个算法对象，其中开放了一个按从大到小排序算法的接口，最开始对象内部可能使用算法A实现排序功能，之后为了优化这个算法，对象内部改为使用算法 B 实现排序功能，此时调用该对象接口的用户并不需要做任何修改即可享受这个优化。

2. 继承

继承是指一个对象继承另一个对象的所有属性和方法，从而实现在不改变当前对象的基础上对该对象进行功能扩展。例如，汽车和自行车都属于车，那么在具体代码实现时，可以基于车构建汽车和自行车对象，也就是使汽车和自行车继承车的属性和方法；红旗汽车和长安汽车都属于汽车，永久自行车和凤凰自行车都属于自行车，它们同样可以使用继承来实现。具体的继承关系如图 5-2 所示。

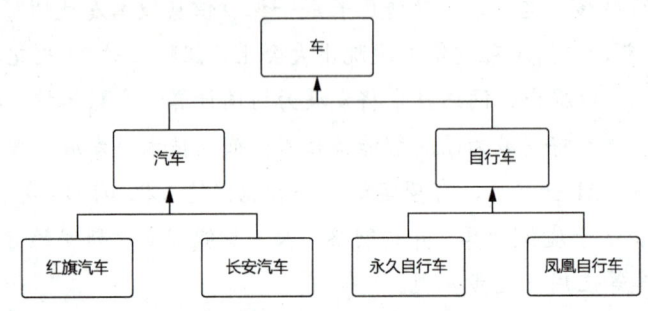

图 5-2　车的继承关系图

在图 5-2 中，从红旗汽车到汽车再到车是一个逐步抽象的过程。通过对现实事物的抽象，可以提炼出多个事物的共性，然后使各个对象之间的结构更加清晰。例如，红旗汽车和永久自行车都继承于车这个对象，它们可以包含从车继承的方法 run()，用于执行启动车的动作。但是汽车可以在高速路运行，所以可以给汽车增加一个 runInHighway()方法，此时仅继承于汽车的红旗汽车对象有 runInHighway()方法，永久自行车并不包含这个方法。

在 JavaScript 中，Number 对象就是对所有数值的一个抽象，因此所有数值都包含 Number 对象的 toFixed()方法（该方法用于控制数值的小数点个数），所有数值的 toFixed()方法都继承于 Number 对象。

从车的示例可以看出，使用继承可以在不修改对象的情况下扩展其功能，这样既可避免修改这些对象造成的麻烦，同时也能提升整体代码的复用性，为程序的修改和更新提供方便。

3. 多态

多态是指为不同数据类型的实体提供统一的接口，简单来说就是同一个操作作用于不同的对象，返回的结果不同。例如，在 JavaScript 中，数值、字符串、数组、函数等对象都具有接口方法 toString()，将不同类型的值赋给同一个变量，然后都可以调用 toString()方法，返回不同的结果，这就是多态的体现，示例代码如下：

```
var obj = 1;
console.log(obj.toString());        // 输出结果：1
obj = 'a';
```

```
console.log(obj.toString());        // 输出结果：a
obj = [1, 2, 3, 4, 5];
console.log(obj.toString());        // 输出结果：1,2,3,4,5
obj = function () {};
console.log(obj.toString());        // 输出结果：function () {}
```

多态的实现依赖于继承，上述代码中的数值、字符串、数组、函数的toString()方法都继承于Object对象的toString()方法，然后这些对象根据自身实现的需要分别对toString()方法进行了重写，这样对继承对象的接口进行了约束，同时各继承对象又能根据自身的需要进行调整，大大提高了代码的复用性和灵活性。

面向对象编程比较复杂，即便是经验丰富的软件工程师也不一定能完全掌握，所以读者可能对本小节讲解的知识不是十分理解，这没关系。希望通过后续小节的学习，大家可以慢慢加深对面向对象的理解。

## 5.2 对　象

### 5.2.1 什么是对象

对象可以理解为属性和方法的集合，如浏览器提供的window对象有name、scrollX等属性，也有alert()、parseInt()等方法。在浏览器环境下，对象分为内置对象和自定义对象两种，内置对象是由浏览器提供的一些对象（如String对象），不用开发者自己定义；而自定

对象

义对象是通过对象创建的方式创建出的对象，本节主要介绍自定义对象的相关知识，内置对象将在5.3节介绍。

> 🔍 **拓展阅读**
>
> 对象可以理解为一个内容的集合，它可以包含各种属性和方法，属性是指变量，方法是指函数。对象的作用是将一类事物的属性和方法进行统一管理，这样更便于使用和维护。如果将一个工厂比作对象的话，可以将工厂的工人、机器、商品看作工厂对象的属性，而机器生产商品的流程，工人操作机器的动作等，可以看作对象的方法。

对象通常由键值对的形式呈现，一个元素key对应一个元素value，冒号左侧为key，冒号右侧为value，key为String和Number数据类型，value可以是任意数据类型。代码如下：

```
var object1 = {
  a: 1,
```

```
    b: function getB() {
    console.log('对象方法调用');
    }
}
```

上述示例，元素 a 为 key，1 为 value，元素 b 为 key，函数 getB()为 value。

### 5.2.2 自定义对象

JavaScript 中使用 "{}" 符号（直接量）定义普通对象，具体形式如下：

```
var objectName = {
    属性名1:属性值1,
    属性名2:属性值2,
    ...
    属性名n:属性值n
};
```

由上述代码可以看出，使用直接量方式定义对象时，属性名与属性值之间使用冒号分隔，属性值可以是任意类型数据，属性名可以是字符串型表达式或 JavaScript 标识符。属性与属性之间使用逗号分隔，最后一个属性末尾不需要逗号。

为便于理解，下面给出一个示例。

```
// 定义一个对象元素值为数值的对象，并输出结果
var object2 = {
    a:1
};
console.log(object2);                   // 输出结果{a: 1}
```

### 5.2.3 属性操作

#### 1. 定义属性

对于已经初始化的对象，可以为对象添加属性，也可以修改其现有属性。如果指定的属性名在对象中不存在，则执行添加操作；如果指定的属性名在对象中存在，则修改该属性。

下面通过实例介绍如何为对象属性赋值及为对象定义新属性。

【例 5-1】 定义对象，然后为其现有属性赋值并添加新属性。（实例位置：example/ch5/5-1.html）

```
var object = {
  a: 1,
  b: 2
```

```
    };
    object.a = 0;                // 为对象已有属性赋值
    console.log(object);         // 输出结果 {a: 0, b: 2}
    object.c = 3;                // 为对象添加属性
    console.log(object);         // 输出结果 {a: 0, b: 2, c: 3}
```

> **提示**
>
> 在运行案例时，可以先验证修改属性的效果，然后再添加属性c，并验证添加结果，否则两个输出结果都为{a: 0, b: 2, c: 3}。

#### 2. 读写属性

读写属性一般有两种形式，一种是前面用到的点.语法，另一种是中括号[]。使用点.语法可以快速读写对象属性，点左侧是引用对象的变量名，右侧是属性名。对象与数组结构相似，所以可以使用类似数组的中括号来读写对象属性。

下面通过实例介绍读写对象属性的两种形式。

**【例 5-2】** 定义对象，并分别使用点语法和中括号读写对象属性。（实例位置：example/ch5/5-2.html）

```
    var object = {
    a: 1,
    b: 2
    };
    var a = object.a;            // 使用点语法读对象属性a
    console.log(a);              // 输出结果1
    var b = object['b'];         // 使用中括号读对象属性b
    console.log(b);              // 输出结果2
```

> **提示**
>
> 在使用中括号[]读取对象属性时，一定要注意以字符串形式指定属性名（加引号），而不是标识符。

#### 3. 删除属性

除了能给对象添加属性之外，还可以删除对象的某个属性。删除对象属性使用 delete 运算符，下面通过实例说明删除对象属性的方法。

**【例 5-3】** 定义一个包含两个属性的对象，并删除其中一个属性。（实例位置：example/ch5/5-3.html）

```
    var object = {
    a: 1,
```

```
 b: 2
};
delete object.a
console.log(object);                //输出结果 {b: 2}
```

> 💡 **提示**
>
> 删除对象属性不是将该属性值设置为 undefined，而是从对象中彻底删除属性。使用 for...in 语句枚举对象属性，不会枚举已删除属性，只能枚举属性值为 undefined 的属性。

### 5.2.4 对象遍历

对象遍历使用 for...in 循环语句实现，它将遍历对象的每一个属性，并返回每一个属性的值。其用法和第 2 章学习的 for 循环类似。

下面通过实例说明对象遍历的方法。

【例 5-4】 定义并遍历对象。（实例位置：example/ch5/5-4.html）

```
var object = {
a: 1,
b: 2,
c: 3
};
for (var key in object) {
    console.log(key);              // 输出对象的每一个属性
    console.log(object[key]);      // 输出每个属性对应的 value
}
```

> 💡 **提示**
>
> for...in 循环本身是无序的，不一定按照从上到下的方式遍历属性。

### 5.2.5 【示例】年龄最大的学生

一个班里有 5 名学生，分别是 tim、jony、rose、linda、ben，使用 JavaScript 对象遍历功能找出整个班里年龄最大的学生，并输出到控制台。（实例位置：example/ch5/example 5.2.5.html）

```
// 定义学生对象
var students = {
    tim: 10,
    jony: 8,
```

```
        rose: 11,
        linda: 7,
        ben: 9
}
var maxAge = 0;                  // 定义最大默认年龄变量，默认值为 0
// 定义最大年龄学生的名字变量，默认值为' '
var studentName = ' ';
for (var key in students) {
var age = students[key];     // 获取当前学生年龄
    if (age > maxAge) {
        // 如果该学生年龄大于 maxAge，则将当前学生名字赋值给 studentName
        studentName = key;
        // 如果该学生年龄大于 maxAge，则将当前学生年龄赋值给 maxAge
        maxAge = age;
    }
}
//输出结果"最大年龄学生为：rose"
console.log('最大年龄学生为：' + studentName);
```

上述示例使用 for...in 语句循环遍历了整个 students 对象，使用 maxAge 变量记录了当前年龄最大的学生年龄，然后用遍历的学生年龄和 maxAge 对比，如果学生年龄大于 maxAge，则将该学生年龄赋值给 maxAge。循环结束时，maxAge 值为该班学生的最大年龄，年龄最大的学生为 rose。

### 修身笃学

在 JavaScript 中，使用对象处理一类事物，可以提高代码的重用性和扩展性，从而提升编程效率。在实际生活中也是如此，做好事情的分类，可以提升办事效率，有效地管理时间。

某著名管理学家提出了一个时间管理理论，即时间"四象限"法。该理论把工作按照重要和紧急两个不同的程度进行了划分，基本上可以分为四个"象限"：既紧急又重要（如人事危机、客户投诉、即将到期的任务、财务危机等）、重要但不紧急（如建立人际关系、人员培训、制订防范措施等）、紧急但不重要（如电话铃声、行政检查、主管部门会议等）、既不紧急也不重要（如客套的闲谈、无聊的信件、个人的爱好等）。

时间管理理论的一个重要观念是应有重点地把主要的精力和时间集中地放在处理那些重要但不紧急的工作上，这样可以做到未雨绸缪，防患于未然。

## 5.3 构造器

在 JavaScript 中，构造器又称为构造方法或者构造函数，它是 JavaScript 中另一种定义对象的方式。通过 5.2.2 节的学习我们知道，普通对象一般使用字面量"{}"方式定义。相对于这种方式来说，使用构造器可以快速定义具有相同属性和方法的对象。

### 5.3.1 认识构造器

如果使用对象字面量语法定义两个拥有相同属性和方法的对象，则需要进行重复的属性、方法定义。

【例 5-5】 定义两个拥有相同属性和方法的对象。（实例位置：example/ch5/5-5.html）

```
var cat = {
  name: 'tom',
  run: function() {
    console.log('run');
  }
};
var dog = {
  name: 'tina',
  run: function() {
    console.log('run');
  }
};
console.log(cat);   // 输出结果 Object { name: "tom", run: f() }
console.log(dog);   // 输出结果 Object { name: "tina", run: f() }
```

上述实例使用对象字面量语法分别定义了对象 cat 和 dog，它们都拥有 name 属性和 run() 方法。

可以看出，上述实例中存在很多重复的代码。使用面向对象思想编程，可以将这些重复的代码包装为一个函数，然后调用该函数来创建 cat 和 dog 两个对象。

【例 5-6】 使用面向对象方法创建 cat 和 dog 对象。（实例位置：example/ch5/5-6.html）

```
// 创建对象的工厂函数
function factory(name) {
  var obj = {
    name: name,
    run: function() {
```

108

```
        console.log('run');
    }
  };
  return obj;
}
var cat = factory('tom');
var dog = factory('tina');
console.log(cat);     // 输出结果 Object { name: "tom", run: f() }
console.log(dog);     // 输出结果 Object { name: "tina", run: f() }
```

上述代码定义了一个用于创建对象的函数 factory()，通过调用 factory()可以创建出多个拥有相同属性和方法的对象。factory()通常称为工厂函数，利用工厂函数可以快速创建对象，减少使用字面量语法创建对象的代码。

使用构造器创建对象的方式和使用工厂函数类似，它的主要优点是可以快速创建出拥有相同属性和方法的对象。工厂函数内部由于还是使用字面量语法创建的对象，因此创建出的对象类型为 Object，而构造器创建的对象类型为对应的构造器类型，后面会介绍 JavaScript 内置的构造器。

## 5.3.2 JavaScript 内置构造器

在学习如何自定义构造器之前，首先需要掌握 JavaScript 内置构造器的使用。JavaScript 内置了 Object、Array、String、Number 等构造器，使用"new 构造器()"语法可创建出相应类型的对象。通常将使用 new 方法创建对象的过程称为对象实例化，创建出的对象称为构造器的实例。

**【例 5-7】** 使用 new 方法创建对象。（实例位置：example/ch5/5-7.html）

```
var arr = new Array();
var str = new String('xyz');
var num = new Number(1);
// 输出结果: f Array() { [native code] }
console.log(arr.constructor);
// 输出结果: f String() { [native code] }
console.log(str.constructor);
// 输出结果: f Number() { [native code] }
console.log(num.constructor);
```

例 5-7 实例化了 3 个对象 arr、str、num，通过调用对象的 constructor 属性可以看出，它们对应的构造器类型分别为 Array、String、Number；其中[native code]表示对应函数的代码是内置的，由此可以判断出上述 3 个构造器为 JavaScript 的内置构造器。

值得一提的是，使用"{}"和"[]"字面量语法创建的对象同样属于 Object 和 Array

构造器。

```
// 输出结果: ƒ Object() { [native code] }
console.log({}.constructor);
// 输出结果: ƒ Array() { [native code] }
console.log([].constructor);
```

### 5.3.3 自定义构造器

在 JavaScript 中，除内置构造器外，开发者也可以自定义构造器。构造器和普通函数的定义方式类似。在自定义构造器时，需要注意以下事项。

（1）构造器的命名采用帕斯卡命名法，即所有单词首字母大写。

（2）在构造器内部，使用 this 关键字表示刚刚创建的对象。

下面通过一个创建学生对象的实例演示如何定义和使用自定义构造器。

自定义构造器

【例 5-8】 使用自定义构造器创建学生对象。（实例位置：example/ch5/5-8.html）

```
//自定义构造器 Student
function Student(name, age) {
  this.name = name;
  this.age = age;
  this.sayHi = function() {
    console.log('hi, my name is ' + this.name);
  }
}
var std1 = new Student('小红', 15);
var std2 = new Student('小明', 13);
std1.sayHi();           // 输出结果: hi, my name is 小红
std2.sayHi();           // 输出结果: hi, my name is 小明
// 输出结果: Student { name: "小红", age: 15 ...}
console.log(std1);
// 输出结果: Student { name: "小明", age: 13 ...}
console.log(std2);
// 输出结果: ƒ Student(name, age) { ... }
console.log(std1.constructor);
```

上述实例定义了一个构造器 Student，支持传入 name 和 age 两个参数。在构造器内部，this 关键字表示实例化的对象本身，使用 this.xxx 为实例化的对象绑定属性和方法。当使用 new Student()创建出对象 std1 和 std2 时，可以调用对象的方法 sayHi()。在调用 std1 对

象的sayHi()方法时，函数内部的this.name等价于std1.name。

> **提 示**
>
> 自定义构造器和普通的函数结构基本一致。读者在使用构造器时，须注意不要忘记使用new关键字。通常来说，构造器的函数名首字母为大写，普通函数名首字母为小写。构造器内通常包含this关键字，而普通函数内通常不会使用this。

### 5.3.4 使用class创建对象

在Java等面向对象的编程语言中，通常都会用class关键字来定义类，然后通过new 类名来创建对象。JavaScript设计之初是不支持class关键字的，随着ECMAScript的不断发展，在ES 6中新增了class关键字来定义类，然后在class中定义构造函数constructor，在对象初始化时执行。下面举例说明使用class定义类的方法。

使用class创建对象

【例5-9】 使用class定义类。（实例位置：example/ch5/5-9.html）

```
class Student{
    constructor(name, age) {
        this.name = name;
        this.age = age;
this.sayHi = function() {
        console.log('hi, my name is ' + this.name);
    }
}
}
var std1 = new Student('小红', 15);
var std2 = new Student('小明', 13);
std1.sayHi();           // 输出结果: hi, my name is 小红
std2.sayHi();           // 输出结果: hi, my name is 小明
// 输出结果: Student { name: '小红', age: 15 ...}
console.log(std1);
// 输出结果: Student { name: '小明', age: 13 ...}
console.log(std2);
// 输出结果: class Student { ... }
console.log(std1.constructor);
```

例5-9定义了一个Student类，其内部包含了一个构造函数constructor()，函数内部和

之前使用的构造器内部代码一致，同样使用 this 表示实例化对象。通过输出结果可以看出，使用构造器和使用 class 创建的对象，输出结果一致。从语法层面上来讲，使用 class 比使用构造器更加清晰一些，class 可以和普通函数做很好的区分。

> **提示**
>
> 在 ES 6 中，class 本质是一种语法糖。所谓语法糖，就是同样的作用，但是使用起来更容易和可读性更强。class 是为了让开发者能更容易创建对象而诞生的，不使用 class 开发者依然能够自定义对象。在一些低版本浏览器中不支持 class 语法，所以需要对这些浏览器降级使用构造器方式创建对象。

### 5.3.5 this 关键字

在 JavaScript 中，this 是一个非常特殊的对象，它的指向是由当前运行环境决定的。在 5.3.3 小节中使用 new 构造器()方式创建对象时，构造器内的 this 指向的是实例化的对象；而在全局环境中调用 this 时，其指向的是全局对象。本节对 this 的指向进行详细讲解，同时介绍如何指定 this 对象的指向。

（1）this 指向讲解

在 JavaScript 中，this 的指向通常分为三种情况：① 在全局环境调用 this 和直接调用函数时，this 指向的是全局对象，浏览器中为 window 对象；② 使用 new 关键字实例化构造器或者 class 时，其构造函数内部的 this 指向的是实例化对象；③ 调用一个对象中的方法时，其 this 指向的是该对象。

下面通过一个实例来演示不同环境下 this 的指向问题。

【例 5-10】 this 的指向问题。（实例位置：example/ch5/5-10.html）

```
var context = null;
function getContext() {
  return this;
}
function Dog() {
  context = this;              // 将 this 赋值给 context 变量
}
var obj = {
  getContext: getContext
};
console.log(getContext() === window);        // 输出结果 true
console.log(new Dog() === context);          // 输出结果 true
console.log(obj.getContext() === obj);       // 输出结果 true
```

由例 5-10 可以看出，当在不同环境下调用同一个函数 getContext()时，this 的指向也不同。在全局环境调用时，getContext()中的 this 指向的是 window；使用 new 关键字实例化构造器时，构造函数内部的 this 指向实例化对象；在 obj 对象中调用时，getContext()中的 this 指向 obj 对象。

（2）指定 this 指向

在 JavaScript 中，除了遵循默认的 this 指向外，还可以由开发者自行指定 this 的指向。表 5-1 列出了用于指定 this 指向的几个方法。

表 5-1　指定 this 指向的方法

| 名称 | 说明 |
| --- | --- |
| apply(context, [argArray]) | context 为函数运行时指定的 this 值，argArray 为函数执行时的参数数组 |
| call(context, arg1, arg2,...) | context 为函数运行时指定的 this 值，arg1、arg2、...为函数执行时需要传入的参数 |
| bind(context, arg1, arg2,...) | context 为函数运行时指定的 this 值，arg1、arg2、...为函数执行时需要传入的参数。bind()函数的返回结果为一个新函数 |

下面通过一个实例来演示如何使用上述 3 个方法来指定 this 的指向。

【例 5-11】　指定 this 的指向。（实例位置：example/ch5/5-11.html）

```
var name = 'a';
  function foo(a, b) {
  console.log(this.name + a + b);
  }
  foo(1, 2);                                // 输出结果 a12
  foo.apply({name: 'b'}, [1, 2]);           // 输出结果 b12
  foo.call({ name: 'c' }, 1, 2);            // 输出结果 c12
  var newFoo = foo.bind({name: 'd'}, 1, 2);
  newFoo();                                 // 输出结果 d12
```

由例 5-11 可以看出，直接调用 foo()函数与使用 apply()函数、call()函数时 this 的指向是不同的。调用 apply()函数和 call()函数传入的第一个参数将会指定 foo()函数运行时的 this 指向，因此 foo()函数在执行时，访问的 this.name 为传入对象的 name 属性值。

apply()和 call()函数的区别在于，apply()函数将执行 foo()函数需要传入的参数组合成了一个数组传给 foo()函数，而 call()函数将执行 foo()函数需要传入的参数放到了 call()函数的 2~N 个参数中。

bind()函数和 apply()、call()函数不同，它的返回结果是一个新的函数，但该函数执行时，this 指向为调用 bind()函数时传入的对象。bind()函数的 2~N 个参数可以传给 foo()函数对应的参数，因此在调用 newFoo()函数时就不需要传入 foo()函数需要的 a 和 b 两个参数了。

## 5.3.6 静态属性和方法

静态属性和方法是指可以直接用构造器调用的属性和方法，与其相对的是基于构造器实例化的对象属性和方法。在 JavaScript 中，构造器支持添加静态属性和方法，静态属性和方法不需要进行实例化即可调用。下面通过一个实例展示实例化对象属性和方法与静态属性和方法的区别。

【例 5-12】 实例化对象属性和方法与静态属性和方法的区别。（实例位置：example/ch5/5-12.html）

```javascript
function Dog(name) {
    this.name = name;
    this.getName = function() {
        return this.name;
    }
}
Dog.type = 'animal';                    // 静态属性
// 静态方法
Dog.getType = function() {
    return 'animal';
}
var dog = new Dog('wang');
console.log(dog.name);                  // 输出结果 wang
console.log(dog.getName());             // 输出结果 wang
console.log(Dog.type);                  // 输出结果 animal
console.log(Dog.getType());             // 输出结果 animal
```

由以上代码可以看出，实例化对象的 name 属性和 getName() 方法需要使用 new 创建出对象才能调用，而直接在 Dog 构造器中添加的 type 属性和 getType() 方法可以直接调用。

日常开发中，可将不需要创建对象进行访问的属性和方法设置为静态属性和方法，如 Array 构造器的 isArray() 方法就是 Array 的静态方法，可以直接使用 Array.isArray() 调用。

## 5.3.7 私有属性和方法

5.1.2 小节提到过，面向对象中的封装是指隐藏对象内部的具体实现，仅对外部提供操作接口。对外提供的接口就是对象自身提供给外界调用的方法，对象本身的一些内部对象和方法是不需要开放的，可以将它们定义为私有属性和方法。私有属性和方法又称为私有成员，在构造器中，使用 var 关键字定义的变量称为私有成员。在实例化对象后无法使用"对象.成员"的方式访问私有成员，可以在对象的成员方法中访问。下面通过一个实例演示私有成员的定义与使用。

【例 5-13】 私有成员的定义和使用。(实例位置：example/ch5/5-13.html)

```javascript
function Dog(name, age) {
    // 定义私有变量_age
    var _age = age;
    this.name = name;
    this.getAge = function () {
        return _age;
    }
}
var dog = new Dog('wang', 5);
console.log(dog._age);              // 输出结果 undefined
console.log(dog.getAge());          // 输出结果 5
```

例 5-13 在构造器内部使用 var 定义了私有变量_age(通常私有属性和方法命名使用"_"开头)，当创建出对象 dog 后，调用 dog._age 是无法访问内部的_age 属性的，因此返回结果为 undefined。此时仅能使用开放的接口 getAge()方法获取_age 的值，这样就能对外部屏蔽对象内部的具体实现，实现了封装的效果。

## 5.4 内置对象

为方便开发者实现更加丰富的功能，JavaScript 提供了许多内置对象供开发者使用，如之前用到的 Object、Array 内置对象，另外还有字符串对象 String、数值对象 Number、日期对象 Date、数学对象 Math、错误对象 Error 等。本节将对常见的内置对象进行介绍。

### 5.4.1 String 对象

通过前面章节的学习我们知道，字符串是由单引号或者双引号包裹的一串字符数据。字符串本质上也是 String 构造器创建出来的对象实例，因此 String 对象拥有一些用于处理字符串的相关属性和方法，如表 5-2 所示。

表 5-2  String 对象常用属性和方法

| 名称 | 说明 |
| --- | --- |
| length | 获取字符串长度 |
| replace(str, newStr) | 使用 newStr 替换字符串中首次出现的 str，并返回替换结果 |
| replaceAll(str, newStr) | 使用 newStr 替换字符串中所有的 str，并返回替换结果 |
| indexOf(searchValue) | 获取 searchValue 在字符串中首次出现的位置 |

表 5-2（续）

| 名称 | 说明 |
| --- | --- |
| lastIndexOf(searchValue) | 获取 searchValue 在字符串中最后出现的位置 |
| subString(start[, end]) | 截取在 start 位置和 end 位置之间的子字符串，并返回结果 |
| subStr(start[, length]) | 截取从 start 位置开始，长度为 length 的子字符串，并返回结果 |
| toLowerCase() | 将字符串的所有字符变为小写 |
| toUpperCase() | 将字符串的所有字符变为大写 |
| split(separator[, limit]) | 使用 separator 分隔符将字符串分割成数组，数组元素个数为 limit |
| trim() | 去除字符串中首尾的空格 |

需要注意的是，所有 String 对象的方法都不会修改当前字符串本身，只会在处理完字符串后返回一个新的字符串。下面通过一个实例来演示 String 对象常用属性和方法的应用。

【例 5-14】 String 对象常用属性和方法的应用。（实例位置：example/ch5/5-14.html）

```
var str = ' This is a string ';
console.log(str.length);              // 输出结果 18
// 输出结果 This is an string
console.log(str.replace('a', 'an'));
// 输出结果 Thix ix a xtring
console.log(str.replaceAll('s', 'x'));
console.log(str.indexOf('t'));        // 输出结果 12
console.log(str.lastIndexOf('r'));    // 输出结果 13
console.log(str.substring(0, 10));    // 输出结果 This is a
console.log(str.substring(5));        // 输出结果 is a string
console.log(str.substr(2, 8));        // 输出结果 his is a
console.log(str.substr(8));           // 输出结果 a string
console.log(str.toLowerCase());       // 输出结果 this is a string
console.log(str.toUpperCase());       // 输出结果 THIS IS A STRING
// 输出结果 [" Thi", " i", " a ", "tring "]
console.log(str.split('s'));
console.log(str.split('s', 2));       // 输出结果 [" Thi", " i"]
console.log(str.trim());              // 输出结果 This is a string
```

## 5.4.2 Number 对象

Number 对象主要用于处理整数和浮点数等数值，其常用的属性和方法如表 5-3 所示。

表 5-3  Number 对象常用属性和方法

| 名称 | 说明 |
| --- | --- |
| MAX_VALUE | 在 JavaScript 中能表示的最大数值（静态属性） |
| MIN_VALUE | 在 JavaScript 中能表示的最小数值（静态属性） |
| toFixed(digits) | 将数值型数据转换为小数点位数为 digits 的值 |

下面通过一个实例来演示 Number 对象常用属性和方法的应用。

【例 5-15】 Number 对象常用属性和方法的应用。（实例位置：example/ch5/5-15.html）

```
var num = 1.23456789;
                                             // 输出结果 1.7976931348623157e+308
console.log(Number.MAX_VALUE);
console.log(Number.MIN_VALUE);               // 输出结果 5e-324
console.log(num.toFixed());                  // 输出结果 1
console.log(num.toFixed(2));                 // 输出结果 1.23
```

上述实例中的 MAX_VALUE 和 MIN_VALUE 为 Number 对象的静态属性，所以直接使用 Number.MAX_VALUE 进行取值。

> **提示**
>
> 需要注意的是，在 JavaScript 中，当一个数值大于 Number.MAX_VALUE 时，将被转换为一个 Infinity（无穷大）的值；同理，当一个数值小于 Number.MIN_VALUE 时，将被转换为一个-Infinity（负无穷大）的值。

## 5.4.3  Date 对象

日常开发中，经常涉及时间的处理。例如，要实现一个倒计时功能，就需要使用 Date 对象来处理时间。Date 对象的常用方法如表 5-4 所示。

表 5-4  Date 对象常用方法

| 名称 | 说明 |
| --- | --- |
| now() | 返回自 1970-01-01 00:00 到当前时间的毫秒数（静态方法） |
| getTime() | 返回自 1970-01-01 00:00 到当前时间的毫秒数 |
| setTime(value) | 设置时间 |
| getFullYear() | 获取 4 位数字形式的当前年份，如 2021 |
| setFullYear(value) | 设置年份 |
| getMonth() | 获取当前月份，范围 0～11（0 表示 1 月，1 表示 2 月，依此类推） |

表 5-4（续）

| 名称 | 说明 |
|---|---|
| setMonth(value) | 设置月份 |
| getDate() | 获取月份中的当前天，范围 1～31 |
| setDate(value) | 设置月份中的某一天 |
| getDay() | 获取当前为周几，范围 0～6（0 表示周日，1 表示周一，依此类推） |
| getHours() | 获取当前小时数（24 小时制，返回 0～23） |
| setHours(value) | 设置小时数 |
| getMinutes() | 获取当前分钟数，范围 0～59 |
| setMinutes(value) | 设置分钟数 |
| getSeconds() | 获取当前秒数，范围 0～59 |
| setSeconds(value) | 设置秒数 |
| getMilliseconds() | 获取当前毫秒数，范围 0～999 |
| setMilliseconds(value) | 设置毫秒数 |

下面通过一个实例演示 Date 对象常用方法的使用。

【例 5-16】 Date 对象常用方法的使用。（实例位置：example/ch5/5-16.html）

```
var date = new Date();
console.log(Date.now());              // 输出结果 1620190453357
console.log(date.getFullYear());      // 输出结果 2021
console.log(date.getMonth());         // 输出结果 4
console.log(date.getDate());          // 输出结果 5
console.log(date.getHours());         // 输出结果 12
console.log(date.getMinutes());       // 输出结果 54
console.log(date.getSeconds());       // 输出结果 13
```

在创建 Date 对象时，可以传入一个日期字符串或者一个时间戳参数，此时初始化的 Date 对象内部对应的时间为参数传入的时间。

【例 5-17】 为 Date 对象传入一个日期。（实例位置：example/ch5/5-17.html）

```
var date = new Date('2025-6-10');
console.log(date.getFullYear());      // 输出结果 2025
console.log(date.getMonth());         // 输出结果 5
console.log(date.getDate());          // 输出结果 10
```

## 5.4.4 Math 对象

日常开发中，经常涉及一些数学公式的处理。例如，需要对一个数值进行四舍五入，可以使用 Math 对象的方法。Math 对象的常用属性和方法如表 5-5 所示。

表 5-5　Math 对象常用属性和方法

| 名称 | 说明 |
| --- | --- |
| PI | 获取圆周率，通常值为 3.141592653589793 |
| random() | 获取一个 0~1 的随机数 |
| ceil(x) | 返回一个大于或等于 x 的最小整数，即向上取整 |
| floor(x) | 返回一个小于或等于 x 的最大整数，即向下取整 |
| round(x) | 获取 x 四舍五入后的整数值 |
| abs(x) | 获取 x 的绝对值 |
| max(x1[, x2, ...]) | 获取多个数值中的最大数值 |
| min(x1[, x2, ...]) | 获取多个数值中的最小数值 |
| pow(base, exponent) | 获取基数（base）的指数（exponent）次幂，即 baseexponent |
| sqrt(x) | 返回 x 的平方根 |

下面通过一个实例演示 Math 对象常用属性和方法的应用。

【例 5-18】　Math 对象常用属性和方法的应用。（实例位置：example/ch5/5-18.html）

```
var num = 1.024;
// 输出结果 0.45211071914965495（每次结果不同）
console.log(Math.random());
console.log(Math.ceil(num));              // 输出结果 2
console.log(Math.floor(num));             // 输出结果 1
console.log(Math.round(num));             // 输出结果 1
console.log(Math.abs(10));                // 输出结果 10
console.log(Math.abs(-10));               // 输出结果 10
console.log(Math.max(100, 5, 10, 20));    // 输出结果 100
console.log(Math.min(100, 5, 10, 20));    // 输出结果 5
console.log(Math.pow(2, 10));             // 输出结果 1024
console.log(Math.sqrt(9));                // 输出结果 3
```

## 5.4.5 Error 对象

在编写 JavaScript 程序时，偶尔会出现异常情况导致浏览器报错。例如，调用了并不存在的方法，或者对一个值为 undefined 的变量进行了取值操作等。下面通过一个实例演示 JavaScript 出现错误时的情况。

【例5-19】 模拟 JavaScript 出现错误。（实例位置：example/ch5/5-19.html）

```
var obj = {};
obj.foo();         // 因为 obj 对象中不存在 foo()函数，所以将会抛出异常
console.log(obj);  // 由于 obj.foo()抛出异常，所以后续代码不会执行
```

运行上述代码，浏览器控制台效果如图 5-3 所示。

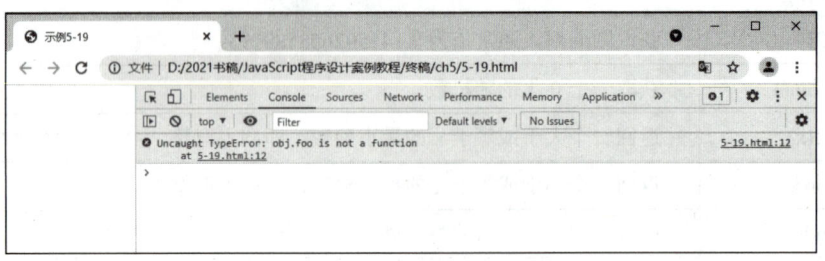

图 5-3　代码执行出现异常

上述代码，因为 obj 对象中不存在 foo()方法，所以执行 obj.foo()时浏览器会抛出异常。此时抛出异常位置后续的代码也将不会继续执行，可以看到控制台并未输出 obj 对象。

针对出现异常的地方，JavaScript 提供了 try-catch 帮助开发者捕获异常。当异常被 try-catch 捕获时，异常位置后续的代码可以继续正常执行，这样可以避免一处异常导致整体程序崩溃的问题。

【例5-20】 try-catch 的用法。（实例位置：example/ch5/5-20.html）

```
var obj = {};
try {
  obj.foo();
} catch(e) {
  // 调用 obj.foo()的异常被 try-catch 捕获，进入到 catch()函数中
  console.log(e);
}
console.log(obj);  // 由于 obj.foo()抛出异常，所以后续代码不会执行
```

运行上述代码，浏览器控制台效果如图 5-4 所示。

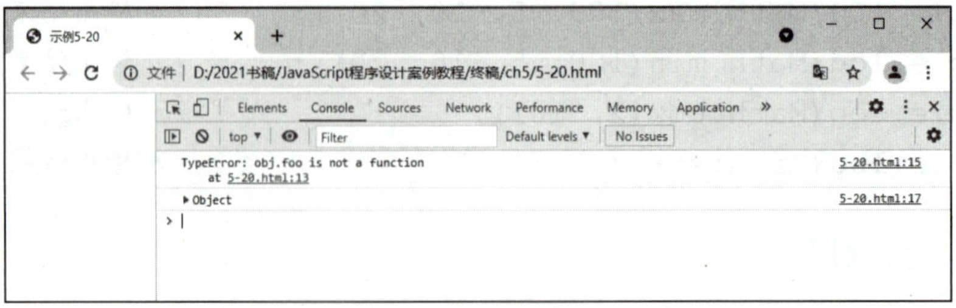

图 5-4　捕获异常

上述代码，因为调用 obj.foo() 抛出的异常被 try-catch 捕获，将会执行 catch() 函数中的代码。此时可以看到异常被捕获之后，后续的 obj 对象的输出能够正常展示。

值得注意的是，上述代码 catch() 函数中的 e 是一个 Error 对象。Error 对象主要是在代码执行出错时返回的对象，同时开发者也能自定义错误进行抛出。Error 对象的常见属性如表 5-6 所示。

表 5-6 Error 对象常见属性

| 名称 | 说明 |
| --- | --- |
| name | 异常名称，默认为 Error |
| message | 异常信息 |

下面通过一个实例演示开发者如何创建自定义错误，以及抛出异常。

【例 5-21】 创建自定义错误和抛出异常。（实例位置：example/ch5/5-21.html）

```
try {
  var error = new Error('this is a custom error');
  error.name = 'CustomError';
  throw error;                  // 抛出异常
} catch(e) {
  console.log(e);  // 输出结果 CustomError: this is a custom error
  console.log(e.name);          // 输出结果 CustomError
  console.log(e.message);       // 输出结果 this is a custom error
}
```

上述代码，使用 new Error() 创建了一个 Error 对象，传入的参数代表错误的 message，同时设置 Error 对象的 name 为 CustomError，然后使用 throw 关键字抛出创建的异常 error。此时异常被 try-catch 捕获，可以看到 e、e.name 和 e.message 的值与我们创建的 Error 对象一致。

## 5.5 继 承

在面向对象程序开发中，继承是一个非常重要的功能，它能帮助开发者在不改变原有对象的情况下，对对象进行扩展。和传统面向对象语言相比，JavaScript 中的继承实现原理不太相同。

### 5.5.1 原型

在正式学习继承之前，首先来了解 JavaScript 中的重要概念——原型（prototype）。

JavaScript 中的继承是基于原型实现的，可以说原型是支撑 JavaScript 实现面向对象编程的重要机制。

在不使用原型时，每个使用"new 构造器()"方式创建的对象通过 this 所绑定的属性和方法都是独立的。假设 Dog 构造器内绑定了 name 属性和 getName()方法，当使用 new Dog()创建出两个 Dog 对象 dog1 和 dog2，它们对应的 name 属性和 getName()方法都是独立的，修改 dog1 的 name 属性和 getName()方法将不影响 dog2 的属性和方法。下面通过实例演示这种情况。

【例 5-22】 不使用原型的情况。（实例位置：example/ch5/5-22.html）

```
function Dog(name) {
  this.name = name;
  this.getName = function() {
    return this.name;
  }
}
var dog1 = new Dog('one');
var dog2 = new Dog('two');
console.log(dog1.getName === dog2.getName); // 输出结果 false
// 修改 dog1 的 getName()方法
dog1.getName = function() {
  return 'my name is ' + this.name;
}
console.log(dog1.getName());          // 输出结果 my name is one
console.log(dog2.getName());          // 输出结果 two
```

例 5-22 中，dog1 的 getName()方法和 dog2 的 getName()方法本质上是两个不同的方法，因此修改 dog1 的 getName()方法不会影响 dog2 的 getName()方法。通常来说对象内的方法一般不会进行修改，dog1 和 dog2 如果能使用同一个 getName()方法，将会减少一些资源的开销。可以利用原型实现同一个构造器初始化的各个对象共享属性和方法的功能。

在 JavaScript 中，每个函数都包含一个原型对象，每个函数都包含一个 prototype 属性指向其对应的原型对象。示例代码如下：

```
function Dog(name) {
  this.name = name;
}
// 输出结果 { constructor: f Dog(name) }
console.log(Dog.prototype);
```

由上述代码可以看出，Dog 构造器的 prototype 属性的值为一个对象，对象内包含一个构造函数并且指向 Dog 构造器本身。

当使用构造器创建对象时，该对象将自动绑定构造器本身的原型对象，在绑定了原型对象后，即可使用原型对象的属性和方法。

【例 5-23】 使用构造器创建对象。（实例位置：example/ch5/5-23.html）

```
function Dog(name) {
  this.name = name;
}
// 原型对象增加 getName()方法
Dog.prototype.getName = function() {
    return this.name;
}
var dog1 = new Dog('one');
var dog2 = new Dog('two');
console.log(dog1.getName());                          // 输出结果 one
console.log(dog1.getName === dog2.getName);   // 输出结果 true
```

上述代码，Dog 构造器内本身没有增加 getName()方法，仅在原型对象上新增了 getName()方法。此时通过 Dog 构造器创建的对象能直接使用 getName()方法，同时可以看到 dog1 与 dog2 的 getName()方法为同一个。

## 5.5.2 继承

在软件开发中，继承是指继承对象拥有被继承对象的所有开放的属性和方法，同时能在原有对象基础上进行扩展。

在 JavaScript 中，拥有多种实现继承的方法，如组合式继承、寄生式继承等。下面将用一个常用的继承实现方式来演示继承的实现。

【例 5-24】 继承的实现。（实例位置：example/ch5/5-24.html）

```
function Parent(name){
  this.name = name;
  this.colors = ["red", "yellow", "blue"];
}
Parent.prototype.getName = function(){
  console.log(this.name);
}
function Child(name, age){
  // 继承属性
  Parent.call(this, name);
  this.age = age;
}
// 继承 Parent 在原型上绑定的属性和方法
```

```javascript
Child.prototype = new Parent();
// 将Child对象的构造函数指向Child本身
Child.prototype.constructor = Child;
// 为Child构造器新增getAge()方法
Child.prototype.getAge = function(){
  console.log(this.age);
};
var child1 = new Child("tim", 18);
child1.colors.push("black");
// 输出结果 ["red", "yellow", "blue", "black"]
console.log(child1.colors);
child1.getName();              // 输出结果 tim
child1.getAge();               // 输出结果 18
var child2 = new Child("jack", 20);
// 输出结果 ["red", "yellow", "blue"]
console.log(child2.colors);
child2.getName();              // 输出结果 jack
child2.getAge();               // 输出结果 20
```

上述代码首先定义了一个父构造器 Parent，其内部添加了 name 和 colors 两个属性，同时原型上包含 getName() 方法；然后定义了一个子构造器 Child，其内部调用 Parent.call(this, name) 继承 Parent 在构造器内绑定的属性和方法；接着使用 new Parent() 创建一个 Parent 对象并赋值给 Child 构造器的原型对象，此步骤为继承 Parent 在原型上绑定的属性和方法；之后将 Child 构造器的原型对象的构造函数指向 Child 构造器本身，此时整个继承操作完成。

最后对 Child 构造器进行扩展，在构造器内添加 age 属性，在原型对象上添加 getAge() 方法。使用 new Child() 实例化两个对象 child1 和 child2，它们可以获取 Parent 构造器内绑定的 colors 属性，以及 Parent 原型对象上的 getName() 方法，同时也能调用自身扩展的 getAge() 方法。

### 5.5.3 class 的继承

JavaScript 中的 class 继承使用了 extends 关键字，相比 ES 6 之前的继承实现，这种方式更加简捷明了。

【例 5-25】 class 的基本继承。（实例位置：example/ch5/5-25.html）

```javascript
// 定义 Book 类
class Book {
name = null;
```

```
  price = null;
    constructor (name, price) {
      this.name = name
      this.price = price;
  }
  getPrice() {
    return this.price;
  }
}
// 定义 TechnologyBook 类
class TechnologyBook extends Book {
  constructor(name, price) {
      super(name, price);
  }
}
var technologyBook = new TechnologyBook('JavaScript案例教程', 58);
// 输出结果 JavaScript案例教程
console.log(technologyBook.name);
console.log(technologyBook.getPrice());          // 输出结果 58
```

上述代码定义了一个类 Book，其中包含两个属性 name 和 price，以及一个方法 getPrice()，构造函数支持传入 name 和 price 参数并赋值给对象中的属性。然后定义了一个 TechnologyBook 类，并使用 extends 关键字继承 Book 类。值得注意的是，TechnologyBook 类的 constructor 中使用了 super()函数，这表示调用父类（Book）的构造函数，并传入对应参数。

如果在子类的 constructor()中不调用 super()函数，会导致出现异常 Must call super constructor in derived class before accessing 'this' or returning from derived constructor。构造函数中的 this 属性也需要在 super()函数之后使用，否则会出现不调用 super()函数同样的错误。

子类可以在父类基础上新增属性和方法，同样也可以覆盖父类的属性和方法。

【例 5-26】 class 的继承。（实例位置：example/ch5/5-26.html）

```
// 定义 Book 类
class Book {
  name = null;
  price = null;
  constructor (name, price) {
      this.name = name
      this.price = price;
  }
```

```
    getPrice() {
      return this.price;
    }
  }
  // 定义 TechnologyBook 类
  class TechnologyBook extends Book {
    sale = 0.5
    constructor(name, price) {
      super(name, price);
      this.name = 'name is ' + name
    }
    getPrice () {
      // 技术书籍打 5 折
      return this.price * this.sale;
    }
    getSale () {
      return this.sale * 10 + '折';
    }
  }
  var technologyBook = new TechnologyBook('JavaScript案例教程', 58);
  // 输出结果 'name is JavaScript案例教程'
  console.log(technologyBook.name);
  console.log(technologyBook.getPrice());      // 输出结果 29
  console.log(technologyBook.getSale());       // 输出结果 5 折
```

上述代码中，technologyBook 类新增了属性 sale 及方法 getSale()，同时覆盖了父类的 price 属性及 getPrice()方法。

### 5.5.4 【示例】动物园赛跑比赛

某天，动物园举办了一场赛跑比赛，参赛选手有 Dog、Cat、Pig 三名选手，赛跑距离为 100 米，先到达终点的选手获胜。Dog 的奔跑速度为 20 米/秒，Cat 的奔跑速度为 18 米/秒，Pig 的奔跑速度为 8 米/秒。本节通过 class 的继承来实现赛跑比赛。（实例位置：example/ch5/example5.5.4.html）

分析上述案例，Dog、Cat、Pig 三位选手都有名称、奔跑速度、跑步的距离属性，同时都有跑步的动作。所以可以定义一个 Animal 类，包含 name、speed、total 三个属性，其中 total 默认值为 0。在构造函数中支持传入 name 和 speed 两个属性。run()方法中计算选手奔跑的距离 total，并在控制台输出选手的奔跑距离，最后将距离返回。

```
class Animal{
  name;
  speed;
  total = 0;
  constructor(name, speed) {
    this.name = name;
    this.speed = speed;
  }
  run () {
    this.total += this.speed;
    console.log(`${this.name}跑了${this.total}米`);
    return this.total;
  }
}
```

分别定义 Dog、Cat、Pig 三个类，它们都继承于 Animal 类，在构造函数中调用 super() 函数初始化选手的名称和速度。

```
class Dog extends Animal{
  constructor(name, speed) {
    super('dog', 20);
  }
}
class Cat extends Animal{
  constructor(name, speed) {
    super('cat', 18);
  }
}
class Pig extends Animal{
  constructor(name, speed) {
    super('pig', 8);
  }
}
```

分别初始化 Dog、Cat、Pig 对象，并定义跑步距离为 100。使用 while 循环开始比赛，三位选手分别执行 run() 函数开始奔跑，当某位选手奔跑的距离超过 100 时，则获得比赛胜利。

```
var dog = new Dog();
var cat = new Cat();
var pig = new Pig();
```

```javascript
var totalDistance = 100;        // 总共奔跑距离为100
var running = true;
while(running) {
  var dogDistance = dog.run();
  var catDistance = cat.run();
  var pigDistance = pig.run();
  if (dogDistance >= totalDistance) {
    console.log('dog获得比赛胜利');
    running = false;
  }
  if (catDistance >= totalDistance) {
    console.log('cat获得比赛胜利');
    running = false;
  }
  if (pigDistance >= totalDistance) {
    console.log('pig获得比赛胜利');
    running = false;
  }
}
```

使用浏览器访问 example5.5.4.html，并打开浏览器开发者工具，运行结果如图 5-5 所示。

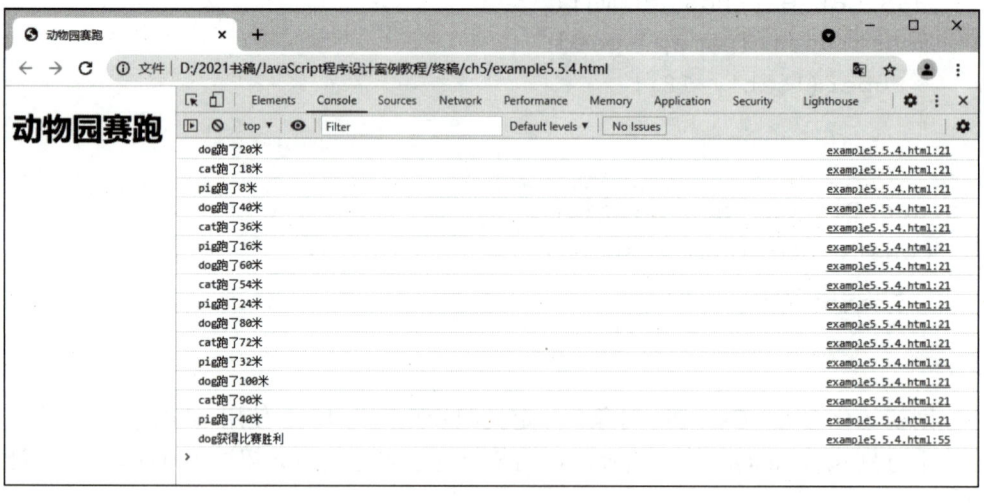

图 5-5 动物园赛跑比赛

## 源远流长

北京内联升非遗传承人纳鞋、上海绿波廊点心包捏、山东即墨花边编织……多项老字号传统技艺在进博会现场同台亮相,吸引了众多目光。

老字号不仅是重要的商业载体,还承载着中华传统文化。据统计,1 128家"中华老字号"平均拥有160年以上的历史,200年以上的超过150家。一双纳有4 200针的内联升千层底布鞋,一把经历72道工序打造的"张小泉"剪刀,一坛窖藏18年的绍兴"女儿红"黄酒……许多我们耳熟能详的中华老字号,都有一项甚至多项非遗代表性项目在支撑其百年成长历史。

近年来,老字号企业不断推进数字化转型与创新发展,整体呈现向好发展势头,但挑战同时存在。"十四五"时期,商务部将会同相关部门,研究出台促进老字号创新发展的政策意见,建立健全老字号保护传承和创新发展长效机制,进一步激发老字号创新活力。

## 综合案例:限制输入框输入

日常开发中,经常会用到输入框。对于不同的输入框,通常有不同的限制条件,如输入用户昵称需要限制字符长度,输入手机号需要限制仅能输入数字等。本节将应用本章学习的内容实现一个限制输入框输入的案例。(实例位置:example/ch5/power_input.html)

### 1. 编写HTML

首先在页面上定义两个<input>输入框,分别用于输入用户名和手机号,接着添加一个id为getUserInfo的<button>按钮,单击按钮可展示用户输入的内容。

```
<div>
  <span>用户名: </span>
  <input id="name" />
</div>
<div>
  <span>手机号: </span>
  <input id="phone" />
</div>
<button id="getUserInfo">获取用户信息</button>
```

## 2. 编写 JavaScript

首先定义一个 Input 类，其中包含 id 和 value 两个属性，id 代表<input>元素的 id，value 代表<input>元素的值，这两个属性为输入框的基本属性；接下来定义一个 onInput()方法，其内部监听<input>元素的输入内容，同时将输入框的值赋值给 Input 对象的 value 属性；最后提供一个 getValue()方法用于获取当前输入框的内容。

```javascript
// 基础输入框类
class Input {
  id = null;
  value = null;
  constructor(id) {
    this.id = id;
  }
  onInput() {
    var that = this;
    document.getElementById(this.id).oninput = function(e) {
      that.value = e.target.value;
    }
  }
  getValue() {
    return this.value;
  }
}
```

定义一个 LimitInput 类，其继承于 Input 类。LimitInput 需要比 Input 多传入一个代表限制输入长度的 maxLength 属性。在 LimitInput 中重新定义 onInput()方法，当用户在 LimitInput 对象绑定的<input>元素中输入内容时，如果输入内容超过限制内容的长度，则对输入内容进行截取，最后将输入内容赋值给 value 属性。

```javascript
// 限制输入长度的输入框类
class LimitInput extends Input {
  constructor(id, maxLength) {
    super(id);
    this.maxLength = maxLength;
  }
  onInput() {
    var that = this;
    document.getElementById(this.id).oninput = function(e) {
// 如果超过设置的最大长度，直接截取最大长度值
      if (e.target.value&&e.target.value.length > that.maxLength) {
```

```
      e.target.value = e.target.value.substring(0, that.maxLength);
    }
    that.value = e.target.value;
  }
 }
}
```

定义一个 NumberInput 类,其继承于 Input 类。在 NumberInput 中重新定义 onInput() 方法,当用户在 NumberInput 对象绑定的<input>元素中输入内容时,如果输入的内容不是数值,则将输入内容删除,最后将合法的输入内容赋值给 value 属性。

```
// 限制输入数字的输入框类
class NumberInput extends Input {
  constructor(id) {
    super(id);
  }
  onInput() {
       var that = this;
       // 监听键盘抬起时的输入内容,避免中文输入导致的异常
      document.getElementById(this.id).onkeyup = function(e) {
         // 如果输入值不是数值,直接截取输入值
        if (isNaN(Number(e.target.value))) {
          var str = e.target.value;
          // 循环所有字符串, 获取字符串每个字符
          for (var i=0;i<str.length;i++) {
            var char = str.charAt(i);
            if (isNaN(Number(char))) {
              // 截取数字后续的字符,并跳出循环
              e.target.value = str.substring(0, i);
              break;
            }
          }
        }
        that.value = e.target.value;
      }
    }
  }
}
```

使用 LimitInput 和 NumberInput 实例化 userInput 和 phoneInput 对象,接着分别调用 onInput()方法监听输入框的内容输入。最后绑定<button>元素的单击事件,当按钮单击触

发时，用提示框展示 userInput 和 phoneInput 的 value 值。

```
var userInput = new LimitInput('name', 10);
var phoneInput = new NumberInput('phone');
userInput.onInput();
phoneInput.onInput();
document.getElementById('getUserInfo').onclick = function() {
    alert('用户名为:' + userInput.getValue() + ' 手机号为: ' + phoneInput.getValue());
}
```

在浏览器中运行网页，并在输入框中输入内容后单击按钮，效果如图 5-6 所示。

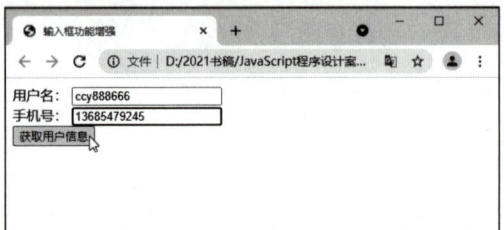 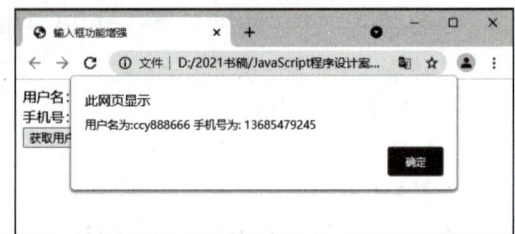

图 5-6　网页运行效果

## 本章总结

本章首先介绍了面向对象和面向过程的区别，以及面向对象的三大特征；然后介绍了对象的基础知识，以及使用构造器创建对象的方式、自定义构造器的使用、this 关键字及构造器静态属性和方法等内容；接下来介绍了 String、Number 等 JavaScript 中常用的内置对象和内置对象中常用的属性和方法；最后学习了 JavaScript 中关于原型和继承的相关知识，并通过一个动物园赛跑示例更直观地展示了继承的使用。通过本章的学习，读者应理解面向对象思想，了解面向对象和面向过程的区别，掌握如何使用构造器创建自定义对象、内置对象的常用属性和方法，及对象的继承特征的应用。

## 课后习题

1. 选择题

（1）以下选项中，不属于面向对象的三大特征的是（　　）。

　　A．封装　　　　　　B．继承　　　　　　C．多态　　　　　　D．接口

（2）定义对象的方式不包括以下选项中的（　　）。
　　A．var a = {}　　　　　　　　　　B．var a = new Object()
　　C．var a = Object()　　　　　　　D．var a = new object()
（3）以下选项中，不能指定 this 指向的是（　　）。
　　A．get()　　　　B．call()　　　　C．apply()　　　　D．bind()
（4）以下选项中，能将字符串转化为数组的方法是（　　）。
　　A．substr()　　　B．substring()　　C．split()　　　D．indexOf()

2．判断题
（1）try-catch 捕获异常后，try-catch 后续的代码不能继续执行。　　　　（　　）
（2）构造器创建的对象无法读取构造器的私有属性和方法。　　　　　　　（　　）

3．填空题
（1）Date 对象中获取当前为周几的方法是_____。
（2）var obj = {a: 1, foo: function() { return this.a; }}，执行 obj.foo()的结果是_____。
（3）JavaScript 中 class 继承的关键字是_____。

4．编程题
编写一个包含加减乘除的简易计算器程序。

# 第 6 章

# BOM

## 项目导读

通过第 1 章的学习我们知道,完整的 JavaScript 由 ECMAScript、BOM 和 DOM 三部分组成。其中 ECMAScript 是前面学习的基本语法、对象、数组、函数等,BOM(browser object model)是指浏览器对象模型,它提供了独立于内容的、可以与浏览器窗口进行互动的对象结构,方便开发者使用浏览器开放的功能开发出功能更强大的网站。本章将对 BOM 进行详细讲解。

## 学习目标

- 了解什么是 BOM
- 掌握 window 对象常用属性和方法
- 掌握 location 对象常用属性和方法
- 掌握 history 对象常用属性和方法
- 掌握 navigator 对象常用属性和方法
- 掌握 screen 对象常用属性和方法
- 掌握定时器的使用

## 素质目标

- 树立科技强国、为人民服务的远大理想
- 增强法律意识,正确履行自身的责任和义务

# 6.1 BOM 介绍

在实际的网页开发中，经常需要使用 JavaScript 操作浏览器窗口及窗口上的控件，以实现用户和网页的交互。为便于访问浏览器的部分功能，浏览器为开发者提供了内置对象。这些内置对象统称为浏览器对象，各内置对象按照一定的形式组织起来的模型统称为浏览器对象模型（browser object model，BOM），如图 6-1 所示。

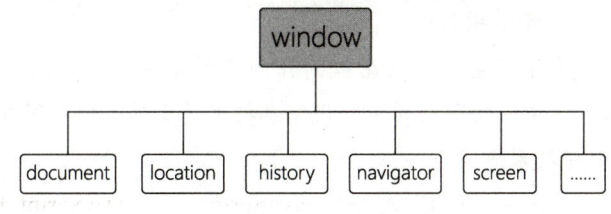

图 6-1 浏览器对象模型

由图 6-1 可以看出，BOM 有一个核心对象 window，它是其他内置对象的基础。其他内置对象都以属性的形式添加在 window 对象下，也可以称为 window 的子对象。例如，document 对象是 window 对象下面的一个属性，同时也是 window 的一个子对象，document 对象本身也拥有很多属性和方法。也就是说，它相对 window 对象来说是个属性，而相对 write() 方法来说又是个对象。

为便于操作和访问浏览器及其控件，每个 window 子对象都提供了一系列属性和方法。下面对 window 对象的常用子对象进行介绍。

（1）document（文档对象）：也称为 DOM 对象，是 HTML 页面当前窗体的内容，也是 JavaScript 的核心内容，使用它可以操作页面上的所有元素。DOM 相关内容将在第 7 章详细讲解，此处不再赘述。

（2）location（地址栏对象）：用于获取或管理浏览器地址栏中的相关数据，如获取当前网页地址，从一个网页跳转到另一个网页等。

（3）history（历史对象）：用于记录浏览器的历史访问操作，使用该对象可返回上一个网页，或前进到下一个网页等。

（4）navigator（浏览器对象）：主要记录浏览器的相关信息，如当前浏览器名称、浏览器版本等。

（5）screen（屏幕对象）：用于获取屏幕相关信息，如当前设备屏幕宽高、屏幕分辨率等。

由于历史原因，BOM 没有明确的规范，现实中存在个别浏览器厂商按照自己的想法随意扩展 BOM 的情况，这就导致各浏览器的 BOM 不一致。W3C（万维网联盟）将各大浏览器通用的 BOM 标准化，形成了 HTML 5 中的规范。前面介绍的几个对象即为标准化的对象，通常各大浏览器都有提供，不过其中个别方法可能仅部分浏览器提供，在开发过程中需要进行兼容处理，否则可能在部分设备上出现异常。

"鸿蒙 2.0" 是基于 OpenHarmony 开源项目的一个商用版本，它能实现安卓手机生态的兼容。OpenHarmony 拥有完备的应用框架、API 接口、驱动和开发工具等，完全有能力实现不同方式的安卓兼容。同时，"鸿蒙 2.0" 为便于与安卓兼容，也遵循相应的许可证，采用了开源的 AOSP，这是一个全世界都可以使用的开源项目。

从此，中国有了具备充分话语权的开源操作系统，这是国人值得骄傲的事。鸿蒙也将加速中国物联网等新一代信息技术的发展，使中国在这一领域可能像 5G 那样引领技术潮流。

## 6.2 window 对象

通过前面的学习我们知道，window 对象是 BOM 的核心对象，提供了浏览器相关方法。除此之外，window 对象还是 ECMAScript 定义的浏览器全局对象，提供了当前浏览器环境的全局作用域。

### 6.2.1 全局作用域

由于 window 对象是 ECMAScript 中的全局对象，所以在全局作用域中声明的变量、函数，以及 JavaScript 中的内置函数，都可以通过 window 对象调用。下面通过实例说明。

【例 6-1】 window 对象的应用。（实例位置：example/ch6/6-1.html）

```
var car = 'bens';
function getCar() {
    return 'byd';
}
console.log(car);                        // 输出结果: bens
console.log(window.car);                 // 输出结果: bens
console.log(getCar());                   // 输出结果: byd
console.log(window.getCar());            // 输出结果: byd
console.log(parseInt(1.8));              // 输出结果 1
```

```
console.log(window.parseInt(1.8));          // 输出结果 1
```

例 6-1 中，在全局作用域中声明了一个变量 car 和一个函数 getCar()，可以看出，调用 car 和 window.car 的输出结果一致，调用 getCar() 和 window.getCar() 的输出结果一致，调用内置函数 parseInt(1.8) 和 window.parseInt(1.8) 的输出结果也一致。实际开发中，在调用全局作用域的变量或者函数时通常会省略 window，直接调用变量或者函数。

在第 5 章 5.2.3 节讲解对象时介绍过，使用 delete 关键字可以删除对象属性。此处要说明的是，在全局作用域定义的变量如果没有显式使用 window.xxx 的形式进行声明，则无法删除该变量。

【例 6-2】  删除在全局作用域定义的变量。（实例位置：example/ch6/6-2.html）

```
var title1 = 'hello';
delete title1;                              // 返回 false;
console.log(title1);                        // 输出结果：hello
window.title2 = 'hello';
delete title2;                              // 返回 true
console.log(window.title2);                 // 输出结果 undefined
```

由例 6-2 可以看出，用 var 关键字定义的全局变量不能使用 delete 关键字删除；而用 window 对象定义的全局变量可以使用 delete 关键字删除。

> **提 示**
>
> 对于一个未定义的变量 x，如果直接使用该变量，浏览器会给出错误提示 "Uncaught ReferenceError: x is not defined"，如果使用 window.x 进行调用，则返回结果为 undefined。

## 6.2.2 系统对话框

系统对话框也是 BOM 的一部分，对话框的样式是浏览器设置好的，开发者无法通过 JavaScript 代码进行修改。系统对话框分为提示型和输入型两种，下面分别介绍。

（1）提示型对话框

提示型对话框主要是通过 alert() 和 confirm() 两个方法实现的，alert() 主要用于系统提示，使用它实现的对话框中包含一段文本和一个确认按钮；confirm() 主要用于让用户选择，使用它实现的对话框又叫选择对话框，其中包含一段文本、一个确认按钮和一个取消按钮，当用户选择确认按钮时，confirm() 将返回 true，当用户选择取消按钮时，confirm() 将返回 false。下面通过实例来看一下这两个方法的应用。

系统对话框

【例 6-3】  提示型对话框和选择对话框的实现。（实例位置：example/ch6/6-3.html）

```
// 提示用户
alert('Hello JavaScript');
```

```
// 让用户进行选择
var result = confirm('Do you like JavaScript? ');
if (result) {
  console.log('yes');
} else {
  console.log('no');
}
```

例 6-3 中，使用 alert()方法弹出一个提示框"Hello JavaScript"；使用 confirm()函数弹出一个选择框，如果选择"确认"按钮，将在控制台显示 yes，如果选择"取消"按钮，将在控制台显示 no。对话框效果如图 6-2 和图 6-3 所示。

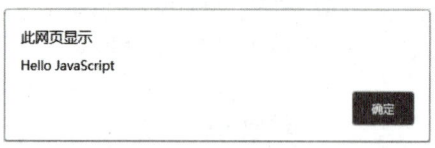

图 6-2 alert()实现的提示框

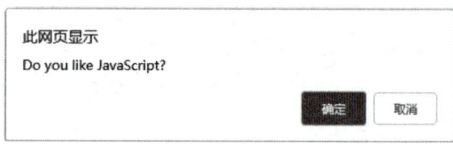

图 6-3 confirm()实现的选择框

（2）输入型对话框

输入型对话框使用 prompt()方法实现，主要用于让用户输入相应内容并提交，其中主要包含一段文本、一个输入框、一个确定按钮和一个取消按钮。当用户输入内容，单击"确定"按钮时，prompt()返回结果为输入内容；当用户单击取消"按钮"时，prompt()返回结果为 null。其使用方法如下：

```
// 提示用户输入内容
var content = prompt('请输入手机号');
console.log(content);                    // 输出结果为用户输入内容
```

上述代码使用 prompt()方法提示用户输入手机号，当输入完成后，单击"确定"按钮，控制台将输出用户输入的内容，提示框效果如图 6-4 所示。

图 6-4 prompt()实现的输入对话框

### 名师点睛

系统对话框弹出时，后续的 JavaScript 代码将暂停执行；当对话框消失后，后续代码又会恢复执行。

## 6.2.3 打开和关闭窗口

BOM 提供了 open()方法，用于在浏览器中打开一个新的网页，语法如下：

```
open(URL, target, features, replace);
```

open()方法包含 4 个参数，URL 表示将要打开的网页地址，如果为空则打开空白页；target 表示网页加载的形式，可选值如表 6-1 所示；features 表示新打开页面的基本属性（如窗口位置、窗口大小等），可选值如表 6-2 所示；replace 表示新页面是否取代浏览器中当前加载的页面，如果 target 属性为打开新窗口，则 replace 属性无效。

> **提示**
>
> features 属性为字符串，多个属性使用逗号分隔，如果 target 属性不是打开新窗口，那么 features 属性设置无效。

表 6-1 target 属性可选值

| 名称 | 说明 |
| --- | --- |
| _blank | 打开一个新窗口，为 target 参数默认值 |
| _self | 在当前窗口访问对应 URL |
| _parent | 在父框架访问对应 URL |
| _top | 在任何可加载的框架集访问对应 URL |
| name | 使用自定义窗口名称打开一个新窗口 |

表 6-2 features 属性可选值

| 名称 | 可选值 | 说明 |
| --- | --- | --- |
| fullscreen | yes\|no | 是否全屏打开窗口，默认值为 no。仅限 IE 浏览器 |
| width | Number | 新窗口宽度，不能小于 100 |
| height | Number | 新窗口高度，不能小于 100 |
| left | Number | 新窗口距离屏幕左侧的位置，不能为负数 |
| top | Number | 新窗口距离屏幕顶部的位置，不能为负数 |
| location | yes\|no | 是否在新窗口中显示地址栏，不同浏览器默认值不同 |
| toolbar | yes\|no | 是否在新窗口中显示工具栏，默认值为 no |
| menubar | yes\|no | 是否在新窗口中显示菜单栏，默认值为 no |
| status | yes\|no | 是否在新窗口中显示状态栏，默认值为 no |
| resizable | yes\|no | 是否可以通过拖动改变新窗口大小，默认值为 no |
| scrollbars | yes\|no | 是否允许新窗口中出现滚动条，默认值为 no |

值得注意的是，使用 open() 方法打开新窗口后，返回值为新窗口的窗口对象，可以使用该对象的 close() 方法关闭窗口，使用方法如下：

```javascript
// 在新窗口中打开百度
var newWindow = open('https://www.baidu.com');
// 关闭新窗口
newWindow.close();
```

下面通过实例说明如何使用 open() 方法打开固定大小的新窗口。

【例 6-4】　在固定大小的窗口中打开百度首页。（实例位置：example/ch6/6-4.html）

（1）新建 HTML 页面并在其中输入 script 代码，定义打开新窗口的函数 openwin()。

```html
<script language="javascript">
    // 在新窗口中打开百度
    function openwin(){
window.open('https://www.baidu.com','_blank','menubar,scrollbars,status,location,height=400,width=600');
    }
</script>
```

（2）在页面中插入一个按钮，并为其添加单击事件，单击按钮执行函数 openwin() 打开新窗口。

```html
<button id="ow" onclick="openwin()">打开新窗口</button>
```

### 提示

建议用 IE 浏览器测试例 6-4 页面，如果用 Chrome 浏览器测试，固定窗口大小效果将不能显示。

### 6.2.4　窗口位置

窗口指的是浏览器窗口，BOM 中有一些用于获取和修改浏览器窗口位置的属性和方法，如表 6-3 所示。

表 6-3　窗口位置相关的属性和方法

| 类别 | 名称 | 说明 |
| --- | --- | --- |
| 属性 | screenLeft | 返回浏览器窗口相对于屏幕左侧的位置 |
| | screenTop | 返回浏览器窗口相对于屏幕顶部的位置 |
| | screenX | 返回浏览器窗口相对于屏幕左侧的位置 |
| | screenY | 返回浏览器窗口相对于屏幕顶部的位置 |
| 方法 | moveTo() | 将浏览器窗口移动到指定位置 |
| | moveBy() | 将浏览器窗口移动到相对当前的位置 |

由表 6-3 可以看出，BOM 提供了 4 个属性获取窗口位置，其中 screenLeft 和 screenX 属性，screenTop 和 screenY 属性有相同的作用，但不同的浏览器对它们的支持程度不同。当需要窗口位置时，可以通过三元表达式进行处理，代码如下：

```
// 获取窗口相对左侧距离
var left = typeof screenLeft === 'number' ? screenLeft : screenX;
// 获取窗口相对顶部距离
var top = typeof screenTop === 'number' ? screenTop : screenY;
```

moveTo()和 moveBy()方法用于移动浏览器窗口的位置，前者为移动到相对于屏幕左侧顶点的位置，后者为移动到相对于窗口当前位置的某个位置。值得注意的是，moveTo()和 moveBy()方法被大部分浏览器禁用，所以调用这两个方法后，浏览器窗口位置有可能没有移动。

## 6.2.5 窗口大小

除了获取窗口位置外，BOM 还提供了获取和改变窗口大小的属性和方法，如表 6-4 所示。

表 6-4 窗口大小相关的属性和方法

| 类别 | 名称 | 说明 |
| --- | --- | --- |
| 属性 | innerWidth | 返回浏览器窗口显示区域宽度 |
| | innerHeight | 返回浏览器窗口显示区域高度 |
| | outerWidth | 返回浏览器窗口完整宽度 |
| | outerHeight | 返回浏览器窗口完整高度 |
| 方法 | resizeTo() | 将浏览器窗口大小改变为指定大小 |
| | resizeBy() | 将浏览器窗口大小改变为相对当前窗口大小 |

由表 6-4 可以看出，BOM 提供了 4 个属性获取窗口大小，其中 innerWidth 和 innerHeight 获取窗口可视区域宽高，outerWidth 和 outerHeight 获取整个浏览器窗口宽高。

resizeTo()和 resizeBy()方法用于改变浏览器窗口的大小，一个是改变窗口大小为指定值，另一个是改变窗口大小为相对当前窗口大小的相对值。值得注意的是，resizeTo()、resizeBy()方法与 moveTo()、moveBy()方法一样，被大部分浏览器禁用，所以调用这两个方法后，浏览器窗口大小可能没有变化。

## 6.2.6 框架操作

一个网页中可能存在多个框架，JavaScript 提供了 frames 属性来获取页面中的所有框架。假设页面中有两个框架，代码如下：

```
<body>
    <iframe name="frame1"></iframe>
    <iframe name="frame2"></iframe>
</body>
```

在 JavaScript 中，可以使用框架名称或者下标的方式获取对应框架元素，代码如下：

```
// 通过框架名称获取
var iframe1 = window.frames.frame1;
// 通过框架下标获取
var iframe2 = window.frames[1];
```

除了从当前网页获取框架对象外，框架中加载的网页同样可以获取到父级窗口的对象和最顶层窗口的对象，代码如下：

```
// 获取父级窗口对象
var parent = window.parent;
// 获取顶层窗口对象
var top = window.top;
```

## 6.2.7 【示例】第三方跳转

在一些导航网站（如 hao123），如果要跳转到第三方网页，系统会提示用户是否进行跳转。本小节使用前面所学知识实现该功能。（实例位置：example/ch6/example6.2.7.html）

### 1. 编写 HTML 代码

创建 HTML 页面并构建基本网页结构，首先在页面中添加<h1>标签展示标题；然后新增三个按钮，分别显示"前往淘宝""前往百度""前往优酷"，代码如下：

```
<h1>第三方跳转</h1>
<button id="taobao">前往淘宝</button>
<button id="baidu">前往百度</button>
<button id="youku">前往优酷</button>
```

### 2. 编写 JavaScript 代码

首先定义一个函数 bindLink()，将按钮和对应跳转链接绑定，其中包含 3 个参数，分别是<button>元素 id，跳转网站名称及跳转网页 URL 地址。在函数内首先获取 id 对应<button>元素，如果元素存在，则监听按钮单击事件。当用户单击按钮时，使用 confirm()提示用户是否跳转到对应网页，如果用户单击"确认"按钮，则使用 open()方法新开窗口跳转到对应网页。最后调用 bindLink()函数绑定 3 个<button>元素的单击事件。

```
// 绑定跳转链接
function bindLink(id, name, url) {
    // 获取当前 id 元素
```

```
      var ele = document.getElementById(id);
      if (ele) {
        // 监听按钮元素单击事件
        ele.addEventListener('click', function() {
          // 提示用户是否跳转到对应网页
          if(confirm('确认前往'+ name + '?')) {
            // 在新窗口中打开网页
            open(url, '_blank');
          }
        });
      }
    }
    bindLink('taobao', '淘宝', 'https://www.taobao.com');
    bindLink('baidu', '百度', 'https://www.baidu.com');
    bindLink('youku', '优酷', 'https://www.youku.com');
```

在浏览器中打开网页 example6.2.7.html，单击"前往淘宝"按钮，会收到提示信息"确认前往淘宝？"，当单击"确认"按钮时，会新打开一个窗口并加载淘宝网页。

## 6.3 location 对象

location 对象是 BOM 中最重要的对象之一，主要用于获取或管理浏览器地址栏中的相关数据及获取当前文档相关信息。

### 6.3.1 URL

在讲解 location 对象之前，首先需要了解 URL。URL 全称为统一资源定位符（uniform resource locator），是用于访问某个网页的地址标识，方便用户在浏览器地址栏输入并访问对应网页。

location 对象

URL 通常由网络协议、网站域名、网页路径、端口号、参数、哈希值几部分组成，示例如下：

```
http://www.demo.com/location/index:80?q=1&s=2#title
```

上述代码中，"http:"代表网络协议，本地文件的协议通常为"file:"；"www.demo.com"代表网站域名；"/location/index"代表网页路径；":80"代表端口号；"?q=1&s=2"代表查询参数，查询参数以?开始，多个参数使用&连接；"#title"代表网页的 hash 值，通常也称为锚点，使用锚点可以定位到网页中的某个位置。

> **提示**
>
> 使用 http 协议的 URL 默认会带上 80 端口，所以在浏览器地址栏中输入网址时，一般不需要输入端口号。

**科技之光**

互联网中通过 URL 可以定位网页的位置，在现实生活中，与其相似的现象屡见不鲜，如 Wifi 定位、基站定位和卫星定位等。2020 年 6 月 23 日，我国第 55 颗北斗导航卫星成功发射。这颗收官之星在北斗三号全球星座组网"大棋局"的落子定盘，标志着北斗三号全球系统星座的部署已经全面完成。

北斗系统已成为中国实施改革开放 40 多年来取得的重要成就之一。作为中国自主建设、独立运行的全球卫星导航系统，随着应用的深入，北斗的大国重器角色日渐浓重。北斗三号全球系统可为全球提供全天候、全天时、高精度的定位导航授时服务，这不仅意味着前辈先驱数十年来"初心"终于实现，也预示着我们即将迎来一个更好的"北斗时代"。

## 6.3.2 常用属性和方法

location 对象的常用属性和方法如表 6-5 所示。

表 6-5 location 对象常用属性和方法

| 类别 | 名称 | 说明 |
|---|---|---|
| 属性 | href | 返回完整的 URL 路径 |
| | protocol | 返回 URL 的协议 |
| | host | 返回 URL 的域名，包含端口号 |
| | hostname | 返回 URL 的域名，不含端口号 |
| | pathname | 返回 URL 的路径 |
| | port | 返回 URL 的端口号 |
| | search | 返回 URL 的参数 |
| | hash | 返回 URL 的 hash 值 |
| 方法 | reload() | 刷新当前 URL 的页面 |
| | replace() | 使用另一个 URL 地址替换当前 URL |
| | assign() | 跳转到另一个 URL |

由表 6-5 可知，使用 location 对象的属性可以获取当前 URL 的大部分信息。在日常开发中，通常通过获取 URL 地址传递的参数执行指定的操作。例如，利用 search 属性获取 URL 地址中的参数，实现商品的搜索、排序等，假设用户在地址栏中输入 https://www.taobao.com/search.html?goods=hat&price=80，那么可以使用以下语句获取参数 "?goods=hat&price=80"。

```
location.search;
```

另外，也经常通过对 href 属性赋值进行网页的跳转，代码如下：

```
// 从当前网页跳转到百度
location.href = 'https://www.baidu.com';
```

除了通过对 href 属性赋值实现跳转之外，使用 location 对象的三个方法同样可以实现网页跳转，代码如下：

```
// 直接刷新当前网页
location.reload();
// 使用百度替换当前网页
location.replace('https://www.baidu.com');
// 从当前网页跳转到百度
location.assign('https://www.baidu.com');
```

上述代码中，replace()和 assign()方法都是进行页面跳转，但它们存在不同之处，replace()方法会使用新网页地址替换掉当前网页地址，之后没法通过后退返回当前页面；assign()方法是跳转到新网页地址，可以通过浏览器后退按钮返回到当前页面。6.4 节的 history 对象中，会对浏览器历史记录进行详细介绍。

> 🔍 **拓展阅读**
>
> location 对象是一个特殊的对象，它既是 window 对象的属性，也是 document 对象的属性，也就是说，window.location 和 document.location 指向的是同一个对象。在日常开发中通常使用 window.location 或直接使用 location。

## 6.4　history 对象

history 对象存储着浏览器当前窗口访问过的所有网页历史记录，使用它可以对用户访问过的网页历史记录进行操作。

### 6.4.1　常用属性和方法

history 对象的常用属性和方法如表 6-6 所示。

表 6-6　history 对象常用属性和方法

| 类别 | 名称 | 说明 |
| --- | --- | --- |
| 属性 | length | 历史列表中的网址数 |
| | state | 当前历史记录状态值，仅 pushState()和 replaceState()生成的历史记录才有值，默认为 null |
| | scrollRestoration | 前进后退滚动行为，可选值为 auto、manual |
| 方法 | back() | 返回上一个历史记录 |
| | forward() | 前进到下一个历史记录 |
| | go() | 前往某一个历史记录 |
| | pushState() | 新创建一个历史记录，不会刷新页面 |
| | replaceState() | 新创建一个历史记录，覆盖当前历史记录，不会刷新页面 |

表 6-6 所列方法中，go()方法支持传入一个数字，传入正数表示前进指定页数，传入负数表示后退指定页数，代码如下：

```
// 后退 2 个页面
history.go(-2);
// 前进 3 个页面
history.go(3);
```

> **提 示**
>
> 值得注意的是，go(-1)和 back()方法功能一致，都表示返回到上一个页面；go(1)和 forward()方法功能一致，都表示前进到下一个页面。

## 6.4.2　【示例】模拟浏览器前进后退

为了让读者能更好地理解 history 的属性和方法的应用，本节使用它们制作一个模拟浏览器前进后退的案例。（实例位置：example/ch6/history1.html，example/ch6/history2.html，example/ch6/history3.html）

### 1. 制作 history1.html 页面

（1）新建 HTML 页面"history1.html"并构建基本网页结构，首先在网页中添加<h1>标签显示网页标题，然后添加 3 个按钮，分别为"新打开网页""前进"和"获取历史长度"，代码如下：

```
<h1>history1</h1>
<button id="new">新打开网页</button>
<button id="forward">前进</button>
```

```
<button id="length">获取历史记录长度</button>
```
（2）添加<script></script>标签对，然后在其中添加以下代码。
```
document.getElementById('new').onclick = function() {
    // 跳转到history2.html
    location.href = 'history2.html';
}
document.getElementById('forward').onclick = function() {
    // 前进到下一个页面
    history.forward();
}
document.getElementById('length').onclick = function() {
    // 获取当前历史记录长度
    alert('历史记录长度为' + history.length);
}
```
JavaScript 分别监听 3 个按钮的单击事件，单击第一个按钮时跳转到 history2.html，单击第二个按钮时调用 history.forward()前往下一个页面，单击第三个按钮时获取当前历史记录长度。

### 2. 制作 history2.html 页面

（1）新建 HTML 页面"history2.html"并构建基本网页结构，首先在网页中添加<h1>标签显示网页标题，然后在网页中添加 4 个按钮，分别为"新打开网页""前进""后退"和"获取历史记录长度"，代码如下：
```
<h1>history2</h1>
<button id="new">新打开网页</button>
<button id="forward">前进</button>
<button id="back">后退</button>
<button id="length">获取历史记录长度</button>
```
（2）添加<script></script>标签对，然后在其中添加以下代码。
```
document.getElementById('new').onclick = function() {
    // 跳转到history3.html
    location.href = 'history3.html';
}
document.getElementById('forward').onclick = function() {
    // 前进到下一个页面
    history.forward();
}
document.getElementById('back').onclick = function() {
```

```
    // 返回到上一个页面
    history.back();
}
document.getElementById('length').onclick = function () {
    // 获取当前历史记录长度
    alert('历史记录长度为' + history.length);
}
```

JavaScript 分别监听 4 个按钮的单击事件，单击第一个按钮时跳转到 history3.html，单击第二个按钮时调用 history.forward()前往下一个页面，单击第三个按钮时调用 history.back()返回上一个页面，单击第四个按钮时获取当前历史记录长度。

### 3. 制作 history3.html 页面

（1）新建 HTML 页面"history3.html"并构建基本网页结构，首先在网页中添加<h1>标签显示网页标题，然后在 HTML 中新增 3 个按钮，分别为"返回""回到 history1"和"获取历史记录长度"，代码如下：

```
<h1>history3</h1>
<button id="back">返回</button>
<button id="go">回到 history1</button>
<button id="length">获取历史记录长度</button>
```

（2）添加<script></script>标签对，然后在其中添加以下代码。

```
document.getElementById('back').onclick = function () {
    // 返回到上一个页面
    history.back();
}
document.getElementById('go').onclick = function () {
    // history1 为当前页面之前的第 2 个历史记录，调用 history.go(-2)返回到 history1
    history.go(-2);
}
document.getElementById('length').onclick = function () {
    // 获取当前历史记录长度
    alert('历史记录长度为' + history.length);
}
```

JavaScript 分别监听 3 个按钮的单击事件，单击第一个按钮时调用 history.back()方法返回上一个页面，单击第二个按钮时调用 history.go(-2)返回 history1，单击第三个按钮时获取当前历史记录长度。

以上示例使用 3 个页面实现了浏览器的前进后退功能，并支持从第三个页面返回到第一个页面，效果如图 6-5、图 6-6 和图 6-7 所示。

图 6-5　history1　　　　　　　　　　图 6-6　history2

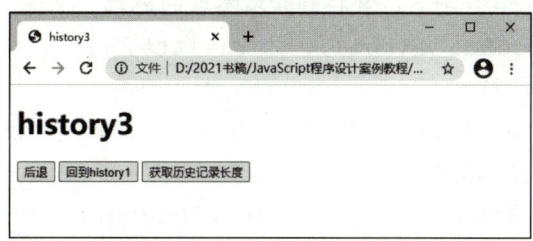

图 6-7　history3

## 6.4.3　【示例】无刷新网页跳转

通常使用<a>标签和 location.href 实现网页跳转时，浏览器会变更 URL 然后刷新当前网页。本节将使用 pushState()和 replaceState()两个方法实现变更 URL 但不刷新当前网页的效果，这两个方法的语法如下：

```
history.pushState(state, title, url);
history.replaceState(state, title, url);
```

pushState()和 replaceState()支持传入同样的参数，它们的区别是，前者会改变 URL 并生成一条历史记录，后者会改变 URL 但不生成新的历史记录。其中 state 参数表示当前历史记录的一个状态标识，是一个 object 类型的数据，可以通过 history.state 获取；title 表示页面标题，大部分浏览器会忽略此参数；url 表示欲跳转到的网页网址（必须与当前页面处在同一个域中）。执行方法之后，浏览器的地址栏中将显示最后添加或修改的网址。

下面通过示例实现无刷新网页跳转。（实例位置：example/ch6/example6.4.3.html）

### 1. 编写 HTML 代码

创建 HTML 页面并构建基本网页结构，首先在页面中添加<h1>标签展示标题；然后新增三个按钮，分别为"pushState""replaceState"和"获取历史记录长度"，代码如下：

```
<h1>无刷新跳转</h1>
<button id="push">pushState</button>
<button id="replace">replaceState</button>
<button id="length">获取历史记录长度</button>
```

## 2. 编写 JavaScript 代码

添加<script></script>标签对，然后在其中添加以下代码。

```javascript
document.getElementById('push').onclick = function() {
    // 使用pushState()跳转到新增参数的地址
    history.pushState(null, '', '?x=5');
}
document.getElementById('replace').onclick = function() {
    // 使用replaceState()替换到新增参数的地址
history.replaceState(null, '', '?a=1&b=2');
}
document.getElementById('length').onclick = function() {
    // 获取当前历史记录长度
    alert('历史记录长度为: ' + history.length);
}
```

使用 JavaScript 绑定 pushState 按钮的单击事件，当触发单击时，调用 pushState()方法改变 URL 地址；绑定 replaceState 按钮的单击事件，当触发单击时，调用 replaceState()方法改变 URL 地址；绑定"获取历史记录长度"按钮的单击事件，当触发单击时，使用系统对话框显示当前历史记录长度。

使用浏览器打开 example6.4.3.html，效果如图 6-8 所示。单击"pushState"按钮，将改变浏览器地址栏（见图 6-9），此时历史记录长度为 2；单击"replaceState"按钮，将改变浏览器地址栏（见图 6-10），此时历史记录长度依然为 2。

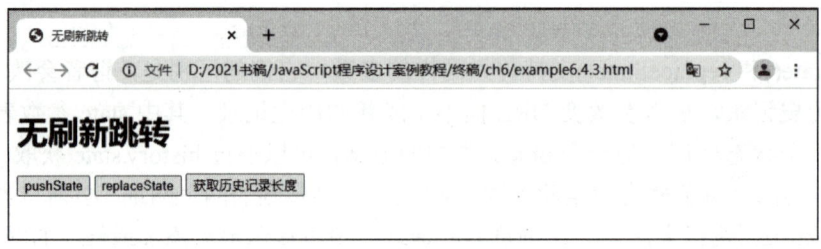

图 6-8 初始状态

图 6-9 调用 pushState()

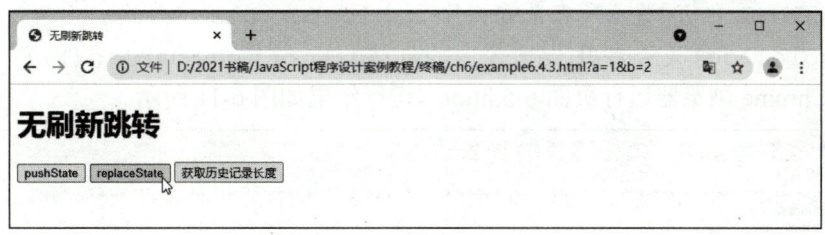

图 6-10 调用 replaceState()

## 6.5 navigator 对象

navigator 对象主要用于获取浏览器相关信息。每个浏览器的 navigator 对象都有一套自己的属性，我们不可能一一介绍，所以本节仅介绍主流浏览器支持的属性和方法，如表 6-7 所示。

表 6-7 navigator 属性和方法

| 类别 | 名称 | 说明 |
| --- | --- | --- |
| 属性 | userAgent | 浏览器相关信息，用于在 http 请求中发送给服务端 |
| | language | 浏览器语言 |
| | cookieEnabled | 是否开启浏览器 cookie |
| | appName | 完整浏览器名称，一般和实际浏览器不一致 |
| | appCodeName | 浏览器名称，几乎所有浏览器该值都为 Mozilla |
| | appVersion | 浏览器版本和平台信息 |
| | platform | 浏览器所在的操作系统平台 |
| 方法 | sendBeacon() | 发送网络请求信息 |
| | javaEnabled() | 是否在浏览器中启用 Java |

表 6-7 列出了 navigator 相关属性和方法，使用它们可以获取浏览器的常见信息，下面通过一个实例获取 Chrome 浏览器的基本信息。

【例 6-5】 获取 Chrome 浏览器基本信息。（实例位置：example/ch6/6-5.html）

```
console.log('userAgent: ', navigator.userAgent);
console.log('浏览器语言：', navigator.language);
console.log('是否开启 cookie: ', navigator.cookieEnabled);
console.log('完整浏览器名称:', navigator.appName);
console.log('浏览器名称：', navigator.appCodeName);
console.log('浏览器版本:', navigator.appVersion);
```

```
console.log('浏览器所在系统：', navigator.platform);
console.log('是否启用java: ', navigator.javaEnabled());
```
使用 Chrome 浏览器运行页面 6-5.html，运行结果如图 6-11 所示。

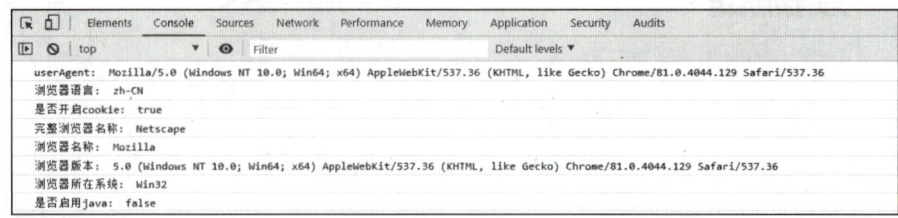

图 6-11　浏览器信息

### 拓展阅读

由于一些历史原因，navigator 对象提供的属性大多不能反映当前浏览器的真实情况，如 appCodeName 在非火狐浏览器上同样返回 Mozilla。日常开发中常使用 userAgent 属性判断网页当前运行环境。

## 6.6　screen 对象

screen 对象用于获取当前设备屏幕的相关信息，如设备屏幕的宽度和高度等。需要注意的是，不同浏览器的 screen 对象可能支持不同的属性。表 6-8 展示了主流浏览器支持的 screen 对象属性。

表 6-8　screen 对象属性

| 名称 | 说明 |
| --- | --- |
| width | 返回设备屏幕宽度 |
| height | 返回设备屏幕高度 |
| availWidth | 返回设备屏幕可用宽度 |
| availHeight | 返回设备屏幕可用高度 |
| availTop | 返回屏幕顶部第一个像素点 |
| availLeft | 返回屏幕左侧第一个像素点 |
| colorDepth | 返回屏幕色彩深度 |
| pixelDepth | 返回屏幕像素点 |
| orientation | 返回屏幕当前方向，主要应用于手机等移动设备 |

日常开发中，可以通过将屏幕宽高和浏览器宽高进行对比，判断用户浏览器是否处于全屏状态；还可以根据用户屏幕大小的不同，显示不同大小的图片等。下面通过实例介绍获取浏览器屏幕信息的方法。

【例 6-6】 获取设备屏幕相关信息。（实例位置：example/ch6/6-6.html）

```
console.log(screen.width);          // 示例输出结果： 1920
console.log(screen.height);         // 示例输出结果：1080
console.log(screen.availWidth);     // 示例输出结果： 1920
console.log(screen.availHeight);    // 示例输出结果：1040
console.log(screen.colorDepth);     // 示例输出结果： 24
console.log(screen.pixelDepth);     // 示例输出结果： 24
```

## 6.7 定时器

JavaScript 定时器有 setTimeout()和 setInterval()两个方法，下面分别对两者进行介绍。

定时器

### 6.7.1 setTimeout()

setTimeout()方法是在指定的毫秒数后调用函数或计算表达式，其语法如下：

```
setTimeout(func, timeout);
```

setTimeout()方法支持传入两个参数，分别是回调函数和超时时间，超时时间单位为 ms（毫秒）。调用 setTimeout()方法之后，待过了超时时间，将会执行一次回调函数。下面通过一个实例展示 setTimeout()的用法。

【例 6-7】 setTimeout()的用法。（实例位置：example/ch6/6-7.html）

```
setTimeout(function () {
    console.log('setTimeout');
}, 1000);
console.log('hello');
```

运行上述实例，先会在控制台输出 hello，1s 之后输出 setTimeout。

调用 setTimeout()方法之后会返回一个数值 ID，浏览器提供了一个 clearTimeout(数值 ID)函数来清除这个定时器。在 setTimeout()的超时时间还未到时使用 clearTimeout()，将不会再执行 setTimeout()的回调函数，代码如下：

```
var timeoutId = setTimeout(function () {
    console.log('setTimeout');
```

```
}, 1000);
clearTimeout(timeoutId);
```

运行上述代码,将不会在控制台输出 setTimeout。

### 6.7.2　setInterval()

与 setTimeout()不同的是,使用 setInterval()创建的定时器每间隔一定时间,就会执行一次对应代码,可以将 setInterval()理解为 setTimeout()的无限循环版本,其语法格式如下:

```
setInterval(func, timeout);
```

setInterval()方法也支持传入两个参数,分别是回调函数和超时时间,超时时间单位为 ms(毫秒)。在调用 setInterval()方法之后,每间隔一段时间,就会执行一次回调函数。下面通过实例展示 setInterval()的用法。

【例 6-8】　setInterval()的用法。(实例位置:example/ch6/6-8.html)

```
setInterval(function () {
    console.log('setInterval');
}, 1000);
console.log('hello');
```

运行上述页面,会先在控制台输出 hello,然后每间隔 1s 输出一个 setInterval,并不断循环输出。

和 setTimeout()类似,调用 setInterval()之后会返回一个数值 ID,BOM 提供了 clearInterval(数值 ID)函数清除这个定时器。当满足一定条件后调用 clearInterval()函数,可清除 setInterval()中回调函数的执行。

【例 6-9】　使用 clearInterval()控制 setInterval()中回调函数的执行。(实例位置:example/ch6/6-9.html)

```
var i = 0;
var max = 5;
var intervalId = setInterval(function () {
    i++;
    if(i >= max) {
        clearInterval(intervalId);
    }
    console.log(i);
}, 1000);
```

例 6-9 定义了一个初始值 i 等于 0,一个最大值 max 等于 5,调用 setInterval()函数开启定时器,间隔时间为 1s。在回调函数中,每次将 i 加 1,当 i 大于等于 max 值时,则调用 clearInterval()函数清除定时器。网页运行结果是,间隔 1s 在控制台依次输出 1,2,3,4,5。

## 6.7.3 【示例】实现计时器

在手机或者其他智能设备上都存在计时器，本节就利用前面所学知识，实现一个支持开始、暂停、停止的计时器。（实例位置：example/ch6/example6.7.3.html）

### 1. 编写 HTML 代码

创建 HTML 页面并构建基本网页结构，首先在页面上添加<h1>标签展示标题；然后新增 1 个<p>标签，并在<p>标签中添加 5 个<span>标签，其中 3 个<span>标签用于显示时、分、秒；接着在<p>标签下方新增"开始""暂停""停止"3 个按钮，代码如下：

```html
<h1>实现计时器</h1>
<p>
  <span id="hour">00</span>
  <span>:</span>
  <span id="minute">00</span>
  <span>:</span>
  <span id="second">00</span>
</p>
<button id="start">开始</button>
<button id="pause">暂停</button>
<button id="stop">停止</button>
```

### 2. 编写 JavaScript 代码

添加<script> </script>标签对，然后在其中添加以下代码。

```javascript
// 初始时间
  var hour = 0;
  var minute = 0;
  var second = 0;
  // 计时器 ID
  var intervalId;
  // 简化获取 DOM 元素操作
  function getEleById(id) {
    return document.getElementById(id);
  }
  // 补零函数，满足显示效果
  function addZero(num) {
    return num >= 10 ? num : '0' + num;
  }
```

```javascript
// 将时分秒设置到页面上
function setTimeOnDOM() {
  getEleById('hour').innerText = addZero(hour);
  getEleById('minute').innerText = addZero(minute);
  getEleById('second').innerText = addZero(second);
}
getEleById('start').onclick = function() {
  // 如果计时器存在，直接返回，避免重新创建计时器。
  if (intervalId) {
    return;
  }
  // 开启计时器
  intervalId = setInterval(function() {
    // 秒数+1
    second++;
    // 如果到了60秒，则秒数设为0，分钟+1
    if (second >= 60) {
      second = 0;
      minute++;
    }
    // 如果到了60分钟，则分钟设为0，小时+1
    if (minute >= 60) {
      minute = 0;
      hour++;
    }
    // 如果到了24小时，则清除计时器
    if (hour >= 24) {
      clearInterval(intervalId);
    }
    // 将时间设置到页面上
    setTimeOnDOM();
  }, 1000);
}
getEleById('pause').onclick = function() {
  // 清除计时器
  clearInterval(intervalId);
  intervalId = null;
```

```
  }
  getEleById('stop').onclick = function() {
    // 清除计时器
    clearInterval(intervalId);
    intervalId = null;
    // 将时分秒初始值设置为 0
    hour = minute = second = 0;
    // 将时间设置到页面上
    setTimeOnDOM();
  }
```

上述代码首先定义了 3 个变量（存放初始时间）和一个计时器 ID；然后定义了一个 getEleById()函数简化获取 DOM 元素的操作；接着定义了一个 addZero()函数对时间进行补零操作，如 5s，在页面上要显示成"05"；之后定义了一个 setTimeOnDOM()函数将当前时间设置到页面上；最后监听三个按钮的单击事件。

在"开始"按钮的单击事件里，如果计时器已经存在，则直接返回，不再创建新的计时器；否则使用 setInterval()函数创建一个计时器，每间隔 1 秒钟执行一次。在计时器中，首先将秒数加 1，如果秒数大于等于 60，则将秒数设置为 0，分钟数加 1；如果分钟数大于等于 60，则将分钟数设置为 0，小时加 1；如果小时大于 24，则清除计时器。最后将当前时间设置到页面上。

在"暂停"按钮的单击事件里，使用 clearInterval()函数清除计时器，同时将 intervalId 变量设置为空。

在"停止"按钮的单击事件里，使用 clearInterval()函数清除计时器，同时将 intervalId 变量设置为空，并将时、分、秒变量重置为初始值 0，最后设置初始值到页面上。

在浏览器中运行示例，单击"开始"按钮，计时器开始运行，效果如图 6-12 所示。

图 6-12　实现计时器

# 综合案例：限时秒杀活动

随着网络购物的盛行，很多电商平台为了增加流量而经常开展限时秒杀活动。本节使用前面所学知识实现一个限时秒杀活动。

### 1. 创建抢购页面

创建 HTML 文档并构建基本网页结构，首先在页面上添加<img>标签展示抢购图片；然后新增一个<p>标签，并在其中添加 5 个<span>标签，第一个<span>标签显示抢购文案，其他<span>标签显示倒计时；最后新增一个"抢购"按钮。（实例位置：example/ch6/综合案例/spike_in_time.html）

```html
<img src="./ms.jpg">
<p>
<span>秒杀倒计时：</span>
<span id="minute">01</span>
<span>分</span>
<span id="second">00</span>
<span>秒</span>
</p>
<button id="buy">抢购</button>
```

### 2. 编写抢购页面 JavaScript 代码

添加<script> </script>标签对，然后在其中添加以下代码。

```javascript
// 倒计时时间初始值为 60 秒，60 秒倒计时结束才能抢购
var time = 60;
// 抢购次数，单击"抢购"按钮 3 次后才允许抢购成功
var clickNum = 0;
// 补零函数，满足显示效果
function addZero(num) {
    return num >= 10 ? num : '0' + num;
}
// 开启定时器
var intervalId = setInterval(function() {
    // 当前时间减 1
    time--;
    // 计算倒计时分钟和秒数
    var minute = parseInt(time / 60);
```

```
    var second = time % 60;
    // 设置分钟和秒数到页面上,实现倒计时效果
document.getElementById('minute').innerText = addZero(minute);
document.getElementById('second').innerText = addZero(second);
    // 倒计时结束,清除定时器
    if (time <= 0) {
      clearInterval(intervalId);
    }
}, 1000);
document.getElementById('buy').onclick = function() {
    // 倒计时未结束,提示用户还未到抢购时间
    if (time > 0) {
      alert('还未到抢购时间,请稍等');
      return;
    }
    // 抢购次数小于3次,提示用户抢购失败
    if (clickNum < 3) {
      alert('抢购失败,请重试');
      clickNum++;
      return;
    }
    // 抢购成功后,提示用户输入手机号
    var phone = prompt('抢购成功!请填写收货手机号');
    // 用户单击取消,直接返回
    if (phone === null) {
      return;
    }
    // 用户未填写手机号,提示用户
    if (phone.length <= 0) {
      alert('请填写收货手机号');
      return;
    }
    // 跳转到抢购成功页面,并将用户输入的手机号加到 URL 中
    location.href = 'spike_in_time_result.html?phone=' + phone;
}
```

上述代码,首先定义倒计时初始值为 60 秒,单击次数初始值为 0;然后定义一个 addZero()函数用于补零;接着开启定时器,每隔 1 秒执行一遍定时器回调函数;在回调函

数中首先让倒计时减 1，然后计算当前的分钟和秒数并显示到页面上；最后当倒计时小于等于 0 时，清除定时器。

定义"抢购"按钮单击事件，当用户单击"抢购"按钮时，首先判断倒计时是否结束，未结束则提示用户"抢购未开始"；然后判断用户抢购次数是否超过 3 次，如果抢购次数小于 3 次，提示用户"抢购失败"；抢购成功后提示用户输入手机号，如果用户未输入手机号，则提示"请填写收货手机号"；最后跳转到抢购成功页面，并在 URL 中加上用户输入的手机号。

### 3. 创建抢购成功页面

创建 HTML 页面并构建基本网页结构，首先在页面上添加<h1>标签展示标题，然后添加两个<span>标签，分别显示提示文案和用户手机号。（实例位置：example/ch6/综合案例/spike_in_time_result.html）

```
<h1>限时秒杀成功</h1>
<span>收货手机号：</span>
<span id="phone"></span>
```

### 4. 编写抢购成功页面 JavaScript 代码

使用 6.3 节所学知识，定义一个获取 URL 参数的函数 getURLQuery(key)，获取用户输入的手机号，然后显示到页面上。

我们知道，使用 location 对象的 search 属性可以获取 URL 中的所有参数，但是不支持获取 URL 中的个别参数值，而日常开发中经常需要获取 URL 某一个参数的值，此处定义的 getURLQuery(key)函数便实现了该功能，它支持获取 URL 中某一个参数的值。

```
// 定义获取参数的方法
function getURLQuery(key) {
    // 将参数?a=1&b=2 转化为 a=1&b=2
var queryString=location.search.length > 0 ? location.search.substring(1):'';
    // 将 a=1&b=2 转化成数组['a=1', 'b=2']
    var queryArray = queryString.split('&');
    // 定义一个空对象
    var obj = {};
    // 遍历参数数组
    queryArray.forEach(function(value) {
        // 将 a=1 转化成数组['a', '1']
        var arr = value.split('=');
        // 以"="左边作为对象的 key，右边作为对象的值
        // 最终 obj 对象转化为{ a: 1, b: 2 }
        obj[arr[0]] = arr[1];
    });
```

```
    // 返回需要获取参数的值，如果参数不存在，则返回空
    return obj[key] || null;
}
// 将 URL 上的手机号显示到页面上
document.getElementById('phone').innerText = getURLQuery('phone');
```

参数 key 为所要获取的参数，函数内部首先将参数转化为一个参数数组；然后遍历参数数组，将参数转化成一个对象形式；之后通过对象取值的方式获取传入参数的对应值；最后调用 getURLQuery()函数，返回参数值，并将其显示到页面上。

## 法制热点

随着网络购物平台的"秒杀"活动越来越多，许多不法分子也"嗅到商机"，妄图借机牟取暴利，如"代拍秒杀"。职业代拍者利用代拍软件，用机器与消费者拼手速。调查显示，消费者仅花费 20 元左右，便能享受一些商家的"代拍秒杀"服务，大大增加其买到优惠、限量商品的概率，抢不中还能全额退款。"只要你想要，我都帮你买到"，代拍商家打出的惹眼广告，还是能让不少消费者心动。

但是，"代拍秒杀"是实打实的违法行为。其一，通过非法手段牟利；其二，破坏市场秩序，损害消费者利益；其三，侵犯消费者隐私，埋下无穷隐患。

中国电商行业的蓬勃发展中不可避免会出现问题，"代拍秒杀"便是其中之一。对此，只有及时止损，斩断非法链条，才能将电商经济扶回法治轨道，实现行业健康有序发展。

## 本章总结

本章首先简单介绍了 BOM 及其基本组成；然后介绍了 BOM 的核心对象 window，以及 window 的常用属性和方法；之后介绍了 location 对象及其常用属性和方法；接着通过模拟浏览器前进后退讲解了 history 对象及其常见用法；最后介绍了 navigator 对象、screen 对象和定时器的相关知识。另外，为便于读者学以致用，本章最后制作了一个"限时秒杀活动"的综合案例。通过本章的学习，读者应重点掌握 window 对象、location 对象、history 对象、navigator 对象的常用属性和方法，并掌握定时器的使用方法。

## 课后习题

1. 选择题

（1）以下不属于 BOM 的对象是（    ）。
　　A．navigator　　　　B．location　　　　C．history　　　　D．time
（2）以下不属于浏览器自带弹窗的函数是（    ）。
　　A．alert()　　　　B．dialog()　　　　C．confirm()　　　　D．prompt()
（3）以下 location 对象的属性，能获取完整 URL 的是（    ）。
　　A．href　　　　B．pathname　　　　C．host　　　　D．hash

2. 判断题

（1）history.go(1)是前进到下一个页面。　　　　　　　　　　　　　　（    ）
（2）location.replace()方法跳转页面后会创建新的浏览器历史记录。　　（    ）
（3）window 是所有 BOM 对象的父对象。　　　　　　　　　　　　　（    ）

3. 填空题

（1）获取 history 对象历史记录长度的属性是_____。
（2）能够定时执行一次的定时器函数是_____。
（3）location 对象中能直接刷新当前页面的函数是_____。
（4）获取浏览器屏幕宽度的属性是_____。

4. 编程题

实现一个红绿灯效果，每次红灯亮 10 秒，黄灯亮 3 秒，绿灯亮 8 秒，并在红绿灯右侧显示倒计时，效果如图 6-13 所示。

图 6-13　红绿灯效果

# 第 7 章

# DOM

## 项目导读

DOM 全称为 Document Object Model（文档对象模型），它为开发者提供了操作 HTML 元素和文档节点的属性和方法，方便开发者使用这些属性和方法开发出功能更强大的网站。本章将对 DOM 进行详细讲解。

## 学习目标

- 了解什么是 DOM
- 了解 HTML 节点树
- 掌握常见 HTML 元素操作
- 掌握常见 DOM 节点操作

## 素质目标

- 发扬精益求精的工匠精神，养成严谨的科学作风
- 了解国家政策，心系国家建设，树立技能报国的人生理想

## 7.1 DOM 介绍

### 7.1.1 什么是 DOM

DOM 是 JavaScript 操作 HTML 文档的重要手段。利用 DOM 可以获取和访问 HTML 文档的任何元素，还可以动态地在 HTML 文档中添加或修改元素、属性及样式等。

DOM 的前身为 Netscape 和微软创造的 DHTML（动态 HTML）。1998 年 10 月，DOM1（DOM Level 1）正式成为 W3C 的推荐标准。随着网页技术的发展，DOM2（DOM Level 2）、DOM3（DOM Level 3）及 DOM4（DOM Level 4）相继出现。DOM2 发布于 2000 年 11 月，其在 DOM1 的基础上新增了节点操作方法，提供了访问和改变 CSS 样式的能力。DOM3 发布于 2004 年 4 月，其在 DOM2 基础上新增了一些事件及加载与保存模块。目前 DOM 已经被大部分浏览器所支持。

### 7.1.2 HTML 节点树

HTML 文档包含许多标签，标签加上其中的内容就组成了元素，这些元素共同组成了一个完整的树形结构。标签也称为节点（node），因此一个完整的 HTML 文档可以看作是由标签组成的节点树，各节点处在节点树的不同位置，具体示例如下：

```html
<!DOCTYPE html>
<html lang="zh-CN">
<head>
  <meta charset="UTF-8"/>
  <title>HTML 节点树</title>
</head>
<body>
  <h1>DOM</h1>
  <div>
    <a href="#">hello</a>
  </div>
</body>
</html>
```

上述代码中，不同的 HTML 标签有不同的作用，如<title>标签标识网页标题，<a>标签标识网页链接；不同的标签又具有不同的属性，如<a>标签具有 href 属性；不同的标签中也包含不同的内容。一般把标签称为元素节点；属性称为属性节点；标签中的内容，如文本称为文本节点；HTML 文档中的注释称为注释节点。一个完整的 HTML 节点树如图 7-1 所示。

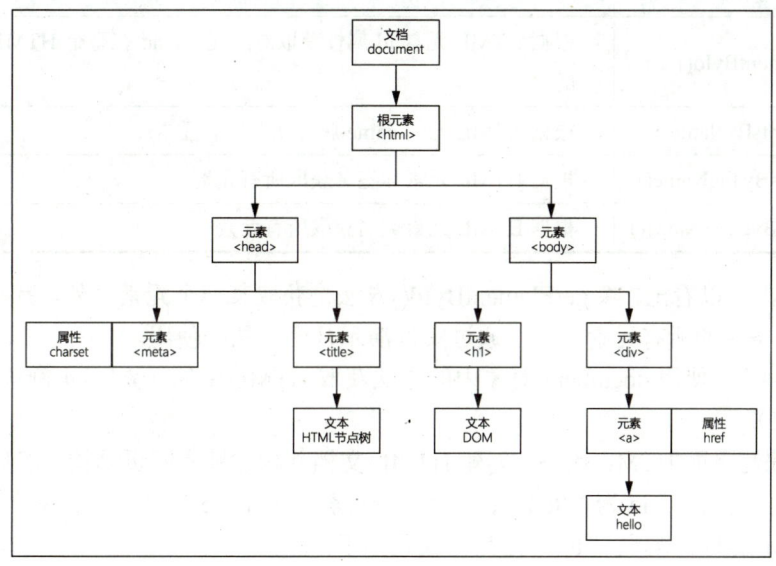

图 7-1　HTML 节点树

图 7-1 展示了 HTML 节点树中的各节点及它们之间的关系，下面简单介绍常见节点类别。

（1）根节点：<html>是整个 HTML 节点树的根节点，一个 HTML 文档仅有一个 html 元素。

（2）子节点：子节点为某个元素节点的下级节点，如<head>和<body>为<html>元素的子节点，通常一个 HTML 文档仅有一个<head>和一个<body>元素。

（3）父节点：父节点为某个节点的上级节点，如<head>元素为<meta>元素和<title>元素的父节点。

（4）兄弟节点：兄弟节点为拥有同一个父节点的节点，如<h1>元素和<div>元素为兄弟节点。

（5）叶节点：叶节点为无子节点的节点，如文本节点 hello。

## 7.2　HTML 元素操作

日常开发中，经常需要对 HTML 文档元素进行操作，如获取某个元素，修改某个元素内容，修改元素样式等。下面将对常见 HTML 元素操作进行介绍。

### 7.2.1　获取元素

通常利用 document 对象中的方法来获取 HTML 中的元素，具体如表 7-1 所示。

表 7-1 获取元素的方法

| 名称 | 说明 |
| --- | --- |
| getElementById() | 根据 HTML 元素 id 属性获取对应元素，id 在整个 HTML 中应该是唯一的 |
| getElementsByName() | 根据 HTML 元素 name 属性获取所有元素 |
| getElementsByTagName() | 根据 HTML 元素标签名获取所有元素 |
| getElementsByClassName() | 根据 HTML 元素类名获取所有元素 |

由表 7-1 可以看出，除 getElementById()方法是获取某一个元素之外，另外 3 个方法都是获取满足条件的所有元素。下面通过实例演示几个方法的使用。

【例 7-1】 使用 document 对象中的方法获取 HTML 中的元素。（实例位置：example/ch7/7-1.html）

（1）编写页面 HTML 代码。创建 HTML 文档并构建基本网页结构，然后在文档中添加一个<div>元素，其 id 为"hello"；一个<a>元素，其 name 为"link"；两个<p>元素，其中一个<p>元素的 class 为"tom"，具体代码如下：

```
<div id="hello">hello</div>
<a name="link">链接</a>
<p>title</p>
<p class="tom">tom</p>
```

（2）编写页面 JavaScript 代码。在页面中添加<script></script>标签对，并在其中输入代码，使用 document 对象中的方法获取对应元素。

```
// 通过 id 属性 hello 获取元素
console.log(document.getElementById('hello'));
// 通过 name 属性 link 获取元素
console.log(document.getElementsByName('link'));
// 通过<p>标签获取元素
console.log(document.getElementsByTagName('p'));
// 通过 class 属性 tom 获取元素
console.log(document.getElementsByClassName('tom'));
```

运行文档，结果如图 7-2 所示。

由图 7-2 可知，getElementById()返回了<div>元素，getElementsByName()返回了一个 NodeList 对象，getElementsByTagName() 和 getElementsByClassName()都返回了一个 HTMLCollection 对象。

NodeList 对象和 HTMLCollection 对象都属于类数组。所谓类数组就是像数组一样的数据结构，它的取值方式同数组一样，可以从下标 0 开始获取，同时可以通过 length 属性获取该对象的长度。

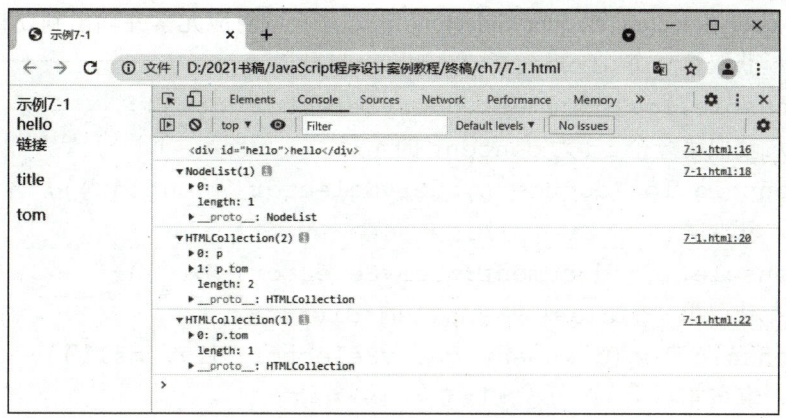

图 7-2　获取 HTML 元素

下面通过一个示例展示类数组的取值，代码如下：

```
# HTML
<div id="hello">hello</div>

# JavaScript
var elm1 = document.getElementById('hello');
var elm2 = document.getElementsByTagName('div')[0];
console.log(elm1);       // 输出结果 <div id="hello">hello</div>
console.log(elm2);       // 输出结果 <div id="hello">hello</div>
console.log(elm1 === elm2);               // 输出结果 true
```

由上述代码可以看出，通过 document.getElementsByTagName('div')[0]获取到了文档中的第一个<div>元素，同时可以看出，使用两种不同的方法可以获取到同一个元素。

除上述 4 种获取元素的方法之外，document 还提供了一些属性来获取<html>、<head>、<body>3 个元素，document.documentElement 能获取<html>元素，document.head 能获取<head>元素，document.body 能获取<body>元素。

另外，为了更方便获取元素，HTML 5 还为 document 对象新增了 querySelector()和 querySelectorAll()两个方法，querySelector()可返回文档中满足条件的第一个元素，querySelectorAll()可返回文档中满足条件的所有元素。下面通过实例演示这两个方法的使用。

【例 7-2】　使用 querySelector()和 querySelectorAll()方法获取 HTML 中的元素。（实例位置：example/ch7/7-2.html）

（1）编写页面 HTML 代码。创建 HTML 文档并构建基本网页结构，然后在文档中添加两个<div>元素，并分别为它们设置不同的属性。

```
<div id="content" class="big">JavaScript</div>
<div id="title" name="name" class="small">Java</div>
```

（2）编写页面 JavaScript 代码。在页面中添加<script></script>标签对，并在其中输入代码，使用 querySelector() 和 querySelectorAll() 方法获取对应元素并输出到控制台。

```javascript
// 获取第一个<div>元素
console.log(document.querySelector('div'));
// 获取第一个 id 为 content 的元素
console.log(document.querySelector('#content'));
// 获取第一个 class 为 big 的元素
console.log(document.querySelector('.big'));
// 获取第一个 class 为 small 的<div>元素
console.log(document.querySelector('div.small'));
// 获取第一个 id 为 title 的<div>元素
console.log(document.querySelector('div#title'));
// 获取第一个含有 name 属性的<div>元素
console.log(document.querySelector('div[name]'));
// 获取页面上所有<div>元素
console.log(document.querySelectorAll('div'));
```

由上述代码可以看出，querySelector()函数支持传入多种类型的参数，如元素标签，元素 id（#xxx），元素 class（.xxx），元素标签和 class 的组合（xxx.yyy），元素标签和 id 的组合（xxx#yyy）、元素标签和 name 属性的组合（xxx[name]）等。querySelectorAll()和 querySelector()的用法一致，也可以传入多种类型的参数。

### 7.2.2 元素内容

日常开发中，经常需要获取和修改某个元素的内容，DOM 提供了几个属性和方法来解决此类问题，具体如表 7-2 所示。

表 7-2 获取和修改元素内容的属性和方法

| 类别 | 名称 | 说明 |
| --- | --- | --- |
| 属性 | innerText | 获取当前元素内去除所有标签和样式的文本 |
| | innerHTML | 获取当前元素内的 HTML 内容 |
| | textContent | 获取当前元素内去除所有标签的文本 |
| 方法 | write() | 在文档中写入对应 HTML 内容 |
| | writeln() | 在文档中写入对应 HTML 内容并换行 |

由表 7-2 可知，innerText 属性用于获取当前元素去除所有标签和样式的文本，innerHTML 属性用于获取当前元素内所有 HTML 内容，textContent 属性用于获取当前元素去除标签后的内容。为了让读者更好地区分三个属性，下面通过一个实例演示它们的用法。

【例7-3】 获取元素内容。（实例位置：example/ch7/7-3.html）

（1）编写页面HTML代码。创建HTML文档并构建基本网页结构，然后在文档中添加一个id为"content"的<div>元素，并在其中嵌套一个<p>元素和一个<script>元素，其中<p>元素中包含两个<span>元素和一个<a>元素，其中一个<span>元素为隐藏状态。具体代码如下：

```html
<div id="content">
  <p>
    <span>JavaScript is very intersting</span>
    <span style="display: none;">hide content</span>
    <a href="#">this is a link</a>
  </p>
  <script>var a = 1;</script>
</div>
```

（2）编写页面JavaScript代码。在页面中添加<script></script>标签对，并在其中输入代码，使用document属性获取对应的元素内容。

```javascript
console.log(document.getElementById('content').innerText);
console.log(document.getElementById('content').innerHTML);
console.log(document.getElementById('content').textContent);
```

运行文档，结果如图7-3所示。

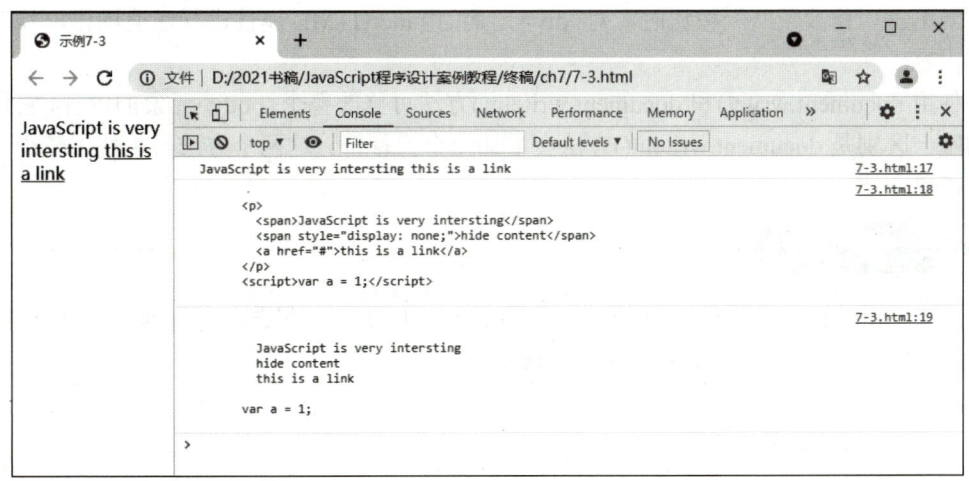

图7-3 获取元素内容

由图7-3可知，innerText返回结果中去除了content元素内所有元素的标签和样式，其中隐藏元素的内容和<script>元素内容也去除了；innerHTML返回了content元素内的完整HTML元素；textContent返回结果中去除了content元素内的所有标签。

上述三个属性除了能获取对应元素的内容外，还可以通过赋值操作修改对应元素的内容,下面通过实例说明。

【例 7-4】 修改元素内容。(实例位置:example/ch7/7-4.html)

(1)编写页面 HTML 代码。创建 HTML 文档并构建基本网页结构,然后在文档中添加一个 id 值为 content 的<div>元素,以及一个 id 值为 btn 的<button>元素,具体代码如下:

```html
<div id="content">今天是个晴天</div>
<button id="btn">修改天气</button>
```

(2)编写页面 JavaScript 代码。在页面中添加<script></script>标签对,并在其中输入代码,监听按钮单击事件,单击按钮时执行函数,修改<div>元素内容,具体代码如下:

```javascript
document.getElementById('btn').onclick = function () {
    document.getElementById('content').innerHTML = '<h2>今天是个阴天</h2>';
}
```

运行文档,结果如图 7-4 所示。

图 7-4 修改元素内容

当单击"修改天气"按钮时,对<div>元素的 innerHTML 属性进行赋值操作,修改其元素内容。

使用 document.write() 和 document.writeln() 方法可修改整个<body>元素的内容,它们之间的唯一区别是 document.writeln() 方法会增加一个换行符。这两个方法日常使用较少,此处仅简单介绍。

> **提示**
> 
> 由于 innerText 属性和 textContent 属性未纳入 HTML 5 规范,所以部分浏览器不支持这两个属性,在使用之前最好进行环境检测。

### 7.2.3 元素样式

网页前端开发离不开 HTML 和 CSS,因此 DOM 也提供了两种方式来修改元素样式。它们分别是修改元素的 style 属性和 class 属性,下面分别讲解。

**1. 通过 style 属性修改元素样式**

CSS 样式中的单词之间是以"-"间隔的,而通过 DOM 设置的

元素样式

style 属性是以驼峰方式命名。例如，CSS 中的样式 background-color，在 style 属性中设置时使用 backgroundColor。表 7-3 展示了常见的 style 属性。

表 7-3 常见 style 属性

| 名称 | 说明 |
| --- | --- |
| width | 返回或者设置元素宽度 |
| height | 返回或者设置元素高度 |
| display | 返回或者设置元素展示方式 |
| position | 返回或者设置元素位置 |
| color | 返回或者设置元素文本颜色 |
| backgroundColor | 返回或者设置元素背景颜色 |
| marginTop | 返回或者设置元素外边距顶部距离 |
| paddingTop | 返回或者设置元素内边距顶部距离 |
| top | 返回或者设置元素相对顶部距离 |
| border | 返回或者设置元素边框 |
| fontSize | 返回或者设置元素字体大小 |
| overflow | 返回或者设置元素内容超出外部元素时的显示方法 |
| transform | 设置元素的 2D 或 3D 变换方式 |

下面通过一个实例演示修改元素 style 属性的方法。

【例 7-5】 通过 style 属性修改元素样式。（实例位置：example/ch7/7-5.html）

（1）编写页面 HTML 代码。创建 HTML 文档并构建基本网页结构，然后在文档中添加一个 id 值为 content 的 <div> 元素，具体代码如下：

```
<div id="content">JavaScript</div>
```

（2）编写页面 JavaScript 代码。在页面中添加 <script></script> 标签对，并在其中输入代码，首先获取 id 值为 content 的元素，然后修改其 style 对象的 width、height、color 和 backgroundColor 属性，具体代码如下：

```
// 获取 id 为 content 的元素
var $content = document.getElementById('content');
$content.style.width = '200px';              // 设置元素宽度为 200px
$content.style.height = '200px';             // 设置元素高度为 200px
$content.style.color = 'red';                // 设置元素颜色为红色
$content.style.backgroundColor = 'green';    // 设置元素背景颜色为绿色
```

如果直接使用 CSS 进行元素样式设置，可使用以下代码。

```
# HTML
```

```
<div id="content" style="width: 200px;height: 200px;color: red;background-color: green;">JavaScript</div>
```

运行文档，结果如图 7-5 所示。

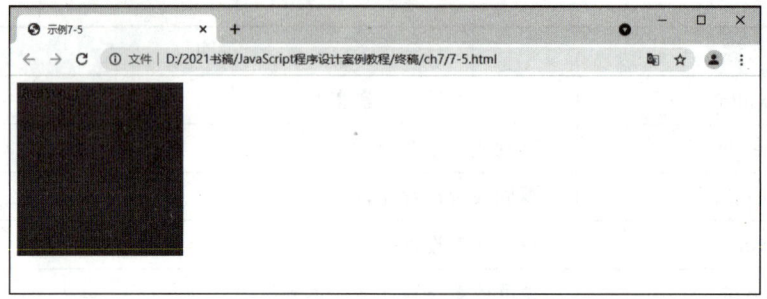

图 7-5  通过 style 属性修改元素样式

> **拓展阅读**
>
> 大部分 CSS 属性都可以一一对应到 DOM 中的 style 属性，其中 float 属性在 JavaScript 中属于保留字，所以在 DOM 2 中规定，DOM 设置 CSS 中的 float 属性需要使用 cssFloat 属性。大部分浏览器支持 cssFloat 属性，但是 IE 浏览器使用 styleFloat 属性。

### 2. 通过 class 属性修改元素样式

除 style 属性之外，还可以通过 class 属性修改元素样式。一个元素可以有多个类选择器，开发时若要对某个元素的类选择器列表进行操作，可以使用 HTML 5 新增的 classList 对象。例如，假设<div>元素的 class 值为 "bg box title"，则可以利用 "<div>元素.classList" 获取类选择器列表，但如果想要删除列表中的某个值，如 bg，那就需要使用 classList 对象的相关属性和方法，如表 7-4 所示。

表 7-4  classList 对象的属性和方法

| 类型 | 名称 | 说明 |
| --- | --- | --- |
| 属性 | length | 返回 classList 长度，也就是元素类名的个数 |
|  | value | 返回 classList 所有元素，以空格间隔 |
| 方法 | add(class) | 添加 class，如果已存在，则不再添加 |
|  | remove(class) | 删除某个 class |
|  | toggle(class) | 如果存在某个 class，则删掉此 class，反之则添加此 class |
|  | replace(oldClass, newClass) | 使用新 class 替换某个已存在的 class |
|  | contains(class) | 判断元素是否包含指定名称的某个 class，存在返回 true，不存在返回 false |

下面通过实例演示 classList 对象的属性和方法的应用。

【例 7-6】　通过 class 属性修改元素样式。（实例位置：example/ch7/7-6.html）

（1）编写页面 HTML 代码。首先创建 HTML 文档并构建基本网页结构；然后在文档中添加一个 id 值为 content，class 值为 big 的<div>元素；接着准备好三个类样式，具体代码如下：

```
<style>
.big { font-size: 28px;}
.green { color: green;}
.red { color: red;}
</style>
<div id="content" class="big">JavaScript</div>
```

（2）编写页面 JavaScript 代码。在页面中添加<script></script>标签对，并在其中输入代码，首先获取 id 为 content 的元素，然后获取并输出元素 classList 长度及 value 值，接着分别调用 add()、remove()、toggle()、replace()、contains()函数，并查看函数调用之后元素 classList.value 的结果，具体代码如下：

```
// 获取<div>元素
var $content = document.getElementById('content');
// 获取并输出元素类名的个数，结果为1
console.log($content.classList.length);
// 获取并输出元素所有类名，结果为big
console.log($content.classList.value);
$content.classList.add('green');          // 给元素添加类名green
// 获取并输出元素所有类名，结果为big green
console.log($content.classList.value);
$content.classList.remove('big');         // 删除元素类名big
// 获取并输出元素所有类名，结果为green
console.log($content.classList.value);
// 若元素中没有big类则添加；若有则删除
$content.classList.toggle('big');
console.log($content.classList.value);    // 输出结果green big
// 用red类替换掉元素中的green类
$content.classList.replace('green', 'red');
console.log($content.classList.value);    // 输出结果red big
// 判断元素中是否包含green类
var result = $content.classList.contains('green');
console.log(result);                      // 输出结果 false
```

运行上述文档，结果如图 7-6 所示。

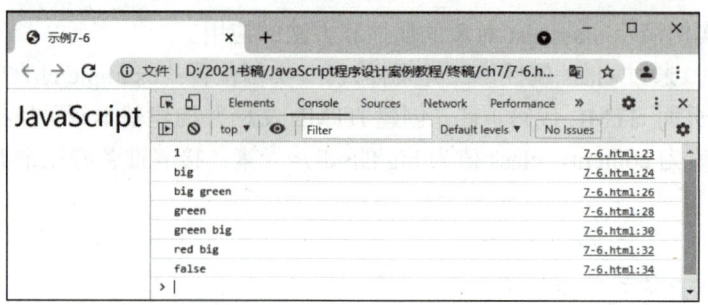

图 7-6 通过 class 属性修改元素样式

### 7.2.4 元素属性

为便于 JavaScript 获取和修改指定 HTML 元素的相关属性，DOM 提供了相关的属性和方法，如表 7-5 所示。

表 7-5 元素属性的相关属性和方法

| 类型 | 名称 | 说明 |
| --- | --- | --- |
| 属性 | attributes | 获取元素的所有属性，返回值是元素所有属性的集合 |
| 方法 | getAttribute(key) | 获取指定元素某个属性的值 |
| | setAttribute(key,value) | 设置或改变指定元素某个属性的值 |
| | removeAttribute(key) | 删除元素某个属性 |
| | hasAttribute(key) | 判断元素是否包含某个属性，包含返回 true，否则返回 false |

下面通过一个实例演示如何使用这些属性和方法操作元素属性。

【例 7-7】 使用 DOM 提供的属性和方法操作元素属性。（实例位置：example/ch7/7-7.html）

（1）编写页面 HTML 代码。首先创建 HTML 文档并构建基本网页结构，然后在文档中添加一个 id 值为 content，class 值为 big 的<div>元素，具体代码如下：

```
<div id="content" class="big">JavaScript</div>
```

（2）编写页面 JavaScript 代码。在页面中添加<script></script>标签对，并在其中输入代码，首先获取 id 为 content 的元素，然后依次使用 attributes.id.value、getAttribute()函数、setAttribute()函数、attributes.num.value、removeAttribute()函数、attributes.class、hasAttribute()函数获取或操作元素属性。具体代码如下：

```
// 获取<div>元素
var $content = document.getElementById('content');
//获取并输出元素 id 值，结果为 content
console.log($content.attributes.id.value);
```

```
//获取并输出元素 class 值，结果为 big
console.log($content.getAttribute('class'));
$content.setAttribute('num', '1');    //为元素添加一个值为 1 的 num 属性
//获取并输出元素 num 属性值，结果为 1
console.log($content.attributes.num.value);
$content.removeAttribute('class');         //删除元素 class 属性
//输出元素 class 属性，结果为 undefined
console.log($content.attributes.class);
//判断元素是否包含 id 属性，结果为 true
console.log($content.hasAttribute('id'));
```

运行上述文档，结果如图 7-7 所示。

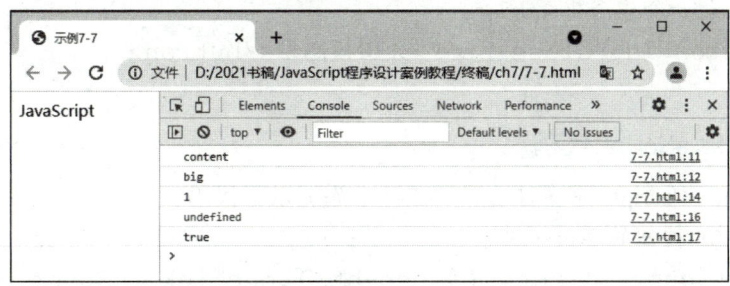

图 7-7　网页运行结果

## 7.2.5 【示例】实现模态对话框

Windows 应用程序中的对话框可分为模态对话框和非模态对话框两种。模态对话框是指在用户想要对对话框以外的应用程序进行操作时，必须首先对该对话框进行响应，如单击"确定"或"取消"按钮关闭对话框。它与非模态对话框的区别在于，在对话框打开时，是否允许用户对其他对象进行操作。

模态对话框是日常开发中最常用的功能之一，使用它能将部分功能隐藏在网页中，在需要的时候进行显示。（实例位置：example/ch7/example7.2.5.html）

### 1. 编写 HTML 代码

创建 HTML 文档并构建基本网页结构，首先在页面中添加<style></style>标签对，并在其中设置一个类选择器 modal；然后添加一个<h1>标签显示标题；接着添加一个 id 为 open-btn 的<button>元素；最后新增一个 class 为 modal 的<div>元素，并在其内部嵌套一个<h1>元素和一个 id 为 close-btn 的<button>元素，该<div>元素默认处于隐藏状态，具体代码如下：

```
<style>
.modal {
```

```
        position: fixed;
        top: 20%;
        left: 20%;
        width: 60%;
        height: 60%;
        background-color: grey;
    }
</style>
<h1>实现模态框</h1>
<button id="open-btn">打开模态框</button>
<div class="modal" style="display: none;">
    <h1>这是一个模态框</h1>
    <button id="close-btn">关闭模态框</button>
</div>
```

#### 2. 编写 JavaScript 代码

添加<script></script>标签对，然后在其中添加以下代码。

```
// 绑定打开按钮的单击事件
document.querySelector('#open-btn').onclick = function() {
    // 事件触发时，将模态框的 dislay 属性设置为 block
    document.querySelector('.modal').style.display = 'block';
}
// 绑定关闭按钮的单击事件
document.querySelector('#close-btn').onclick = function() {
    // 事件触发时，将模态框的 dislay 属性设置为 none
    document.querySelector('.modal').style.display = 'none';
}
```

上述代码首先设置 id 为 open-btn 的<button>元素单击事件，当按钮被单击时，获取 class 为 modal 的<div>元素，并将其 style 对象的 display 属性设置为 block，此时模态框将会显示在页面上。然后设置 id 为 close-btn 的<button>元素单击事件，当按钮被单击时，获取 class 为 modal 的<div>元素，并将其 style 对象的 display 属性设置为 none，此时模态框变为隐藏状态。

使用浏览器打开实例文档 example7.2.5.html，初始状态如图 7-8 所示；单击"打开模态框"按钮，模态框将显示在页面上，如图 7-9 所示。单击"关闭模态框"按钮，模态框将再次隐藏。

第 7 章 DOM

图 7-8 模态框隐藏

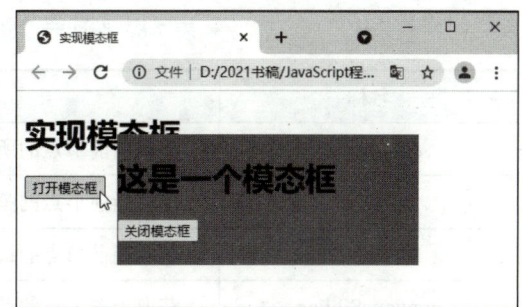

图 7-9 模态框显示

> **知类通达**
>
> 制作网页时，调试效果往往需要反复调整。在调整过程中，可以通过实际操作不断练习，并且从中总结经验。
>
> 在总结经验中把握事物的发展规律是中华民族的优良传统。人类总在不断地总结经验，有所发现，有所发明，有所创造，有所前进。在学习和工作中，我们要从实际出发，及时回顾总结，把好的做法上升为经验，把错误的做法及时改正，在总结经验中成长。

## 7.3 DOM 节点操作

一个完整的 HTML 文档是由一个个元素标签嵌套组成的，大部分元素内部都包含其他元素节点，本节将介绍如何对元素节点进行操作。

### 7.3.1 获取节点

DOM 节点操作

之前曾介绍过，HTML 文档是树形结构，每个元素标签是 DOM 树的节点（node）。JavaScript 提供了一些属性来获取当前节点、父节点、子节点等，具体如表 7-6 所示。

表 7-6　获取节点或节点属性的属性列表

| 名称 | 说明 |
| --- | --- |
| childNodes | 获取当前节点的所有子节点 |
| firstChild | 获取当前节点的第一个子节点 |
| lastChild | 获取当前节点的最后一个子节点 |
| previousSibling | 获取当前节点的前一个兄弟节点 |
| nextSibling | 获取当前节点的下一个兄弟节点 |
| parentNode | 获取当前节点的父节点 |
| nodeName | 获取当前节点的节点名称 |
| nodeType | 获取当前节点的节点类型 |
| nodeValue | 获取当前节点的节点值 |

想要获取某个节点属性，首先需要获取当前节点，可以通过 7.2 节获取元素的方式获取节点，然后使用表 7-6 所列属性获取元素的相关节点或属性。下面通过实例演示使用上述属性获取相关节点或属性的方法。

【例 7-8】　获取节点或属性。（实例位置：example/ch7/7-8.html）

（1）编写页面 HTML 代码。首先创建 HTML 文档并构建基本网页结构，然后在文档中添加一个<h1>标签用于显示标题，接着添加一个 id 值为 container 的<div>元素，并在其中嵌套一个<span>标签和一个<a>标签，最后在<div>元素下方添加一个<p>元素，具体代码如下：

```
<h1>元素节点操作</h1>
<div id="container">
  <span>我是一个 span 标签</span>
  <!-- 我是一个注释 -->
  <a href="#">我是一个 a 标签</a>
</div>
<p>我是一个 p 标签</p>
```

（2）编写页面 JavaScript 代码。在页面中添加<script></script>标签对，并在其中输入代码，首先获取 id 为 container 的元素，然后使用表 7-6 所列属性获取相应节点和相关属性，并进行输出。

```
// 获取 id 为 container 的元素
var $container = document.getElementById('container');
// 输出$container 的所有子节点
console.log('childNodes:', $container.childNodes);
```

```
// 输出$container的第一个子节点
console.log('firstChild:', $container.firstChild);
// 输出$container的最后一个子节点
console.log('lastChild:', $container.lastChild);
// 输出$container的前一个兄弟节点
console.log('previousSibling:', $container.previousSibling);
// 输出$container的后一个兄弟节点
console.log('nextSibling:', $container.nextSibling);
// 输出$container的父节点
console.log('parentNode:', $container.parentNode);
// 输出$container的节点名称
console.log('nodeName:', $container.nodeName);
// 输出$container的节点类型
console.log('nodeType:', $container.nodeType);
// 输出$container的节点值
console.log('nodeValue:', $container.nodeValue);
```

使用浏览器访问该文件，可以看到控制台输出 id 为 container 的<div>元素的相关节点和属性，效果如图 7-10 所示。

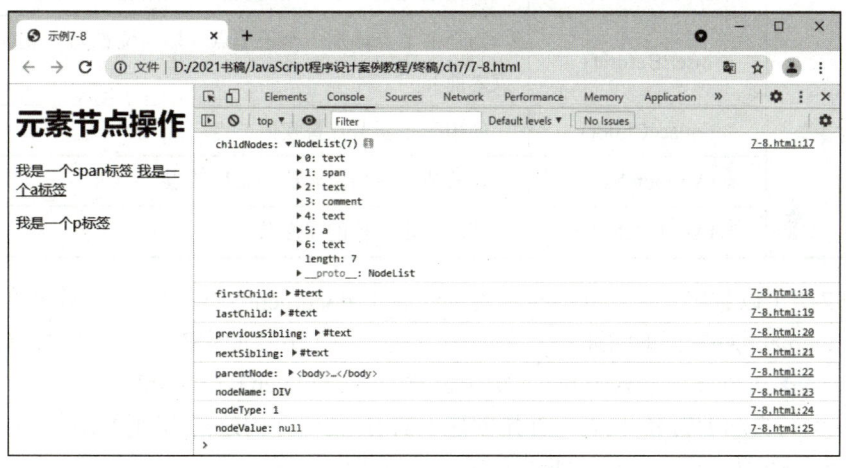

图 7-10　获取<div>元素的相关节点和属性

由图 7-10 可知，id 为 container 的<div>元素拥有 7 个子节点，其中使用 firstChild、lastChild、previousSibling 和 nextSibling 属性获取的都是文本节点（#text），这是因为换行符也属于文本节点，也就是说上述 4 个属性所获取的节点都是换行符文本节点。<div>元素的父节点为<body>节点，其节点名称为 DIV，节点类型为 1，节点值为 null。

> **提示**
>
> 在 IE6～IE8 浏览器中，通过 childNodes 属性获取的子节点不包含文本类型的节点，而在 IE9 及其他主流浏览器中都包含文本节点。

## 7.3.2 增加节点

除了获取某个元素的相关节点外，DOM 也提供了一些方法用于创建节点或插入节点到对应元素中，如可以创建一个 &lt;tr&gt; 元素，插入到对应的 &lt;table&gt; 元素中。常用增加节点的方法如表 7-7 所示。

表 7-7 常用增加节点的方法

| 所属对象 | 名称 | 说明 |
| --- | --- | --- |
| document | createElement() | 创建一个元素节点并返回该节点 |
|  | createTextNode() | 创建一个文本节点并返回该节点 |
|  | createComment() | 创建一个注释节点并返回该节点 |
|  | createAttribute() | 创建一个属性节点并返回该节点 |
| element（元素对象） | appendChild() | 在指定元素的子节点列表的末尾添加一个节点 |
|  | insertBefore() | 为当前节点添加一个子节点（插入位置为该节点指定子节点之前） |
|  | replaceChild() | 使用一个新节点替换旧节点 |
|  | setAttributeNode() | 设置或改变指定名称的属性节点 |
|  | getAttributeNode() | 获取指定名称的属性节点 |

由表 7-7 可以看出，创建节点的相关方法属于 document 对象，插入或替换节点的相关方法属于 element 对象。下面通过一个创建节点、插入节点的实例演示增加节点的方法。

**【例 7-9】** 创建或插入节点。（实例位置：example/ch7/7-9.html）

（1）编写页面 HTML 代码。首先创建 HTML 文档并构建基本网页结构，然后在文档中添加一个 id 值为 container 的 &lt;div&gt; 元素，具体代码如下：

```
<div id="container"></div>
```

（2）编写页面 JavaScript 代码。在页面中添加 &lt;script&gt;&lt;/script&gt; 标签对，并在其中输入代码，首先获取 id 为 container 的元素，然后使用表 7-7 所列方法创建或设置相应节点，最后在控制台输出 container 元素。

```
var $container = document.getElementById('container');
// 创建一个<p>元素节点
var pNode = document.createElement('p');
```

```
// 创建一个id属性节点
var pAttrNode = document.createAttribute('id');
// 设置id属性节点为title
pAttrNode.value = 'title';
// 将属性节点设置到<p>元素节点
pNode.setAttributeNode(pAttrNode);
// 创建一个文本节点
var textNode = document.createTextNode('这是一个文本');
// 将文本节点插入到<p>元素节点
pNode.appendChild(textNode);
// 创建一个注释节点
var commentNode = document.createComment('这是一个注释');
// 添加注释节点到文本节点之前
pNode.insertBefore(commentNode, textNode);
// 将<p>元素节点插入到<div>元素中
$container.appendChild(pNode);
console.log($container);
```

使用浏览器访问网页文档,可以看到控制台输出编辑后的id为container的<div>元素,效果如图7-11所示。

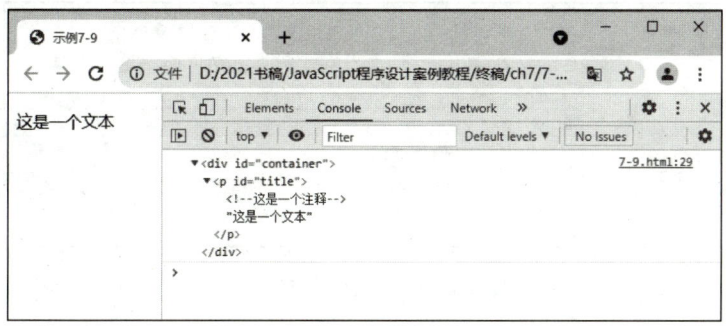

图7-11 输出编辑后的元素节点

## 7.3.3 删除节点

除了在HTML中增加节点外,DOM也提供了删除节点的方法。删除节点的方法主要有removeChild()和removeAttributeNode()。使用removeChild()方法可删除指定元素节点,使用removeAttributeNode()方法可删除指定属性节点。下面通过实例演示删除节点的操作。

【例7-10】 删除节点。(实例位置:example/ch7/7-10.html)

(1)编写页面HTML代码。首先创建HTML文档并构建基本网页结构,然后在文档中添加一个 id 值为 container，class 值为 big 的<div>元素，并在其中嵌套一个<p>元素，具体代码如下：

```
<div id="container" class="big">
    <p>这是一个 p 标签</p>
</div>
```

（2）编写页面 JavaScript 代码。在页面中添加<script></script>标签对，并在其中输入代码，首先获取 id 为 container 的元素，然后使用前面所讲的两个方法删除元素和属性节点，最后在控制台输出 container 元素。

```
// 获取<div>元素
var $container = document.getElementById('container');
var $p = document.getElementsByTagName('p')[0];  // 获取<p>元素
$container.removeChild($p);    // 从<div>元素中删除<p>元素节点
// 从<div>元素中获取 class 属性节点
var classNode = $container.getAttributeNode('class');
// 从<div>元素中删除 class 属性节点
$container.removeAttributeNode(classNode);
console.log($container);
```

使用浏览器访问网页文档，可以看到控制台输出删除节点后的<div>元素，效果如图 7-12 所示。

图 7-12　删除节点后的元素

## 7.3.4　【示例】线上点菜

日常生活中，去饭店吃饭时，偶尔会使用手机或平板点菜下单，本节将实现简单的线上点菜功能。（实例位置：example/ch7/example7.3.4.html）

### 1. 编写 HTML 代码

创建 HTML 文档并构建基本网页结构。首先在页面上添加一个<h1>元素，设置网页标题为"已点菜品"；然后添加一个<ul>元素用于显示订单数据，其内部包含一个<li>元素，<li>元素内包含一个<span>元素用于显示菜品名称，还包含一个<button>元素，用于删除当前已点菜品。<button>元素包含一个 class 属性和一个 onclick 属性，其中 onclick 属性调用了 deleteNode()函数，并传入了一个 this 参数。this 参数在此代表<button>元素本身，等同于使用 document 对应方法获取该元素。

在<ul>元素下方添加一个<div>元素，其内部包含一个<input>元素用于输入菜品名称，还包含一个 id 为 add-btn 的<button>元素，用于将输入框中的菜品添加到<ul>列表中。

```
<h1>已点菜品</h1>
<ul>
  <li>
    <span>麻辣水煮鱼</span>
    <button class="delete-btn" onclick="deleteNode(this);">删除</button>
  </li>
</ul>
<div>
  <input type="text" width="200px">
  <button id="add-btn">添加菜品</button>
</div>
```

2. 编写 JavaScript 代码

首先为"添加菜品"按钮绑定单击事件，单击事件触发后，判断输入框中的内容是否为空，如果为空则提示用户输入，否则调用 addFood()函数，传入输入框中的内容，最后将输入框内容清空。

```
// 为"添加菜品"按钮绑定单击事件
document.getElementById('add-btn').onclick = function () {
  // 获取输入框元素
  var $input = document.getElementsByTagName('input')[0];
  // 如果未输入任何内容，使用 alert 提示
  if ($input.value.length === 0) {
    alert('请输入想添加的菜品');
    return;
  }
  addFood($input.value);        // 调用 addFood()函数，并传入输入值
  $input.value = '';            // 将输入框内容清空
}
```

接下来定义 addFood()函数，在函数内部创建对应的<li>、<span>及<button>节点，并调用 appendTextNode()函数为对应节点添加文本内容。然后调用 appendClassAttribute()和 appendClickAttribute()函数为<button>节点添加 class 属性及 onclick 属性。最后将<span>节点和<button>节点添加到<li>节点，<li>节点添加到<ul>列表中。

```
// 添加菜品函数
```

```javascript
function addFood(value) {
    // 创建对应的<li>、<span>节点
    var liNode = document.createElement('li');
    var spanNode = document.createElement('span');
    // 为<span>节点添加文本
    appendTextNode(spanNode, value)
    // 创建<button>节点
    var buttonNode = document.createElement('button');
    // 为<button>节点添加文本内容、class属性及onclick属性
    appendTextNode(buttonNode, '删除');
    appendClassAttribute(buttonNode, 'delete-btn');
    appendClickAttribute(buttonNode);
    // 将<span>和<button>节点添加到<li>节点
    liNode.appendChild(spanNode);
    liNode.appendChild(buttonNode);
    // 将<li>节点添加到列表<ul>中
    document.getElementsByTagName('ul')[0].appendChild(liNode);
}
```

定义节点操作的函数 appendTextNode()，函数中使用 document.createTextNode()函数创建一个文本节点，并添加到相应的节点中；appendClassAttribute()和 appendClickAttribute()函数中都使用 document.createAttribute()函数创建对应的属性节点 class 和 onclick；deleteNode()函数中通过 dom.parentNode 属性获取当前订单的<li>元素，然后通过 removeChild()函数将<li>元素从列表中删除。

```javascript
// 添加文本节点函数
function appendTextNode(node, value) {
    // 创建文本节点
    var textNode = document.createTextNode(value);
    // 将文本节点添加到对应节点
    node.appendChild(textNode);
}
// 添加 class 属性节点函数
function appendClassAttribute(node, value) {
    // 创建 class 属性
    var attributeNode = document.createAttribute('class');
    // 设置属性值
    attributeNode.value = value;
    // 将 class 属性设置到对应节点
```

```
  node.setAttributeNode(attributeNode);
}
// 添加 onclick 属性节点函数
function appendClickAttribute(node) {
  // 创建 onclick 属性
  var attributeNode = document.createAttribute('onclick');
  // 设置属性值
  attributeNode.value = 'deleteNode(this);';
  // 将 onclick 属性设置到对应节点
  node.setAttributeNode(attributeNode);
}
// 删除节点函数，通过单击删除按钮触发
function deleteNode(dom) {
  // 获取删除按钮的父节点<li>节点，然后从 ul 节点中删除
  const liNode = dom.parentNode;
  document.getElementsByTagName('ul')[0].removeChild(liNode);
}
```

使用浏览器打开网页文档 example7.3.4.html，添加多个菜品之后，效果如图 7-13 所示。

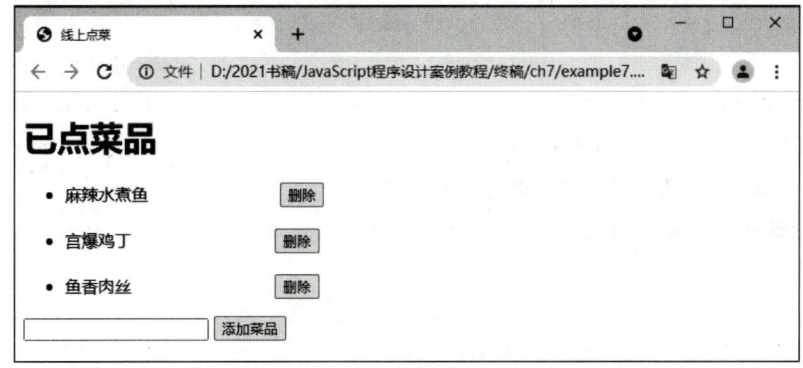

图 7-13  线上点菜

## 综合案例：电商购物车

提起网络购物，肯定离不开购物车功能，用户可以把想购买的商品一一加入购物车中，然后一键结算。本节使用前面所学知识实现电商购物车功能。

1. 编写页面 HTML 代码

创建 HTML 文档并构建基本网页结构。首先在页面上添加一个<h1>元素显示网页标

题，接着添加一个<ul>元素放置商品列表，其内部第一个<li>元素作为商品列表的头部，<li>元素内包含选择商品、商品信息、单价、数量、金额、操作等文本内容。

第二个<li>元素内包含相应商品的内容，分别是勾选复选框、商品标题、商品单价、商品数量、商品金额、删除按钮。其中勾选复选框使用<span>元素定义，当选中时选项颜色变为红色；商品数量使用数量选择器呈现，数量左侧为"减"按钮，右侧为"加"按钮。第三个<li>元素与第二个<li>元素结构相同，也是放置的商品相关内容，此处省略部分代码。

最后在<ul>元素底部添加一个<div>元素，用于展示所勾选商品的总数量、总价及结算按钮。（实例位置：example/ch7/shopping_cart.html）

```html
<h1>商品购物车</h1>
<ul>
<li class="header">
  <div class="fl base-width">
    <span>选择商品</span>
  </div>
  <div class="fl info-with">商品信息</div>
  <div class="fl base-width">单价</div>
  <div class="fl base-width">数量</div>
  <div class="fl base-width">金额</div>
  <div class="fl base-width">操作</div>
</li>
<li class="content">
  <div class="fl base-width">
    <span class="checkbox"></span>
    <span>勾选</span>
  </div>
  <div class="fl info-with">零食大礼包</div>
  <div class="fl base-width">
    <span>¥</span>
    <span>200</span>
  </div>
  <div class="fl base-width">
    <div class="num-selector">
      <span class="decrease">-</span>
      <span class="good-num">1</span>
      <span class="add">+</span>
    </div>
  </div>
```

```html
    <div class="fl base-width">
      <span>¥</span>
      <span class="single-total-price">200</span>
    </div>
    <div class="fl base-width">
      <button class="delete-btn">删除</button>
    </div>
  </li>
  <li class="content">
    ...              //省略部分内容
  </li>
</ul>
<div class="total-price-container">
  <div class="fr">
    <span>商品总数：</span>
    <span id="total-num">0 </span>
    <span>总价：</span>
    <span>¥</span>
    <span id="total-price">0</span>
    <button id="submit">结算</button>
  </div>
</div>
```

创建好网页结构后还要定义 CSS 样式，在<h1>标签前输入<style> </style>标签对，并在其中定义网页样式，具体代码见 shopping_cart.html 文档。

## 2. 编写页面 JavaScript 代码

首先分析页面上需要绑定单击事件的元素，具体包括勾选复选框、数量计数器的加减按钮及删除按钮，每个商品都包含这些元素。为了简化多个相同元素的事件绑定操作，此处定义一个 addAllElesEvent() 函数为相同元素绑定事件，其传入参数为元素标识 tag 和回调函数 cb。

在函数内部使用 document.querySelectorAll() 函数获取所有标记元素，然后对所有元素进行 for 循环，为每一个元素绑定单击事件。

```javascript
// 为相同标识元素绑定单击事件
function addAllElesEvent(tag, cb) {
  // 查找所有相同标识元素
  var $tags = document.querySelectorAll(tag);
  // 循环所有相同标识元素，并绑定单击事件
```

```
    for (var i=0;i<$tags.length;i++) {
        // 将回调函数赋值给单击事件
        $tags[i].onclick = cb;
    }
}
```

  首先为数量计数器的加减按钮绑定单击事件,调用前面定义的 addAllElesEvent() 函数。在"减"按钮单击事件中,使用 this.nextSibling.nextSibling 获取商品数量,由于商品数量的<span>元素和"减"<span>元素中间包含一个换行元素,所以使用两个 nextSibling 属性。当商品数量大于 1 时,将当前商品数量值减 1,同时调用 calcSingleTotalPrice() 函数计算单个商品的总价。

  "加"按钮元素的单击事件和"减"按钮元素的单击事件代码类似,主要区别是单击"加"按钮时,商品数量加 1。

```
// 绑定所有数量选择器"减"单击事件
addAllElesEvent('.decrease', function() {
    // 获取当前商品数量
    var $goodNum = this.nextSibling.nextSibling;
    // 如果商品数量大于 1,则将商品数量减 1
    if ($goodNum.innerText > 1) {
        $goodNum.innerText = Number($goodNum.innerText) - 1;
        // 计算单个商品的总价
        calcSingleTotalPrice($goodNum);
    }
});
// 绑定所有数量选择器"加"单击事件
addAllElesEvent('.add', function() {
    // 获取当前商品数量
    var $goodNum = this.previousSibling.previousSibling;
    // 将商品数量加 1
    $goodNum.innerText = Number($goodNum.innerText) + 1;
    // 计算单个商品的总价
    calcSingleTotalPrice($goodNum);
});
```

  定义计算单个商品总价的函数 calcSingleTotalPrice(),在函数内部首先判断是否传入商品数量元素,如果参数不存在,直接 return 返回,否则获取商品数量,并使用 Number() 函数将数量转为 Number 类型;接着获取单个表格节点 tableCellNode,再通过 DOM 节点操作获取单价节点元素及总价节点元素。

  通过单价节点元素获取商品单价,用单价乘以商品数量,把最终结果设置到总价节点元素后，调用 calcTotalNumAndPrice() 函数计算所有选中商品总数量和总价。

```
// 计算单个商品总价
function calcSingleTotalPrice ($goodNum) {
  if (!$goodNum) {
    return;
  }
  // 获取商品数量
  var num = Number($goodNum.innerText);
  // 获取单个表格 node 节点
  var tableCellNode = $goodNum.parentNode.parentNode;
  // 获取单价的 node 节点
  var singlePriceNode = tableCellNode.previousSibling.previousSibling.lastChild.previousSibling;
  // 获取单价
  var singlePrice = Number(singlePriceNode.innerText);
  // 获取总价的 node 节点
  var totalPriceNode = tableCellNode.nextSibling.nextSibling.lastChild.previousSibling;
  // 计算总价
  var totalPrice = singlePrice * num;
  // 设置总价到对应节点
  totalPriceNode.innerText = totalPrice;
  // 计算所有商品总数和总价
  calcTotalNumAndPrice();
}
```

定义计算所有商品总数量和总价的函数 calcTotalNumAndPrice()，首先通过 document.querySelectorAll() 函数获取所有 class 为 .checkbox、.good-num 和 .single-total-price 的元素；然后定义初始商品总数量 nums 为 0，初始总价 prices 为 0。循环 $checkBoxs 变量，如果 .checkbox 元素的 class 属性包含 selected，表示该商品被选中，需要进行数量和价格的计算。最后将计算出的商品总数量和总价设置到对应的总数量和总价元素中。

```
// 计算所有商品总数量和总价
function calcTotalNumAndPrice() {
  // 获取所有选择框元素
  var $checkBoxs = document.querySelectorAll('.checkbox');
  // 获取所有商品个数元素
  var $goodNums = document.querySelectorAll('.good-num');
  // 获取所有商品单价元素
```

```javascript
var $singleTotalPrices = document.querySelectorAll('.single-total-price');
// 初始总数量为 0
var nums = 0;
// 初始总价为 0
var prices = 0;
// 循环所有选择框元素
for(var i=0;i<$checkBoxs.length;i++) {
  // 如果选择框被选中，计算总数量和总价
  if ($checkBoxs[i].classList.contains('selected')) {
    nums += Number($goodNums[i].innerText);
    prices += Number($singleTotalPrices[i].innerText);
  }
}
// 设置总数量和总价
document.querySelector('#total-num').innerText = nums;
document.querySelector('#total-price').innerText = prices;
}
```

接下来为选择框元素绑定单击事件，在单击事件触发时，使用classList.toggle()函数设置class属性的selected。每次商品被勾选或取消勾选，都需要重新计算总数量和总价，所以需要调用calcTotalNumAndPrice()函数计算商品总数量和总价。

```javascript
// 绑定所有选择框元素单击事件
addAllElesEvent('.checkbox', function() {
  // 如果存在 selected 的 class，则删除此 class，反之则增加此 class
  this.classList.toggle('selected');
  // 计算所有商品总数和总价
  calcTotalNumAndPrice();
});
```

为删除按钮绑定单击事件，在单击事件触发时，使用confirm()提醒用户是否确认删除该商品，如果用户取消删除，则直接返回，否则通过this.parentNode.parentNode属性获取当前商品<li>元素，调用removeChild()函数将该商品删除。最后调用calcTotalNumAndPrice()函数计算商品总数量和总价。

```javascript
// 绑定所有删除按钮单击事件
addAllElesEvent('.delete-btn', function() {
  // 单击删除按钮时，使用 confirm 提醒用户
  var result = confirm('确定从购物车删除该商品？');
  // 如果用户单击取消，直接返回
  if (!result) {
```

```
      return;
    }
    // 获取单个商品 node 节点
    var itemNode = this.parentNode.parentNode;
    // 将该商品从<ul>元素节点中删除
    document.querySelector('ul').removeChild(itemNode);
    // 计算所有商品总数和总价
    calcTotalNumAndPrice();
});
```

最后绑定"结算"按钮单击事件,当单击事件触发时,获取目前所选商品的总数量,如果总数量为 0,表示用户未选择任何需要购买的商品,直接 alert()提示用户。如果总数量大于 0,提示用户结算成功。

```
// 绑定结算按钮单击事件
document.querySelector('#submit').onclick = function() {
  // 获取商品总数量
  var totalNum = document.querySelector('#total-num').innerText;
  // 如果商品总数量为 0, 则提示用户
  if (Number(totalNum) === 0) {
    alert('请选择需要结算的商品');
    return;
  }
  alert('结算成功! ');
}
```

在浏览器中运行网页,并在勾选商品后单击"结算"按钮,效果如图 7-14 所示。

图 7-14　购物车效果

## 旗帜引领

在推动消费、扩大内需方面，我国电商行业正在扮演着越来越重要的角色。我国电商从早先的模仿，到规模成长为全球第一，再通过持续的技术创新、业态创新等，已在国际上形成了较大的影响力。

"十三五"时期，我国电子商务保持快速增长，电子商务交易额从 2016 年的 26.1 万亿元增长到 37.21 万亿元，增长了 11.11 万亿元，增长率为 42.6%；网上零售额从 5.16 万亿元增长到 11.76 万亿元，增长了 6.6 万亿元，增长率为 127.9%。电商渗透率持续上升，到 2020 年，网上零售额占社会商品零售额的比重达到了 24.9%，是全球所有国家中占比最高的。这也使我国网上零售额长期居于全球第一，占全球的份额达到了 39%。

2021 年 10 月，商务部、中央网信办、发展改革委联合发布了《"十四五"电子商务发展规划》，对我国"十四五"时期电子商务发展做出了顶层设计，对"十四五"时期电子商务发展所面临的环境、总体思路、主要任务和保障措施进行了全面描述。从其最核心的内容看，规划的重中之重是推动电子商务向高质量发展阶段迈进。

## 本章总结

本章首先介绍了 DOM 和 HTML 节点树的基础知识；然后介绍了 HTML 元素操作，包括获取元素、设置元素内容和元素样式等，并通过一个模态框案例展示了完整的 HTML 元素操作流程；接着介绍了 DOM 节点操作，包括获取节点、增加节点、删除节点，并通过一个线上点菜案例展示了如何进行 DOM 节点操作；最后通过一个电商购物车案例详细讲解了整个 DOM 操作流程。

通过本章的学习，读者应了解什么是 DOM，了解 HTML 节点树，掌握常见 HTML 元素和 DOM 节点操作。

## 课后习题

1. 选择题

（1）DOM 的核心对象是（　　）。
　　A．doc　　　　　　　　　　　　B．document
　　C．element　　　　　　　　　　D．documents

（2）以下函数中，不能获取 HTML 元素的是（　　）。
　　A．getElementByName()　　　　B．getElementsByTagName()
　　C．getElementById()　　　　　　D．getElementsByClassName()

（3）以下属性中，能获取当前节点父节点的是（　　）。
　　A．nodes　　　　　　　　　　　B．firstChild
　　C．parentNode　　　　　　　　D．parentNodes

2. 判断题

（1）<html>元素是整个 HTML 文档的根节点。　　　　　　　　　　　（　　）
（2）元素<style>中的属性名和 CSS 中的样式名完全一致。　　　　　　（　　）
（3）appendChild()函数是将节点添加到子节点首位。　　　　　　　　（　　）

3. 填空题

（1）HTML 元素操作中支持获取 HTML 代码的属性是_____。
（2）classList 属性中判断元素是否包含某个 class 的函数是_____。
（3）删除属性节点的函数是_____。

4. 编程题

实现一个新闻列表，并支持翻页切换对应内容。

# 第 8 章

# 事 件

### 项目导读

事件可以说是用户和网页交互的桥梁，如用户单击鼠标、滚动滚轮向下滑动网页等操作都称为事件。JavaScript 通过监听用户触发的这些事件，执行对应的代码与用户进行交互，如跳转到对应网页、弹出提示框等。本章将对事件进行详细讲解。

### 学习目标

- 了解什么是事件
- 掌握事件绑定方式
- 理解事件捕获和冒泡
- 掌握事件对象使用
- 掌握多种事件类型
- 掌握事件优化方式

### 素质目标

- 了解科技发展，树立刻苦钻研、科技创新的人生目标
- 提高选择合适方法解决不同问题的能力

## 8.1 事件介绍

### 8.1.1 什么是事件

事件可以理解成是 JavaScript 侦测到的行为，这些行为包括页面加载、鼠标单击某个按钮、鼠标滑过某区域等。当 JavaScript 侦测到这些行为，就会去执行一段程序来进行响应，这就实现了用户与网页的交互。JavaScript 为响应用户行为所执行的程序代码称为事件处理程序。例如，当用户在网页中单击某个按钮时，这个行为就会被 JavaScript 中的 click 事件监测到，然后让其自动执行为 click 事件编写的程序代码（事件处理程序），如打开提示框。

自 IE 3 和 Netscape Navigator 2 浏览器开始支持事件，由于当时没有统一的事件标准，各浏览器都是按照自己的方式去实现浏览器事件，所以各浏览器需要监听的事件名称或监听事件的方式都有所不同。

在制定 DOM 2 规范时，包含了对事件标准化规范的定义，此时浏览器事件才算拥有了一个较为统一的标准。目前大部分浏览器，如 Chrome、Safari、Firefox 都支持 DOM 2 级事件的核心部分，但 IE 9 之前的 IE 浏览器依然使用自己的事件标准，所以当开发者需要兼容 IE 8 及更低版本的浏览器时，需要做好浏览器环境的兼容处理。

### 科技民生

物联网能把人和人、人和物、物和物有机地联系起来，让万物互联成为可能，实现信息交互、资源共享。

早晨被智能音箱唤醒，边洗漱边听订阅频道更新；出门上班，智能网联汽车自动规划最优线路；在线办公，在各种智能设备之间切换……连接无处不在、数据源源不断，借助快速发展的人工智能、云计算、工业互联网等数字技术，"万物互联"从来没有像今天这样清晰地呈现在人们面前，对良好数字生态的呼唤也从来没有像今天这样迫切。

"十四五"规划纲要提出："坚持放管并重，促进发展与规范管理相统一，构建数字规则体系，营造开放、健康、安全的数字生态。"当前，数字经济、数字社会、数字政府加快建设，数字技术全面融入生产生活，围绕数据的流动循环、相互作用，构成一个日益复杂的生态系统。营造良好数字生态，才能进一步为万物互联打开更多空间，也让万物互联的技术图景更好地服务人们的需求。

## 8.1.2 事件绑定方式

事件绑定是指为某个元素对象的事件绑定事件处理程序。JavaScript 提供了 3 种绑定方式，分别为内联绑定、动态绑定和事件监听，下面分别介绍。

事件绑定方式

### 1. 内联绑定

内联绑定是在 HTML 标签元素上新增一个事件属性，具体语法如下：

```
<标签 事件="事件处理程序"></标签>
```

上述语法中，标签可以是任意 HTML 标签，如<div>标签、<a>标签等。事件由 on 和事件名称组成，如元素单击事件 onclick、网页加载事件 onload 等。事件处理程序是 JavaScript 代码，如 console.log('hello')。事件内联绑定的示例如下：

```
<button onclick="alert('hello'); ">hello</button>
```

上述代码中，<button>元素包含一个 onclick 属性，其对应执行的 JavaScript 代码为 "alert('hello'); "。当单击<button>元素时，将弹出提示框并显示 hello。

> **提示**
>
> 实际开发中提倡将 JavaScript 代码与 HTML 代码分离，因此不建议使用内联绑定。

### 2. 动态绑定

动态绑定是在 JavaScript 代码中获取标签元素，通过标签元素的事件属性绑定事件处理程序，语法如下：

```
标签元素.事件 = 事件处理程序;
```

上述语法中，标签元素是通过 document.getElementById()等方式获取的。实际开发中，相对于内联绑定来说，动态绑定使用更多一些。下面通过实例展示事件动态绑定。

【例 8-1】 使用动态绑定方式实现按钮单击事件。

（1）创建 HTML 文档，在文档中添加一个<button>元素，并设置其 id 值为 "hello"。

```
<button id="hello">hello</button>
```

（2）在页面中添加<script></script>标签对，并在其中输入以下代码。

```
// 通过 id 属性 hello 获取元素
var $button = document.getElementById('hello');
// 事件动态绑定
$button.onclick = function() {
alert('hello');
}
```

上述实例，页面上包含一个 id 为 hello 的<button>元素，在 JavaScript 中获取该<button>

元素，并使用 onclick 动态绑定事件处理程序。当单击<button>元素时，将弹出提示框并显示 hello。

### 3. 事件监听

事件监听是在 JavaScript 代码中获取标签元素，然后通过 DOM 元素的事件监听函数绑定事件处理程序，具体语法如下：

```
标签元素.addEventListener(type, listener[, useCapture]);
```

上述代码中，标签元素是通过 document.getElementById()等方式获取的，它使用点语法调用 addEventListener()函数。addEventListener()函数支持传入 3 个参数，第一个参数为事件类型，如 click、load 等；第二个参数为事件触发的回调函数，当事件触发时，将执行回调函数；第三个参数决定是否使用事件捕获，是一个 Boolean 类型的值，通常传入 false。关于事件捕获的内容将在 8.1.3 节详细讲解，此处仅作了解。下面通过实例展示事件监听的应用。

【例 8-2】 使用事件监听方式实现按钮单击事件。

（1）创建 HTML 文档，在文档中添加一个<button>元素，并设置其 id 为 "hello"。

```
<button id="hello">hello</button>
```

（2）在页面中添加<script></script>标签对，并在其中输入以下代码。

```
// 通过 id 属性 hello 获取元素
var $btn = document.getElementById('hello');
// 事件监听
$btn.addEventListener('click', function() {
alert('hello');
}, false);
```

上述实例，首先获取<button>元素，然后使用 addEventListener()函数监听单击事件，当单击<button>元素时，将弹出提示框并显示 hello。

addEventListener()函数是 DOM2 级事件中的标准定义，在低版本的 IE 浏览器（如 IE8 及以下版本）中需要使用另一个函数 attachEvent()进行事件监听，其语法如下：

```
标签元素.attachEvent(type, listener);
```

和 addEventListener()函数相比，attachEvent()函数仅少了一个事件捕获参数，其他用法一致。如果使用 attachEvent()实现例 8-2 的效果，代码如下：

```
// 通过 id 属性 hello 获取元素
var $btn = document.getElementById('hello');
// 事件监听
$btn.attachEvent('click', function() {
    alert('hello');
});
```

内联绑定、动态绑定与事件监听之间最大的区别在于，使用前面两种方式，同一个标签元素的同一个事件只能有一个事件处理程序；而使用后者，同一个标签元素的同一个事件可以有多个事件处理函数。

> **提示**
>
> 在老版本 IE 浏览器（IE8 及以下）中，使用 attachEvent()函数对同一个元素进行多次事件监听时，回调函数执行的顺序是从最后一个监听事件开始到第一个监听事件结束，这和 addEventListener()函数的执行顺序相反。

### 8.1.3 事件流

假设页面上存在 3 个<div>元素，div1 是 div2 的父元素，div2 是 div3 的父元素，当使用者单击 div3 元素时，到底哪些元素应该接收这一单击事件呢？仅仅是 div3 元素触发单击事件，还是包含 div3 元素的所有父元素都触发该单击事件呢？

对于上述问题，IE 浏览器团队和 Netscape 浏览器团队有着一致的看法，那就是当 div3 元素被单击时，它和它所有的父级元素都应该触发该单击事件。也就是说，当一个 HTML 元素产生一个事件时，该事件会沿元素节点与根节点之间的路径传播，路径所经过的节点都会收到该事件，这个传播过程就称为事件流。

IE 浏览器团队和 Netscape 浏览器团队针对浏览器事件定义了两种完全相反的浏览器事件流。IE 浏览器的事件流是事件冒泡，而 Netscape 浏览器的事件流是事件捕获。

（1）事件冒泡。它指的是事件流传播的顺序是从最内层元素（发生事件的元素节点）开始到最外层元素（DOM 树的根节点）逐层触发，如图 8-1 所示。

（2）事件捕获。和事件冒泡的事件流顺序相反，事件捕获是指事件流从最外层元素开始到最内层元素逐层触发，如图 8-2 所示。

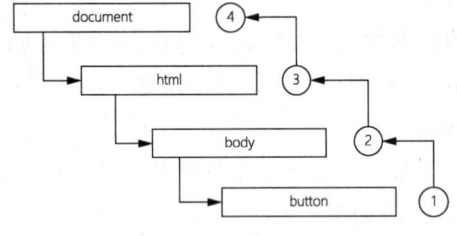

图 8-1　事件冒泡

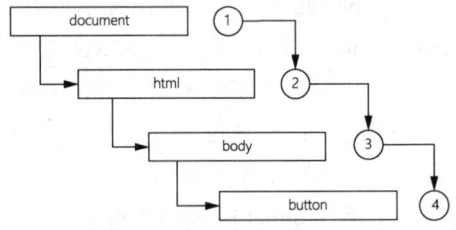

图 8-2　事件捕获

支持事件流的浏览器越来越多，为了规范各浏览器对事件流的支持，W3C 制定了 DOM 事件流规范。DOM 事件流共分为 3 个阶段，分别是捕获阶段、目标阶段和冒泡阶段，它综合了 IE 浏览器和 Netscape 浏览器的事件流规则，如图 8-3 所示。

在 DOM 事件流规范中，事件发生后首先实现事件捕获，但不对事件进行处理；然后进行到目标阶段，定位目标后执行当前元素对象的事件处理程序，但这一步通常被看成是冒泡阶段的一部分；最后实现数据冒泡，逐级对事件进行处理。

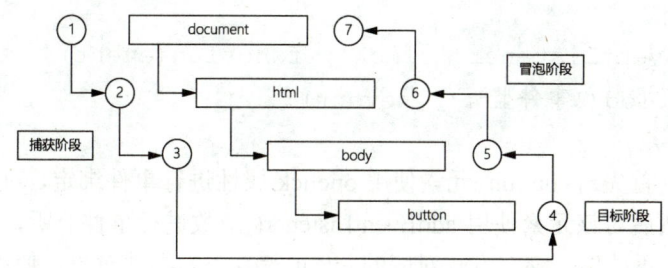

图 8-3 DOM 事件流

> 大部分现代浏览器都支持 DOM 事件流模型，如 Chrome、Safari、FireFox 等。老版本的 IE 浏览器（IE8 及以下）不支持 DOM 事件流。

## 8.2 事件对象

当事件触发时，都会产生一个事件对象，该事件对象中包含了所有与事件相关的信息。其中包括事件类型、事件触发的位置、事件触发的顺序、目标元素等。不同的事件类型包含不同的事件信息。例如，鼠标单击的事件对象中包含鼠标所在屏幕位置信息（X 轴和 Y 轴坐标），键盘单击的事件对象中包含按键所对应的编号信息等。

### 8.2.1 获取事件对象

当浏览器触发了一个事件之后，浏览器会将创建的事件对象（event）传入到事件绑定或事件监听的函数中。使用 8.1.2 节学习的 3 种事件绑定方式，在事件触发时都可以接收到对应的事件对象。下面通过一个实例介绍获取事件对象的方法。

【例 8-3】 获取按钮单击事件的事件对象。（实例位置：example/ch8/8-3.html）

（1）创建 HTML 文档，在文档中添加一个<button>元素，并设置其 id 为 "hello"。

```
<button id="hello">hello</button>
```

（2）在页面中添加<script></script>标签对，并在其中输入以下代码。

```
// 通过 id 属性 hello 获取元素
var $btn = document.getElementById('hello');
// 事件绑定
$btn.onclick = function(event) {
  console.log('事件绑定:', event);
```

```
}
// 事件监听
$btn.addEventListener('click', function(event) {
  console.log('事件监听:', event);
}, false);
```

上述实例中，首先对<button>元素使用 onclick 属性进行事件绑定，对应函数中包含一个 event 参数；然后对该元素使用 addEventListener()函数进行事件监听，其回调函数包含一个 event 参数。两种事件绑定方式对应的 event 参数都为事件对象，使用 console.log()函数输出 event 对象。

运行网页并单击按钮，结果如图 8-4 所示。

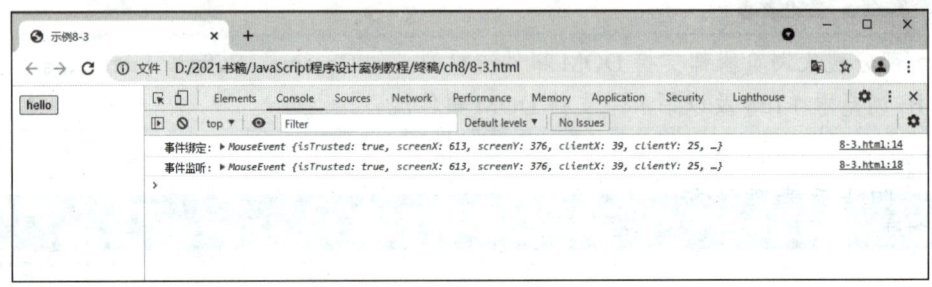

图 8-4 获取事件对象

> **提示**
>
> 值得注意的是，event 对应参数名称可以自定义，通常使用 "event" 或者 "e" 表示。

由图 8-4 可知，当用鼠标单击按钮时，事件绑定和事件监听触发的浏览器事件对象都为鼠标事件对象 MouseEvent。展开 MouseEvent 对象可以看到该事件对象的所有属性和方法。

> **提示**
>
> 在老版本的 IE 浏览器（IE8 及以下）中，onclick 对应函数的事件对象并不是通过函数参数传入，而是需要使用 window.event 获取。

## 8.2.2 事件对象属性和方法

8.2.1 节介绍了如何获取浏览器事件对象，事件对象中包含了许多与事件相关的属性和方法，通过这些属性和方法可以获取事件触发的元素信息，事件类型等。事件对象常用的属性和方法如表 8-1 所示。

事件对象属性和方法

表 8-1　事件对象常用属性和方法

| 类型 | 名称 | 描述 |
|---|---|---|
| 属性 | type | 返回当前事件类型 |
| | target | 返回触发当前事件的目标元素 |
| | currentTarget | 返回响应当前事件的目标元素 |
| | bubbles | 该事件是否可以冒泡 |
| | cancelable | 是否可以取消默认事件行为 |
| | eventPhase | 事件所处事件阶段。1 表示捕获阶段，2 表示目标阶段，3 表示冒泡阶段 |
| 方法 | preventDefault() | 阻止默认事件行为，当 cancelable 属性为 true 时此方法有效 |
| | stopPropagation() | 阻止事件冒泡，当 bubbles 属性为 true 时此方法有效 |

日常开发中，可以使用表 8-1 中的属性和方法实现一些常见功能，如阻止元素默认行为、阻止事件冒泡、获取触发事件的元素等。下面分别讲解使用事件对象常用属性和方法实现这 3 种功能的方法。

### 1. 阻止元素默认行为

HTML 中的部分元素有特殊的行为，如<a>元素拥有 href 属性，当单击该元素时将发生网页跳转；单击表单的 submit 按钮，将会向指定的服务器地址发送网络请求。元素所具有的这种特殊行为称为默认行为。

使用默认行为可以实现一些常见功能，但某些情况下需要阻止这些元素的默认行为。使用事件对象的 preventDefault()方法可以禁止所有浏览器执行元素的默认行为。

【例 8-4】 当网页上存在外部网站的链接时，在进行跳转之前需要提示用户是否前往对应的网页，如果选择否，此时就需要阻止浏览器默认行为，下面来看具体实现过程。（实例位置：example/ch8/8-4.html）

（1）创建 HTML 文档，在文档中添加一个<a>元素，并设置其 id 属性为"link"，href 属性为"https://www.baidu.com"。

```
<a id="link" href="https://www.baidu.com">前往百度</a>
```

（2）在页面中添加<script></script>标签对，并在其中输入以下代码。

```
// 通过 id 属性 link 获取元素
var $a = document.getElementById('link');
// 事件监听
$a.addEventListener('click', function(event) {
  var result = confirm('确认前往百度吗？');
  if (!result) {
    event.preventDefault();
  }
}, false);
```

上述实例中，使用 addEventListener()监听<a>元素的单击事件，在回调函数中提示用户是否跳转到百度，如果用户选择"取消"按钮，使用事件对象的preventDefault()方法阻止网页跳转。当用户选择"确定"按钮时，使用浏览器默认行为进行网页跳转。

### 2. 阻止事件冒泡

在 8.1.3 节事件流的学习中了解了事件捕获、事件冒泡等的触发流程，事件冒泡中事件流的传播顺序是从最底层元素到最顶层元素。在实际的程序开发中，某些情况下需要阻止事件冒泡流程，此时就需要用到事件对象的 stopPropagation()函数。下面通过实例来看一下具体方法。

【例 8-5】 阻止事件冒泡流程。（实例位置：example/ch8/8-5.html）

（1）创建 HTML 文档，在文档中添加 3 个相互嵌套的<div>元素，它们分别是 div1、div2、div3，并使用 CSS 定义 3 个 div 的样式（具体代码见实例文件）。

```
<div id="div1">div1
   <div id="div2">div2
      <div id="div3">div3</div>
   </div>
</div>
```

（2）在页面中添加<script></script>标签对，并在其中输入以下代码。

```
document.getElementById('div1').onclick = function() {
   console.log('div1');
}
document.getElementById('div2').onclick = function() {
   console.log('div2');
}
document.getElementById('div3').onclick = function() {
   console.log('div3');
}
```

上述实例中，使用 JavaScript 分别监听 3 个<div>元素的单击事件，并在单击触发时在控制台输出对应的元素名称。当单击 div3 时，控制台输出结果如图 8-5 所示。

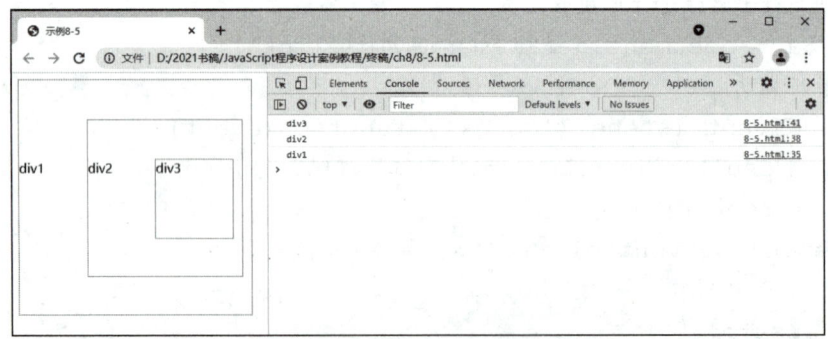

图 8-5 事件冒泡流程

由上述实例可以看出，当单击div3时，控制台分别输出了结果div3、div2、div1，这和事件冒泡流程一致。如果希望在单击div3时不触发div2和div1的单击事件，就需要在div3的单击事件对应函数中阻止当前事件冒泡，只需简单修改JavaScript代码即可。（实例位置：example/ch8/8-5(2).html）

```
document.getElementById('div1').onclick = function() {
    console.log('div1');
}
document.getElementById('div2').onclick = function(e) {
    console.log('div2');
    // 阻止事件冒泡
    e.stopPropagation();
}
document.getElementById('div3').onclick = function(e) {
    console.log('div3');
    // 阻止事件冒泡
    e.stopPropagation();
}
```

运行上述修改后的页面，此时再单击div3，控制台仅输出结果div3，如图8-6所示。

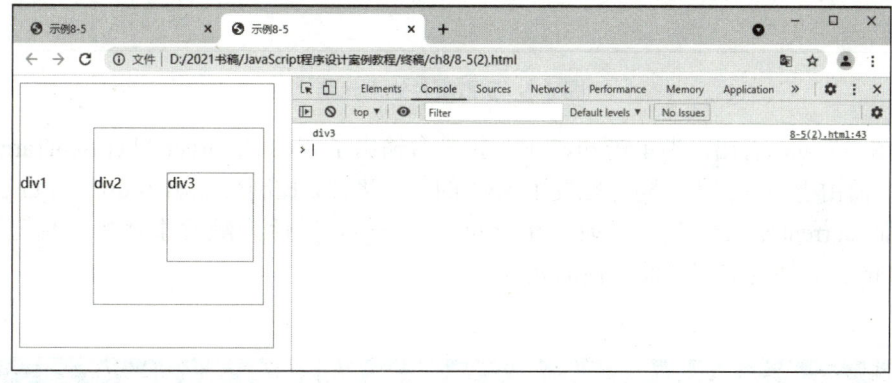

图8-6　阻止事件冒泡

### 3. 获取触发事件元素

日常开发中，通常需要获取触发事件的目标元素和当前元素。下面通过实例介绍如何获取触发事件的元素。

【例8-6】　获取触发事件的元素。（实例位置：example/ch8/8-6.html）

（1）创建HTML文档，在文档中添加两个相互嵌套的<div>元素div1和div2，并使用CSS定义它们的样式（具体代码见实例文件）。

```
<div id="div1">div1
    <div id="div2">div2</div>
```

```
</div>
```

（2）在页面中添加<script></script>标签对，并在其中输入以下代码。

```
document.getElementById('div1').onclick = function(e) {
    console.log('div1 target:', e.target);
    console.log('div1 currentTarget:', e.currentTarget);
}
document.getElementById('div2').onclick = function(e) {
    console.log('div2 target:', e.target);
    console.log('div2 currentTarget:', e.currentTarget);
};
```

上述代码中，分别监听两个<div>元素的单击事件，并在单击触发时在控制台输出对应的元素 target 和 currentTarget。当单击 div2 时，控制台输出结果如图 8-7 所示。

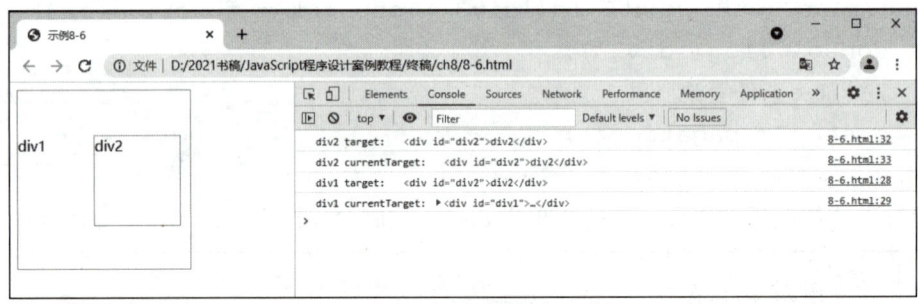

图 8-7　获取事件触发元素

由图 8-7 可以看出，当单击 div2 时，控制台输出了 div2 的 target 和 currentTarget 值都为 div2。而由于事件冒泡，同样触发了 div1 的单击事件，控制台输出了 div1 的 target 值为 div2，而 currentTarget 值为 div1。由此可知，target 属性为触发事件的目标元素，而 currentTarget 属性为响应当前事件的元素。

## 8.3　事件类型

事件分为多种类型，不同的用户操作行为会触发不同类型的事件。DOM 3 对事件进行了标准化的分类，如鼠标事件、触摸事件、键盘事件等，本节对几种常见事件类型进行介绍。

### 8.3.1　鼠标事件

在 PC 端设备中，鼠标事件是最常用的一类事件。例如，用户单击轮播图的切换按钮播放下一张图片；用户鼠标滑过某个菜单时，隐藏

鼠标事件

的菜单内容显示出来等。这些效果都是通过监听鼠标事件实现的。表 8-2 列出了常用的鼠标事件信息。

表 8-2　鼠标事件及其触发场景

| 事件名称 | 事件触发场景 |
| --- | --- |
| click | 按下并释放任意鼠标按键时触发 |
| dblclick | 双击鼠标按键时触发 |
| mousedown | 按下鼠标任何按键时触发 |
| mouseup | 释放鼠标按键时触发 |
| mouseover | 当鼠标进入某元素区域时触发 |
| mouseout | 当鼠标离开某元素区域时触发 |
| mousemove | 当鼠标在元素内移动时触发 |
| mouseenter | 当鼠标首次进入元素区域时触发 |
| mouseleave | 当鼠标离开元素区域时触发 |
| mousewheel | 当鼠标滚轮滑动时触发 |

表 8-2 所展示的部分事件之间是存在关联的。例如，触发了 mousedown 和 mouseup 事件之后才会触发 click 事件，连续两次触发 click 事件才会触发 dblclick 事件。

### 拓展阅读

表 8-2 所展示的鼠标事件中，除 mouseenter 和 mouseleave 之外，其他鼠标事件是支持冒泡的。

在实际的程序开发中，鼠标事件还经常涉及一些常用的鼠标属性，用来获取当前鼠标的位置信息。表 8-3 列出了常用的属性。

表 8-3　鼠标事件位置属性

| 属性名称 | 描述 |
| --- | --- |
| clientX | 鼠标事件触发时，鼠标指针相对于浏览器可视窗口左侧的位置（X 轴） |
| clientY | 鼠标事件触发时，鼠标指针相对于浏览器可视窗口顶部的位置（Y 轴） |
| pageX | 鼠标事件触发时，鼠标指针相对于浏览器页面左侧的位置（X 轴） |
| pageY | 鼠标事件触发时，鼠标指针相对于浏览器页面顶部的位置（Y 轴） |
| screenX | 鼠标事件触发时，鼠标指针相对于显示器屏幕左侧的位置（X 轴） |
| screenY | 鼠标事件触发时，鼠标指针相对于显示器屏幕顶部的位置（Y 轴） |

当页面中不存在滚动条时，表 8-3 所列的 clientX 和 pageX，以及 clientY 和 pageY 的值是相等的。为了让大家更好地理解鼠标事件及其对应的属性，下面通过一个单击移动方块的实例进行讲解。

【例 8-7】　鼠标事件的应用。（实例位置：example/ch8/8-7.html）

（1）创建 HTML 文档，在文档中添加 1 个 id 值为 square 的 div，并使用 CSS 样式定义其样式为 1 个 fixed 定位的黑色方块（具体样式代码见实例文件）。

```
<div id="square"></div>
```

（2）在页面中添加<script></script>标签对，并在其中输入以下代码。

```javascript
// 通过 id 属性获取<div>元素，并监听鼠标单击事件
var $square = document.getElementById('square');
document.onclick = function(e) {
  var pageX = e.pageX;
  var pageY = e.pageY;
  // 计算方块的目标位置，页面的当前位置减去方块的1/2 宽高
  var targetX = pageX - $square.offsetWidth / 2;
  var targetY = pageY - $square.offsetHeight / 2;
  // 设置方块的目标位置
  $square.style.left = targetX + 'px';
  $square.style.top = targetY + 'px';
}
```

例 8-7 首先在页面上添加一个 id 值为 square 的<div>元素，并设置其样式为 fixed 定位的黑色方块。然后获取对应的<div>元素，并监听 document 的鼠标单击事件；在单击事件触发时，首先获取鼠标单击位置距离页面左侧和顶端的距离，然后将对应距离减去方块宽高的 1/2 得到方块左上角相对页面左侧和顶端的距离；最后设置方块元素 style 的 left 和 top 属性，将方块移到鼠标单击的位置。

在浏览器中打开网页，单击鼠标可以看到方块由原始的左上角移到单击位置，效果如图 8-8 所示。

图 8-8　单击移动方块

> **拓展阅读**
>
> 在老版本 IE 浏览器（IE8 及以下）中，鼠标事件不支持 pageX 和 pageY 属性，可以使用 clientX 和 clientY 加上页面滚动距离，计算出对应的 pageX 和 pageY 的值。

## 8.3.2 触摸事件

随着智能手机、平板电脑等移动设备的广泛应用，目前几乎所有浏览器都为这些设备提供了触摸事件。表 8-4 列出了常用的触摸事件信息。

表 8-4 触摸事件及其触发场景

| 事件名称 | 事件触发场景 |
| --- | --- |
| touchstart | 当用户手指触摸屏幕时触发 |
| touchmove | 当用户在屏幕滑动手指时触发 |
| touchend | 当用户抬起手指时触发 |
| touchcancel | 当系统停止跟踪触摸事件时触发 |
| click | 当用户单击屏幕完成时触发 |

大部分触摸事件都与相应的鼠标事件一一对应，如 touchstart 对应 mousedown 事件，touchmove 对应 mousemove 事件，touchend 对应 mouseup 事件。在进行移动端网页开发时，使用触摸事件代替鼠标事件即可实现相应的功能。

## 8.3.3 键盘事件

当用户使用键盘进行操作时会触发相应的键盘事件，利用键盘事件可以实现一些常见的功能，如监听 Enter 按键进行表单的提交，监听 Esc 按键关闭展开的菜单等。表 8-5 列出了常用的键盘事件信息。

表 8-5 键盘事件及其触发场景

| 事件名称 | 事件触发场景 |
| --- | --- |
| keydown | 用户按下键盘按键时，长按将多次触发 |
| keyup | 用户从键盘按键抬起时触发 |
| keypress | 用户按下键盘字符键时触发（字符键不包括 Esc、Shift 等按键） |

在键盘事件触发时，该事件对象中会包含一个键盘按键的键码（属性值为 keyCode），其中 keypress 事件对应字符键的键码与 ASCII 码中对应字母或数字的编码相同，如字母 A 的键码为 65。关于键盘按键对应键码，读者可以在网上查阅相关资料，本书不再详细展示

每个按键对应的键码。

大多数网站都有登录功能，下面通过一个按下 Enter 键登录网站的实例，学习键盘事件的应用。

【例 8-8】 使用键盘事件实现按键登录。（实例位置：example/ch8/8-8.html）

（1）创建 HTML 文档，在文档中添加两个 div，分别放置账号和密码输入框，然后再添加一个登录按钮，用于提交登录信息，具体代码如下：

```
<div>请输入账号：<input id="account" type="text"></div>
<div>请输入密码：<input id="password" type="password"></div>
<button id="submit">登录</button>
```

（2）在页面中添加<script></script>标签对，并在其中输入以下代码。

```
// 定义登录方法
function login() {
  if (document.getElementById('account').value.length <= 0) {
    alert('请输入账号');
    return;
  }
  if (document.getElementById('password').value.length <= 0) {
    alert('请输入密码');
    return;
  }
  alert('登录成功');
}
// 监听键盘事件
document.onkeydown = function(e) {
  // 如果不是 Enter 按键，直接返回
  if (e.keyCode !== 13) {
    return;
  }
  login();
}
// 监听按钮单击事件
document.getElementById('submit').onclick = function(e) {
  login();
}
```

例 8-8 首先在页面上添加了两个<div>，并在每个<div>中嵌套了一个<input>元素，作为账号和密码输入框；在页面最下方添加了一个 id 为 submit 的<button>元素作为"登录"按钮。然后使用 JavaScript 定义了一个 login()函数，在函数内进行了账号和密码输入框的

为空性校验，如果其中一个输入框内容为空，则提示用户输入。接着定义了键盘事件 onkeydown，当键盘事件触发时，首先判断键盘事件对象 keyCode 属性是否为 13；如果不是 13 则代表用户按下的不是 Enter 按键，直接返回，如果是 13，则调用 login()函数。最后为<button>元素绑定了单击事件，当单击触发时，调用 login()函数。

在浏览器中打开网页，输入账号和密码，按下 Enter 键或用鼠标单击"登录"按钮，效果如图 8-9 所示。

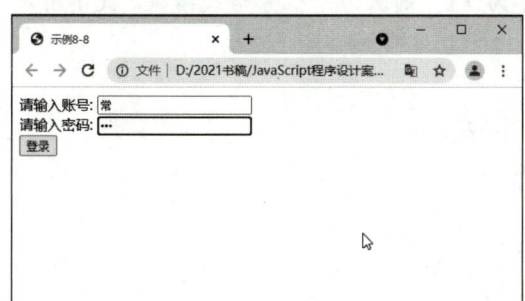 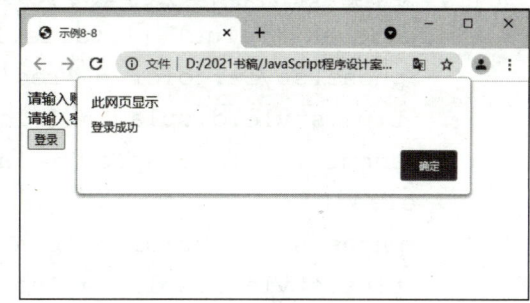

图 8-9　使用键盘事件实现按键登录

## 8.3.4　焦点事件

焦点事件是在页面某个元素获得焦点或者失去焦点时触发的事件。例如，选中页面上某个输入框，那么该输入框便获得了焦点并触发焦点事件；当单击输入框外部时，该输入框便失去焦点并触发焦点事件。焦点事件最常见的使用场景就是进行表单规则校验。表 8-6 列出了常用的焦点事件信息。

表 8-6　焦点事件及其触发场景

| 事件名称 | 事件触发场景 |
| --- | --- |
| focus | 当文本框获得焦点时触发 |
| blur | 当文本框失去焦点时触发 |

下面通过一个手机号格式校验的案例，学习焦点事件的应用。

【例 8-9】　使用焦点事件实现手机号格式校验。（实例位置：example/ch8/8-9.html）

（1）创建 HTML 文档，在文档中添加 1 个<div>，一个<p>元素（用于放置提示信息，默认隐藏）和一个提交按钮（默认隐藏），具体代码如下：

```
<div>请输入手机号：<input id="phone" type="text"></div>
<p id="tips" style="display: none;color: red;">请输入正确的手机号码</p>
<button id="submit" style="display: none;">提交</button>
```

（2）在页面中添加<script></script>标签对，并在其中输入以下代码。

```javascript
// 定义 check()函数，检测输入的手机号格式是否正确
function check() {
  var $phone = document.getElementById('phone');
  var $tips = document.getElementById('tips');
  var $submit = document.getElementById('submit');
  var value = $phone.value;
  //如果输入框内容不是数字或者长度不为 11，则认为手机号格式错误，提示用户
  if (isNaN(+value) || value.length !== 11) {
    $phone.style.color = 'red';
    $tips.style.display = 'block';
    $submit.style.display = 'none';
  } else {
    $phone.style.color = 'black';
    $tips.style.display = 'none';
    $submit.style.display = 'block';
  }
}
// 监听输入框失去焦点事件
document.getElementById('phone').onblur = function(e) {
  check();
}
// 监听按钮单击事件
document.getElementById('submit').onclick = function(e) {
  alert('提交成功')
}
```

例 8-9 首先在页面上添加了一个嵌套在 div 中 id 为 phone 的输入框，用于输入待提交的手机号码；一个用于提示手机号格式异常的<p>元素，默认为隐藏状态；一个 id 为 submit 的<button>元素，默认同样为隐藏状态。

接下来使用 JavaScript 定义了一个 check()函数，函数内先通过 id 属性获取输入框、<p>元素和<button>元素；接着获取当前输入框的值，并对输入框的值进行判断；如果输入框的值不是数字，或长度不为 11，则认为用户输入的手机号格式异常，将输入框文字颜色改为红色并显示用于错误提示的<p>元素，继续隐藏<button>元素；当用户手机号格式正确时，恢复文本框文字颜色，并隐藏<p>元素，显示<button>元素。

最后使用输入框 onblur 属性监听失去焦点事件，当事件触发时，调用 check()函数；监听<button>元素的单击事件，当事件触发时，提示用户"提交成功"。

在浏览器中打开网页，输入两位数字，在输入框外单击，效果如图 8-10（a）所示；刷新页面，输入完整的手机号码，在输入框外单击，效果如图 8-10（b）所示。

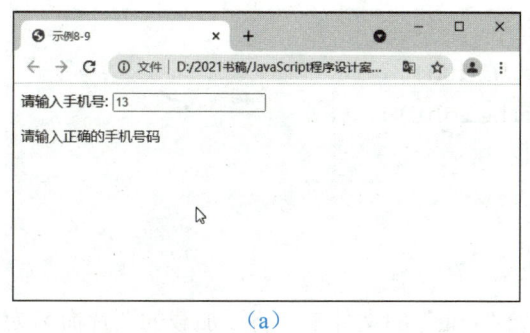 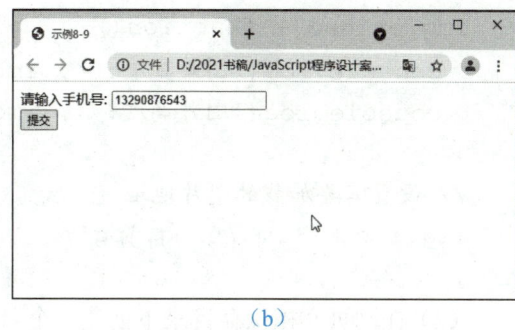

(a)　　　　　　　　　　　　　　　(b)

图 8-10　使用焦点事件验证手机号码

## 8.3.5　页面事件

页面事件主要是指浏览器页面级别的事件，如页面滚动触发的事件、页面加载完成触发的事件等。利用页面事件可以完成一些常见功能。例如，监听浏览器 scroll 事件，当进度条滚动到某个位置时显示对应内容；监听<img>的 load 事件，获取加载图片的宽高等。表 8-7 列出了常见的页面事件信息。

表 8-7　页面事件及其触发场景

| 事件名称 | 事件触发场景 |
| --- | --- |
| scroll | 支持滚动的元素滚动时触发 |
| resize | 当 window 大小或者框架大小发生变化时触发 |
| error | 当 js 执行出现异常，或<img>元素加载图片失败，或框架加载失败时触发 |
| load | 当页面完全加载，或<img>元素加载图片完成，或框架加载完成时触发 |
| unload | 当页面或者框架卸载时触发 |

load 事件是日常开发中最常用的事件之一，它不仅可以应用到 HTML 页面加载，还可以应用到<img>元素加载等。监听页面 load 事件通常使用 window.onload。页面的 load 事件是在页面所有元素加载完成后才触发的事件，包括 DOM 元素、CSS 文件、JavaScript 文件、图片等外部资源。

在程序开发中，当需要获取一张图片的宽、高时，可以利用<img>元素的 load 事件。下面通过实例学习 load 事件的应用。

【例 8-10】　使用 load 事件获取图片宽、高。（实例位置：example/ch8/8-10.html）

（1）创建 HTML 文档，在页面中添加<script></script>标签对，并在其中输入以下代码。

```
// 创建 Image 对象
var img = new Image();
// 监听 onload 事件
```

```
img.onload = function () {
  console.log('图片宽度: ', img.width);
  console.log('图片高度: ', img.height);
}
// 设置需要加载的图片地址
img.src = 'img/timg.jpg';
}
```

（2）在网页文档保存目录下创建一个名为"img"的文件夹，将要加载的图片命名为"timg.jpg"，放在"img"文件夹中。

例 8-10 使用 new Image()创建了一个 Image 对象，然后监听该对象的 onload 事件，在控制台输出该对象的宽高，接着设置该对象的 src 属性加载对应图片。当图片加载完成后，即触发该 Image 对象的 onload 事件，此时可以通过图片对象的 width 和 height 属性获取图片的宽、高。

在浏览器中打开网页，切换到控制台，输出效果如图 8-11 所示。

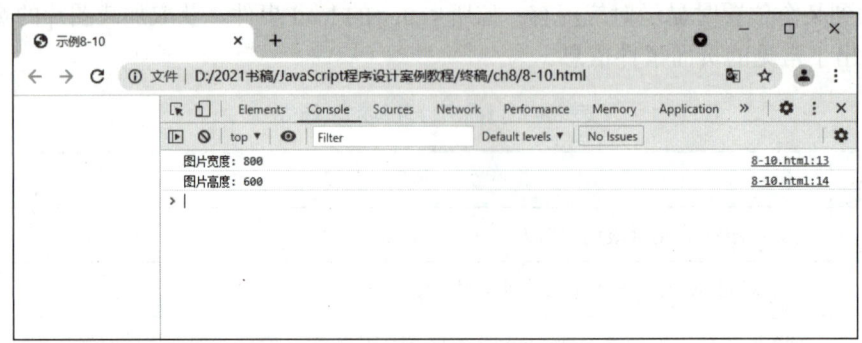

图 8-11　获取图片属性

> **提示**
>
> 在部分浏览器中，使用 new Image()创建的图片对象会生成对应的<img>元素，但不是所有浏览器都有同样的实现，需要注意图片对象和<img>元素的区别。

## 8.3.6　HTML 5 事件

除前面介绍的常见事件类型之外，HTML 5 还新增了一些事件类型。例如，在页面卸载之前触发的事件，可以实现当用户单击关闭按钮时弹出提示，询问用户是否关闭页面。表 8-8 列出了常见的 HTML 5 事件信息。

## 第8章 事件

表8-8 HTML 5 事件及其触发场景

| 事件名称 | 事件触发场景 |
| --- | --- |
| beforeunload | 页面卸载之前触发 |
| DOMContentLoaded | 当页面的 DOM 元素加载完成时触发，不会等待 CSS 文件、异步 JavaScript 文件、图片等资源加载 |
| hashchange | 当页面 URL 的 hash 值变化时触发 |

### 知识库

卸载页面是指关闭当前页面或从当前页面跳转到其他页面。

某些情况下，会将 JavaScript 代码放到 DOM 元素之前，此时如果和之前一样直接绑定元素事件，将会出现异常。下面通过实例说明。

【例 8-11】 typeError 异常问题。（实例位置：example/ch8/8-11.html）

```
<script>
document.getElementById('hello').onclick = function() {
  console.log('hello');
}
</script>
<div id="hello">hello</div>
```

运行上述代码，浏览器控制台将出现 typeError 异常，如图 8-12 所示。

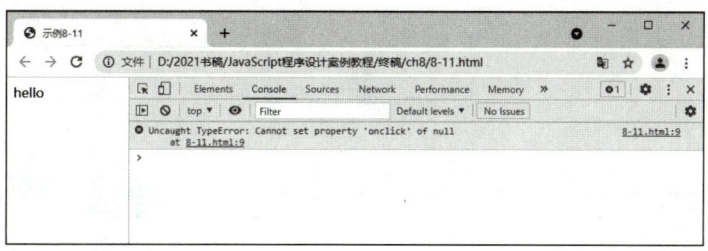

图 8-12 获取 DOM 元素异常

造成上述异常的原因是，使用 getElementById()方法获取<div>元素时，该元素还未进行解析，此时获取到的结果为 null。

对于上述问题，可以通过为 window 元素添加 DOMContentLoaded 事件来解决。下面通过实例来看具体解决方法。

【例 8-12】 解决 typeError 异常问题。（实例位置：example/ch8/8-12.html）

```
<script>
// 监听页面 DOM 加载完毕
```

```
window.addEventListener('DOMContentLoaded', function() {
  document.getElementById('hello').onclick = function() {
     console.log('hello');
  }
}, false);
</script>
<div id="hello">hello</div>
```

### 知识库

addEventListener()方法用于为指定元素添加事件句柄，此处是为 window 元素添加，DOMContentLoaded 为要添加的事件名，function()指定当事件触发时执行的函数。

上述代码能正常运行，在单击<div>元素时，控制台输出 hello，如图 8-13 所示。DOMContentLoaded 事件是在页面上的所有 DOM 元素解析完后触发的事件，所以可以将 DOM 操作放到该事件中处理。

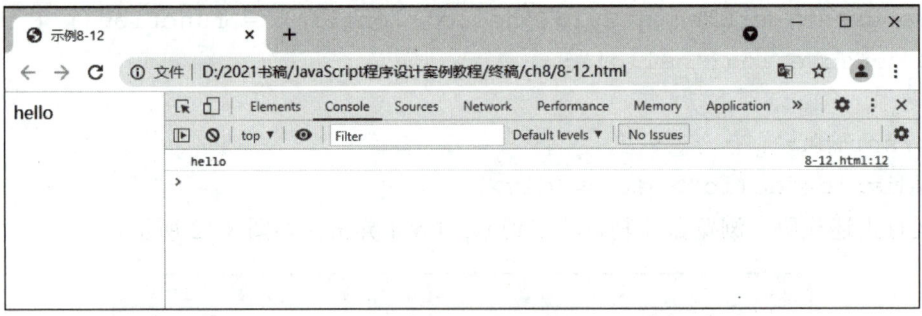

图 8-13　网页运行效果

### 知类通达

　　用户的不同操作要使用不同类型的事件来处理，正如在实际生活中，我们要使用创新思维，因时因事因地制宜。

　　"明者因时而变，知者随事而制。"生活从不眷顾因循守旧、满足现状者，从不等待不思进取、坐享其成者，而是将更多机遇留给善于和勇于创新的人们。提高创新思维能力，就是要有敢为人先的锐气，打破迷信经验、迷信本本、迷信权威的惯性思维，摒弃不合时宜的旧观念，以思想认识的新飞跃打开工作的新局面。

## 8.3.7 【示例】图片放大缩小

浏览网页时通常能看到这样一种效果，就是通过双击放大或缩小图片，本节就来学习这种效果的实现方法。（实例位置：example/ch8/example8.3.7.html）

### 1. 编写 HTML 代码

创建 HTML 文档并构建基本网页结构，在页面上添加一个<p>元素放置提示信息（提示用户双击图片），再添加一个<img>元素显示图片，并为其设置 src、width 和 height 属性。

```
<p>双击图片将其放大或缩小</p>
<img src="img/timg.jpg" width="200" height="150">
```

### 2. 编写 JavaScript 代码

首先获取<img>元素，然后为其绑定 dblclick 事件。当事件触发时，首先获取<img>元素的 expend 属性，如果 expend 属性存在，表示图片处于放大状态，将图片还原为正常大小状态，并移除 expend 属性；如果 expend 属性不存在，则表示图片处于正常状态，将图片设置为放大状态，并为其添加 expend 属性。

```
// 获取<img>元素
var $img = document.getElementsByTagName('img')[0];
$img.ondblclick = function() {
  // 获取<img>标签的 expend 属性
  var expend = $img.getAttribute('expend');
  // expend 属性存在时，表示图片为放大状态
  if (expend) {
    // 将图片还原为正常状态，并去除 expend 属性
    $img.width = 200;
    $img.height = 150;
    $img.removeAttribute('expend');
  } else {
    // 将图片放大，添加 expend 属性
    $img.width = 800;
    $img.height = 600;
    $img.setAttribute('expend', 1);
  }
}
```

使用浏览器打开 example8.3.7.html 文档，初始状态如图 8-14（a）所示；用鼠标双击图片，图片按比例放大，效果如图 8-14（b）所示。当再次用鼠标双击图片时，图片又会缩小到初始大小。

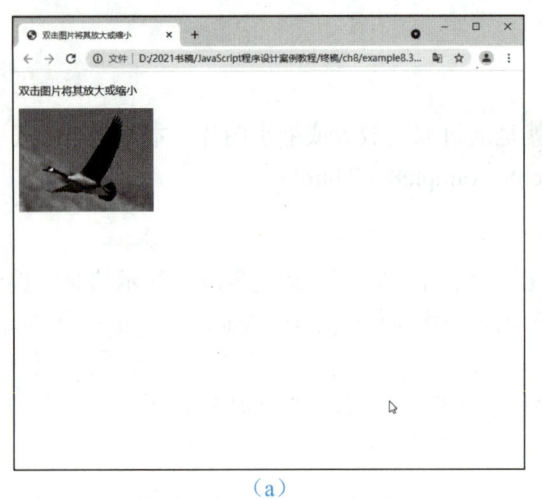

(a) （b）

图 8-14 网页运行效果

> **提 示**
>
> 一定要将网页中用到的图片放在网页同目录下的 img 文件夹中，否则图片是显示不出来的。

## 8.4 事件优化

### 8.4.1 事件委托

事件委托也称为事件代理或事件托管，它是利用浏览器事件冒泡机制对事件处理过程进行优化，简单来说就是把目标节点的事件绑定到其父节点上，因为在事件传播过程中，逐层冒泡总能被父节点捕获，这样就达到了减少元素事件绑定个数，优化网页的效果。

假设一个网页上存在多个按钮，如果需要监听这些按钮元素的单击事件，就需要为这些元素都绑定单击事件，这无疑将占用大量资源。如果绑定一个事件来处理这些元素的单击事件，则既能节约计算机资源，又能达到优化网页的目的。接下来通过一个实例来学习这类情况的处理方法。

【例 8-13】 事件委托的应用。（实例位置：example/ch8/8-13.html）

（1）创建 HTML 文档，在文档中添加 3 个 &lt;button&gt; 元素，具体代码如下：

```
<button>btn1</button>
<button>btn2</button>
<button>btn3</button>
```

（2）在页面中添加<script></script>标签对，并在其中输入以下代码。

```
// 为<body>绑定单击事件
document.body.onclick = function(e) {
// 如果单击的元素为<button>，则提示控制台输出对应内容
if (e.target.tagName === 'BUTTON') {
    console.log('本次单击:', e.target.innerText);
  }
}
```

例 8-13 为<body>元素绑定单击事件，当事件触发时，通过事件对象的 target 属性获取当前触发单击事件的元素，如果单击的元素为<button>，则获取其 innerText 属性值并在控制台输出。网页运行效果如图 8-15 所示。

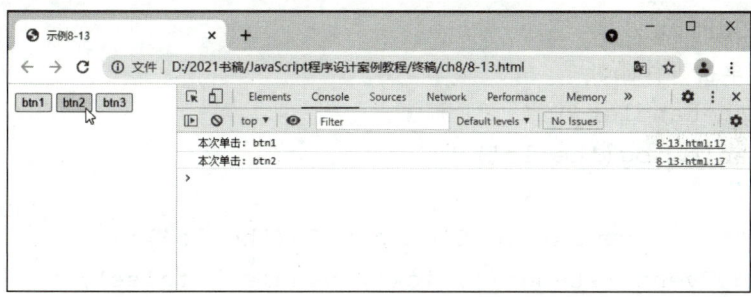

图 8-15　网页运行效果

## 8.4.2　事件删除

当网页中有元素绑定事件时，只要网页不关闭，所有绑定事件就会一直占用系统资源。而有些事件在触发一次或者几次之后就不再需要监听了，此时可以通过事件删除的方式来释放这些不再使用的资源。下面分别介绍事件绑定和事件监听的事件删除方式。

### 1. 事件绑定删除

当采用事件绑定方式处理浏览器事件后，如果需要删除该事件，仅需将事件属性设置为 null 即可，具体代码如下：

```
# HTML
<button id="hello">hello </button>

# JavaScript
var $btn = document.getElementById('hello');
$btn.onclick = function() {
    console.log('hello');
}
```

```
// 删除绑定事件
$btn.onclick = null;
```

上述代码，页面上存在一个 id 为 hello 的<button>元素。在 JavaScript 中首先获取该<button>元素，然后为其绑定单击事件，最后将 onclick 属性设置为 null 删除该单击事件，此时再单击<button>元素将不再触发之前绑定的单击事件。

2. 事件监听删除

当采用事件监听方式处理浏览器事件后，要删除该事件需要使用 removeEventListener() 函数。值得注意的是，其参数必须和 addEventListener() 函数保持一致。具体代码如下：

```
# HTML
<button id="hello">hello </button>

# JavaScript
// 处理单击事件函数
function handler() {
    console.log('hello');
}
var $btn = document.getElementById('hello');
$btn.addEventListener('click', handler, false);
// 删除绑定事件有效
$btn.removeEventListener('click', handler, false);
// 删除绑定事件无效
$btn.removeEventListener('click', function() {
    console.log('hello');
}, false);
```

上述代码，页面上存在一个 id 为 hello 的<button>元素。首先定义一个 handler() 函数用于处理单击事件；然后获取该<button>元素，监听其单击事件，将 handler() 函数传入事件监听函数的第二个参数；接着使用 removeEventListener() 函数删除事件监听，将 handler() 函数传入事件监听删除的第二个参数。

需要特别注意的是，上述代码还展示了一个错误删除事件监听的方式，当 removeEventListener() 函数传入的参数和 addEventListener() 函数参数不一致时，就无法删除对应事件。

> **提示**
>
> 在老版本 IE 浏览器（IE8 及以下）中，使用 detachEvent() 函数删除元素监听的事件。和 removeEventListener() 函数相同的是，detachEvent() 函数传入参数必须和 attachEvent() 函数参数一致。

### 8.4.3 【示例】列表单击优化

日常浏览的网页中经常能看到一些长列表，如社区论坛的帖子列表、电商网页的商品列表等。本示例对拥有 100 个元素的长列表进行列表单击优化。（实例位置：example/ch8/example8.4.3.html）

#### 1. 编写 HTML 代码

由于列表较长，需要采用动态插入元素的方式添加 100 个元素。页面上仅需添加一个 id 为 list 的<ul>元素（用于插入列表内容）即可。

```
<ul id="list"></ul>
```

#### 2. 编写 JavaScript 代码

首先定义一个变量 list 存放需要插入页面的 100 个元素，然后使用 for 循环插入<li>元素，其中<li>元素内包含一个点赞按钮。接着获取<ul>元素，将 list 插入<ul>元素中。最后绑定<ul>元素的单击事件，当单击触发时，判断 e.target.tagName 是否为 BUTTON，也就是是否为点赞按钮，如果是则提示点赞成功。具体代码如下：

```
// 需要添加的列表元素
var list = '';
for(var i=0;i<100;i++){
  list += '<li>列表：'+ (i + 1) +' <button>点赞</button></li>';
}
var $ul = document.getElementById('list');
// 将列表元素插入到页面中
$ul.innerHTML = list;
//为列表绑定单击事件
$ul.onclick = function(e) {
  // 如果单击的元素为<button>，则提示"点赞成功"
  if (e.target.tagName === 'BUTTON') {
    alert('点赞成功');
  }
}
```

运行网页并单击任意"点赞"按钮，效果如图 8-16 所示。

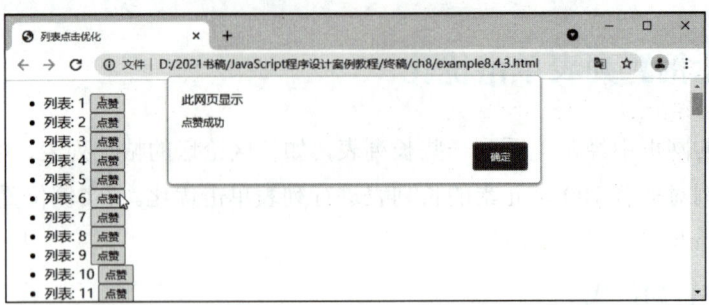

图 8-16　网页运行效果

# 综合案例：图片懒加载

日常浏览的如图片库这样有大量图片的网页，通常都用到了图片懒加载机制。图片懒加载就是首先为<img>元素显示一个较小的默认图，当页面滑到<img>元素可视区域时，再去加载原始图片。图片懒加载的好处是，减少图片的网络请求，提升网页的加载性能。本节带领大家实现一个简单的图片懒加载功能。

### 1. 编写页面 HTML 代码

为了排版效果，首先将<img>设置为 block 元素，然后添加一个<h1>标签放置网页标题，添加一个<div>标签作为图片容器。（实例位置：example/ch8/lazy_img.html）

```
<style>
   img {
      display: block;
      margin-top: 10px;
   }
</style>
<h1>图片懒加载</h1>
<div id="container"></div>
```

### 2. 编写页面 JavaScript 代码

（1）定义函数 addImgs()插入图片元素。定义将<img>元素添加到页面的函数 addImgs()，首先在函数内定义 imgs 变量用于存储所有<img>元素，然后使用 for 循环添加 15 张图片。由于本案例中仅有 3 张图片，所以循环将 3 张图片添加到 imgs 中。最后将所有<img>元素添加到<div>元素中。

```
// 将图片添加到页面上
function addImgs() {
   var imgs = '';
```

```javascript
    for(var i=0;i<15;i++) {
    // 定义图片地址
    var picPath = 'img/timg' + (i % 3 === 0 ? '' : i % 3) + '.jpg';
    // 添加图片
    imgs += '<img src="img/default.jpg" data-src="'+ picPath +'" width="400" height="300">';
    }
    // 将<img>元素添加到<div>中
    document.getElementById('container').innerHTML = imgs;
}
```

> **提示**
>
> 由于需要添加到网页的图片较多，所以采用动态方式插入元素。

（2）定义函数 checkVisibel()检测图片是否在可视区域。定义函数 checkVisibel()，其参数为<img>元素对象。在函数内部获取<img>元素的位置信息和可视区域高度。当可视区域高度减去当前图片距离顶部的距离大于等于 100 时，可判断图片存在于可视区域中，返回 isVisibel 变量。

```javascript
    // 检测图片是否在可视区域
    function checkVisibel(img) {
    // 获取图片位置信息
    var rect = img.getBoundingClientRect();
    // 获取可视区域高度
    var viewHeight = document.documentElement.clientHeight;
    // 元素可见的条件
    var isVisibel = viewHeight - rect.top >= 100;
    return isVisibel;
}
```

> **名师点睛**
>
> getBoundingClientRect()用于获得页面中某个元素的左、上、右、下分别相对浏览器视窗的位置。

（3）定义函数 loadImg()加载原始图片。定义函数 loadImg()，其参数为<img>元素对象。在函数内部获取<img>元素的 data-src 属性，如果此属性不存在直接返回。接着为<img>元素设置属性 loaded 为 1，表示该图片已加载过。最后将 data-src 属性值设置到图片的 src 属性中，加载原始图片。此处使用定时器是为了更直观地显示原始图片的加载过程，日常开发中无需添加定时器。

```javascript
// 加载原始图片
function loadImg(img) {
  var dataSrc = img.getAttribute('data-src');
  if (!dataSrc) {
    return;
  }
  // 设置loaded属性，表示原始图片已加载
  img.setAttribute('loaded', 1);
  // 使用定时器展示图片替换过程
  setTimeout(function(){
     img.src = dataSrc;
  }, 500);
}
```

（4）定义函数 checkImgs() 检测是否可以加载原始图片。定义函数 checkImgs()，在函数内部首先获取页面上的所有 <img> 元素，然后循环遍历这些元素，判断元素是否具有 loaded 属性，如果具有该属性则表示元素已加载，直接返回；否则调用 checkVisibel() 函数判断图片是否在可视区域，如果不在可视区域直接返回；否则调用 loadImg() 函数加载原始图片。

```javascript
// 检测所有图片是否加载过，且是否在可视区域
function checkImgs() {
   var imgs = document.querySelectorAll('img');
   for(var i=0;i<imgs.length;i++){
      var img = imgs[i];
        // 判断图片是否已经加载过
        if (img.getAttribute('loaded')) {
           continue;
        }
        // 如果图片不可见，则返回
        if (!checkVisibel(img)) {
          continue;
        }
        // 加载原始图片
        loadImg(img);
   }
}
```

（5）监听 <body> 元素的 scroll 事件判断是否加载图片。监听 <body> 元素的 scroll 事件，当触发滚动事件时，检测是否可以加载原始图片。接着调用 addImgs() 函数将所有 <img> 元

素添加到页面上；最后调用 checkImgs()函数进行首屏图片的检测。

```
// 监听页面滚动事件，检测图片状态
document.body.onscroll = function () {
    checkImgs();
}
// 将图片添加到页面中
addImgs();
// 初次加载页面需要进行一次检测
checkImgs();
```

## 本章总结

本章首先介绍了什么是事件及事件绑定方式和事件流。然后介绍了如何获取事件对象及事件对象的属性和方法。接着介绍了 6 种类型的事件，并分别对各种类型的常用事件进行了详细讲解，还通过一个图片双击缩放的示例讲解了如何利用事件完成相应的网页效果。之后介绍了事件优化的方法，并通过一个列表单击优化的案例详细讲解了如何对事件进行优化。最后综合运用前面所学知识制作了一个"图片懒加载"的案例，达到了巩固强化本章知识的目的。通过本章的学习，读者应了解什么是事件，掌握事件绑定方式，理解事件捕获和冒泡，掌握事件对象使用、多种事件类型的应用及事件优化方式。

## 课后习题

1. 选择题

（1）以下不是标准事件绑定方式的是（    ）。

    A．<div onclick="alert(1)"></div>

    B．document.addEventListener('click', function() {}, false)

    C．document.onclick=function() {}

    D．document.click = function() {}

（2）以下能获取触发事件的目标元素的是（    ）。

    A．target                      B．currentTarget

    C．eventPhase              D．type

（3）以下能监听元素失去焦点的事件是（    ）。

    A．change                   B．blur

    C．focus                     D．load

2. 判断题

（1）使用事件对象 preventDefault()方法能阻止事件冒泡。　　　　（　）

（2）DOMContentLoaded 是页面完全加载完成后（包含外部 CSS 文件、JavaScript 文件、图片等）触发的事件。　　　　（　）

（3）将一个元素的 onclick 属性设置为 null 可以删除其绑定的单击事件。　　（　）

3. 填空题

（1）标准 DOM 事件流包含捕获阶段、_____、冒泡阶段 3 个阶段。

（2）双击鼠标触发的事件是_____。

（3）现代浏览器（IE9 以上）中删除事件监听的函数是_____。

4. 编程题

实现一个图片查看器，支持按下 Esc 键或单击放大后的图片来关闭图片查看器功能。

# 第 9 章

# Ajax

## 项目导读

早期的网页主要使用 form 表单与服务端进行数据交互。随着网页技术的不断发展，form 表单这种同步的交互方式已经不能满足使用者的体验，此时 Ajax 技术应运而生。它能使网页和服务端更加便捷地进行数据交互。Ajax 是每位 Web 开发者必须掌握的技术，本章将对其进行详细讲解。

## 学习目标

- 了解什么是 Ajax
- 了解如何搭建 Web 服务器
- 掌握使用 XMLHttpRequest 进行网络请求的方法
- 掌握常见网络请求方式的应用
- 理解 XML 和 JSON 的区别
- 掌握常见跨域请求方式

## 素质目标

- 关注国家发展，心系国家建设，增强民族意识
- 增强版权意识，培养创新精神

## 9.1 初识 Ajax

Ajax 是 asynchronous JavaScript and XML（异步 JavaScript 和 XML 技术）的简称。Ajax 于 2005 年第一次提出，它并不是一门语言，而是一套技术的集合，其核心是 XMLHttpRequest 对象。

Ajax 可以说是 Web 应用开发的一项革命性技术，它改变了传统 Web 应用开发的工作流程。下面来对比一下传统的 Web 应用和使用 Ajax 的 Web 应用工作流程的区别，如图 9-1 所示。

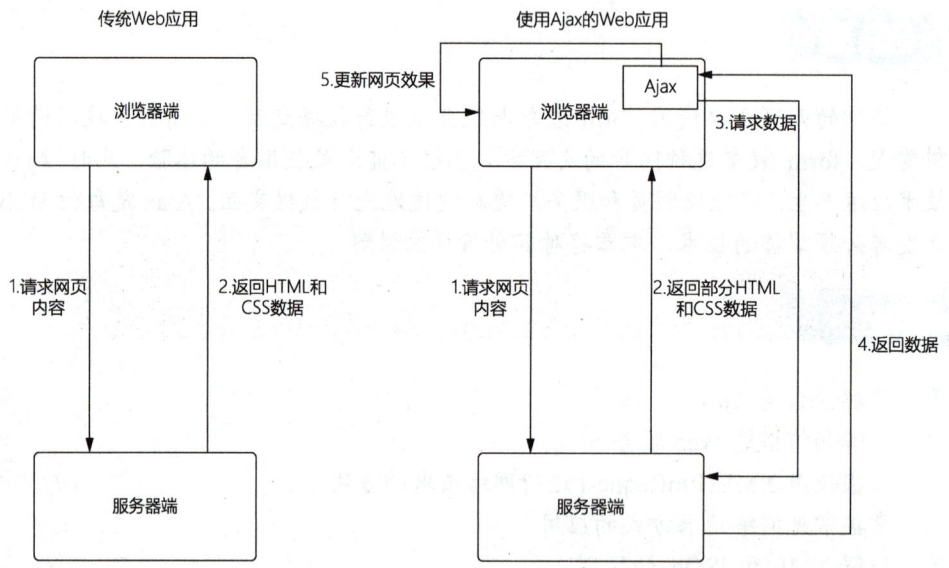

图 9-1　两种 Web 应用工作流程的区别

由图 9-1 可以看出，传统的 Web 应用工作流程中，浏览器端和服务器端的交互比较简单，仅从服务器端获取 HTML 和 CSS 数据，如果需要更新数据则需要重新加载网页或跳转到下一个页面。而使用 Ajax 的 Web 应用，交互步骤则不同，除了传统 Web 应用的工作流程之外，如果需要更新网页数据仅须使用 Ajax 请求的方式向服务器端请求相应数据，然后使用 DOM 操作更新页面数据即可，无须重新加载页面或跳转页面。

Ajax 的出现改变了一些网页的交互流程。例如，传统 Web 应用中的长列表页面翻页时需要重新加载网页；而使用 Ajax 之后不用刷新页面即可加载翻页数据，还可以使用下拉加载更多数据的交互方式提升用户体验。

Ajax 中虽然包含了 XML 这种用于浏览器端和服务器端数据交互的数据格式，但目前应用最广泛的数据格式却是 JSON。9.4 节将详细介绍 XML 和 JSON 两种数据交换格式。

## 9.2　Web 服务器搭建

Ajax 请求是方便浏览器与服务器交互的功能。为了更直观地学习 Ajax，需要在本地电脑搭建 Web 服务器并启动一个 Web 服务。对于前端工程师来说，Node.js 是比较容易上手的 Web 服务器搭建工具。它是一个开源与跨平台的 JavaScript 运行环境，可用于几乎任何项目，并且 Node.js 让使用 JavaScript 的前端开发者无须学习其他语言，就可以编写服务器端代码。本书使用 Node.js 搭建 Web 服务器，下面就来学习具体搭建方法。

### 9.2.1　安装 Node.js

（1）访问 Node.js 官网下载安装包。

使用浏览器访问 Node.js 官网（https://nodejs.org/zh-cn/download），选择相应的安装包（此处为 Windows 64 位版本），如图 9-2 所示。

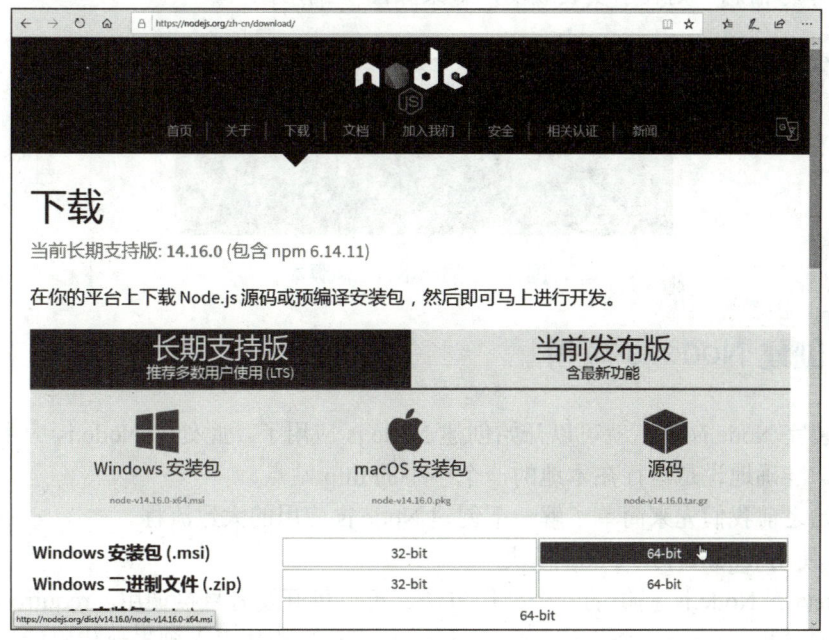

图 9-2　下载 Node.js 安装包

（2）安装 Node.js。

.msi 文件下载完成后，双击文件进入安装过程。根据安装提示进入安装步骤，连续单击"Next"按钮，到"End-User License Agreement"界面后首先选择"I accept the terms in the License Agreement"复选框（见图 9-3），然后单击"Next"按钮，最后单击"Install"按钮开始安装（见图 9-4），几秒钟后即可完成安装。

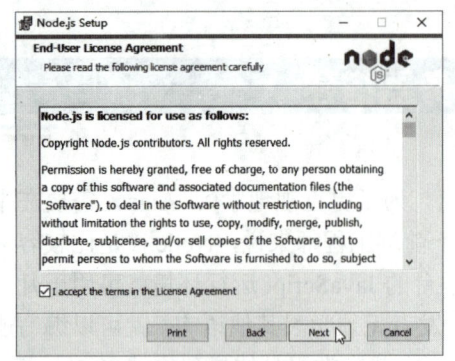
图 9-3 选择复选框并单击"Next"按钮

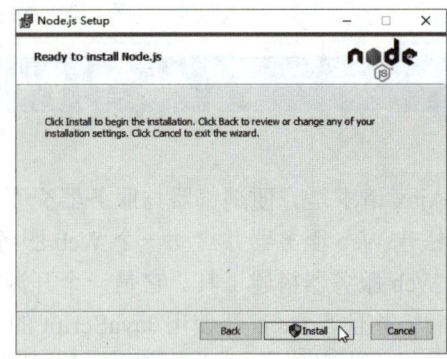
图 9-4 单击"Install"按钮

（3）确认安装结果。

Node.js 安装完成后，就在电脑上设置了对应的运行环境。接下来使用 Node.js 命令确认安装是否成功。

打开 Windows 自带的命令行工具"命令提示符"，输入命令 node -v 并按回车键。出现 Node.js 版本号信息，则表示安装成功，效果如图 9-5 所示。

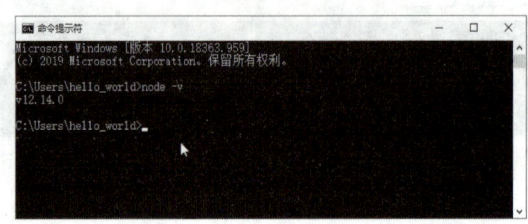
图 9-5 显示 Node.js 版本

### 9.2.2 创建 Node.js 应用

在安装完 Node.js 后，就可以开始创建 Node.js 应用了。此处的 Node.js 应用实际上是一个站点，准确地说是运行在本地的一个小小的 http 站点。

在开始之前我们先来简单了解一下创建 Node.js 应用的大致流程。

（1）使用 require()引入 http 模块。

require()是 Node.js 提供的一个全局方法，可以供开发者直接调用。require()需要传入一个字符串参数，Node.js 会将传入参数对应的 Node.js 模块引入到当前代码运行环境中，供后续代码使用。下面使用的 http 模块能为 Node.js 提供创建服务器的能力。

（2）创建 Node.js 服务器。

使用 require()方法引入 http 模块后，调用 http.createServer()方法即可创建一个 Node.js 服务器。创建服务器后可以监听客户端发起的 HTTP 请求。

（3）接收请求并返回结果。

创建服务器后，需要为服务器绑定端口和地址，当客户端发起 HTTP 请求时，服务器能接收到请求,并执行相关操作,然后将处理结果返回给客户端。

接下来开始编写 Node.js 服务器代码。在桌面上创建一个 server.js 文件(也可以在其他位置),然后使用编辑器打开 server.js 编写以下代码。(文件位置:example/ch9/server/server.js)

```javascript
// 使用 require()方法引入 http 模块
var http = require('http');
// 使用 http 模块的 createServer()方法创建 http 服务
// req 表示 HTTP 接收的请求,res 表示 HTTP 响应的请求
var server = http.createServer(function(req, res) {
    // 调用 res.end()方法将 HTTP 请求结果返回给客户端
    // 当用户访问该服务器时,在终端打印 hello world
    res.end('hello world');
});
// 调用 server.listen()方法监听 3000 端口
// 当客户端访问对应地址和 IP 时,将进入到使用 createServer()方法创建的服务器中
server.listen({
    port: 3000,
    host: '0.0.0.0'
}, function() {
    // 当服务器启动,服务器端口监听成功,将在终端打印如下信息
    console.log('listen success');
});
```

至此,一个简单的 Node.js 应用就创建完成了。

### 卓越创新

开源软件已成为互联网生态中必不可少的一部分。现在绝大部分的 App、网站开发中,都会用到开源软件,如 PHP 开发语言、MySQL 数据库软件、Linux 操作系统、Hadoop 框架、Node.js 开发平台等。可以说,开源软件已经成为互联网的水和空气。

国内首个开源的在线教育平台产品 EduSoho 网校系统为什么自 2013 年 10 月发布以来就坚定不移地选择了开源的道路,有以下几个方面的原因。

(1)EduSoho 的诞生离不开诸多开源软件,而该团队也希望把这份精神传递下去,通过系统开源,让更多人和企业能够接触在线教育。

(2)EduSoho 希望成为一个有生命力的、世界级的在线教育产品。

(3)一个系统级的产品,其生死往往影响着众多企业。如果 EduSoho 是一个闭源产品,那么一旦 EduSoho 倒闭,影响的将是数万家企业的业务。而作为

> 一个活跃的产品，EduSoho 选择了开源，把这种风险降到最低，即使 EduSoho 背后的企业阔知倒闭，也会有源源不断的开发者维护和更新产品，不会影响企业的业务。也正是基于这个原因，十余家互联网巨头在检验过 EduSoho 代码的健壮性和安全性后，都选择了 EduSoho。
>
> 　　EduSoho 网校系统开发团队相信，正如开源已成为互联网及软件行业的必然趋势一样，开放合作也是这个世界的必然趋势。

## 9.2.3　运行 Web 服务

在编写完代码后，打开"命令提示符"，使用 cd 命令切换到 server.js 所在目录。然后输入命令 node server.js，启动相应 Web 服务。如果命令行工具显示出"listen success"，表示 Web 服务启动成功，效果如图 9-6 所示。

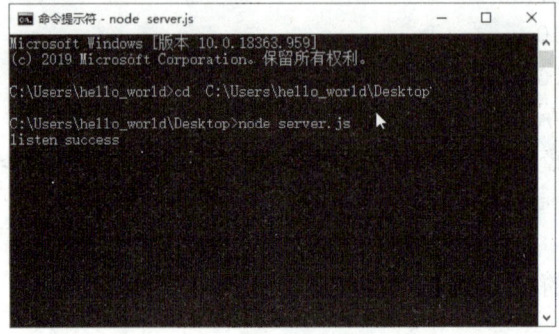

图 9-6　运行 Web 服务

## 9.2.4　访问 Web 服务

打开 Chrome 浏览器，在地址栏输入 localhost:3000 并按回车键，页面上将显示出服务器返回内容"hello world"，这表示已经能正常访问 Web 服务，如图 9-7 所示。

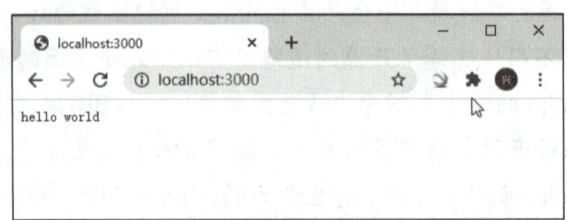

图 9-7　运行 Web 服务

## 9.3 XMLHttpRequest

IE 5 是最早开始支持 Ajax 的，当时是通过 ActiveX 对象实现，随后 Chrome、FireFox、Safari 等浏览器也逐步开始支持 Ajax。目前 W3C 已对 Ajax 进行了标准化规范，即使用 XMLHttpRequest 对象进行 Ajax 请求。本节主要介绍 XMLHttpRequest 对象的相关知识。

### 9.3.1 Ajax 请求流程

一个完整的 Ajax 请求流程包括创建 Ajax 对象，使用 open()方法创建 HTTP 请求，通过 send()方法发送请求。下面对该流程进行详细介绍。

（1）创建 Ajax 对象。

通常使用 new 关键字创建 Ajax 对象，代码如下：

var xhr = new XMLHttpRequest();

（2）使用 open()方法创建 HTTP 请求。

使用 Ajax 对象中的 open()方法创建一个 HTTP 请求，可以指定请求方式、请求的 URL 地址、是否异步请求等，具体语法形式如下：

```
xhr.open(method, url, async, user, password);
```

在上述语法中，method 参数表示请求方式，可以为 GET 或 POST，此参数不区分大小写；url 参数表示请求的地址。后续 3 个参数为可选参数，一般不需要，其中 async 参数表示是否进行异步请求，默认值为 true；user 和 password 参数表示网络请求认证，默认值为 null。

（3）使用 send()方法发送 HTTP 请求。

使用 Ajax 对象中的 send()方法可以发送 HTTP 请求到服务器，具体语法形式如下：

```
xhr.send(data);
```

在上述语法中，data 参数表示需要发送到服务器端的数据。data 数据可以是多种数据类型，如表单数据、字符串、二进制文件等。日常开发中，GET 类型的请求传入 null，而 POST 类型的请求可以传入需要发送给服务器的数据。

### 9.3.2 常用 HTTP 请求方式

在 HTTP 请求中，GET 和 POST 是最常用的请求方式。两者的主要区别在于，GET 请求主要用于查询数据，而 POST 请求主要用于上传数据到服务器。两种请求都可以通过 URL 参数向服务器传输一些基本数据。

为了让大家更好地理解 GET 和 POST 请求，下面通过两个实例

常用 HTTP 请求方式

进行介绍。

### 1. GET 请求

**【例 9-1】** 使用 GET 请求查询数据。

（1）创建本地 Web 服务。为了能从服务器获取数据，首先需要使用 Node.js 创建一个本地 Web 服务。此处创建一个名为 get.js 的文件，然后在其中输入以下代码。（文件位置：example/ch9/server/get.js）

```javascript
// 使用 require()方法引入 http 模块和 url 模块
var http = require('http');
var url = require('url');
// 创建 http 服务
var server = http.createServer(function(req, res) {
// 获取请求的 URL 上的 query 参数
var query = url.parse(req.url, true).query;
    // 允许跨域，9.5 节会详细介绍
    res.setHeader('Access-Control-Allow-Origin', '*');
    // 将 query 对象转换为 JSON 字符串返回
    res.end(JSON.stringify(query));
});
// 服务器监听 3000 端口
server.listen({
    port: 3000,
    host: '0.0.0.0'
}, function() {
    // 监听端口成功，输出 listen success
    console.log('listen success');
});
```

> **提示**
>
> url.parse()可以将一个完整的 URL 地址分为多个部分，具体包括 host、port、pathname、path、query 等。

参照 9.2.3 节的操作，通过"命令提示符"找到 get.js 所在目录，然后使用 node get.js 命令启动相应 Web 服务。

（2）创建 HTML 网页文档。创建文档并构建基本网页结构，在其中添加<script></script>标签对，并在标签对中输入以下代码，在网页上通过 Ajax 请求获取相应数据。（实例位置：example/ch9/9-1.html）

```javascript
// 创建 Ajax 对象
```

```javascript
var xhr = new XMLHttpRequest();
// 创建 GET 请求，其中 url 带上参数 x=1 和 y=2
xhr.open('GET', 'http://localhost:3000?x=1&y=2');
// 发送 GET 请求
xhr.send(null);
```

上述代码实现了一个 GET 请求，其访问 URL 为 http://localhost:3000?x=1&y=2。其中 localhost 为本地服务域名，3000 为本地服务的端口，x=1 和 y=2 为请求参数。在浏览器中运行上述网页，打开控制台，切换到 NetWork 窗口并刷新页面，单击选择"Name"列表中的"?x=1&y=2"，接着单击右侧窗格中的"Preview"，可在下方窗格看到服务器返回的数据，如图 9-8 所示。

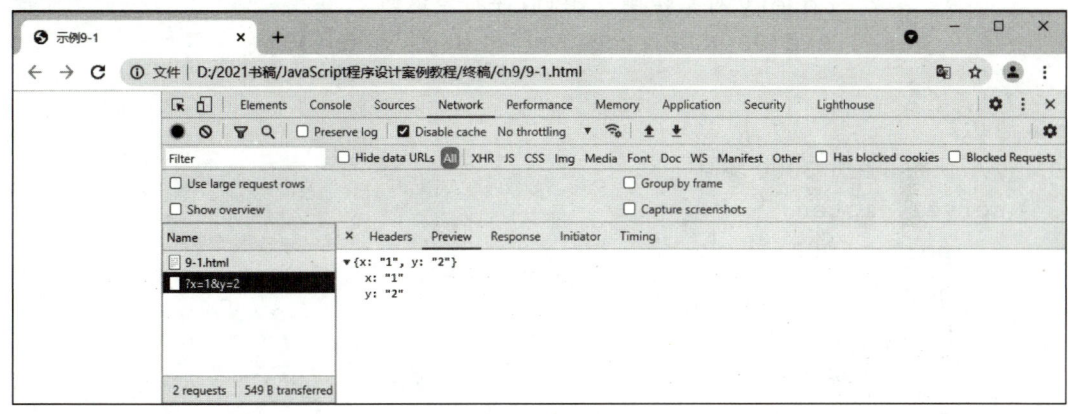

图 9-8　GET 请求结果

### 2. POST 请求

【例 9-2】　使用 POST 请求获取数据。

（1）创建本地 Web 服务。创建一个名为 post.js 的文件，然后在其中输入以下代码。（文件位置：example/ch9/server/post.js）

```javascript
// 使用 require()方法引入 http 模块、url 模块和 querystring 模块
var http = require('http');
var url = require('url');
var querystring = require('querystring');
// 创建 http 服务
var server = http.createServer(function(req, res) {
    // data 变量存放提交数据
    var data = '';
    // 注册 data 事件接收数据
    req.on('data', function (chunk) {
```

```
            // chunk 默认是一个二进制数据，和 data 拼接会自动 toString
            data += chunk;
        });
        req.on('end', function () {
            // 获取请求 URL 上的 query 参数
            var query = url.parse(req.url, true).query;
            // 转换获取的数据
            var body = querystring.parse(data);
            // 允许跨域请求
            res.setHeader('Access-Control-Allow-Origin', '*');
            // 将 query 对象转换为 JSON 字符串返回
            res.end(JSON.stringify([query, body]));
        });
    });
    // 服务器监听 3000 端口
    server.listen({
        port: 3000,
        host: '0.0.0.0'
    }, function() {
        // 监听端口成功
        console.log('listen success');
    });
```

参照 9.2.3 节的操作，通过"命令提示符"找到 post.js 所在目录，然后使用 node post.js 命令启动相应 Web 服务。

（2）创建 HTML 网页文档。创建文档并构建基本网页结构，在其中添加<script></script>标签对，并在标签对中输入以下代码，在网页上通过 Ajax 请求获取对应数据。（实例位置：example/ch9/9-2.html）

```
// 创建 Ajax 对象
var xhr = new XMLHttpRequest();
// 创建 POST 请求，其中 url 带上参数 x=1 和 y=2
xhr.open('POST', 'http://localhost:3000?x=1&y=2');
// 发送 POST 请求
xhr.send('a=3&b=4');
```

上述案例实现了一个 POST 请求，该请求和 GET 请求为同一个 URL 地址，同时在 send()方法中传入 a=3 和 b=4 两个参数。使用浏览器运行上述页面，可以在控制台看到服务器返回的数据，如图 9-9 所示。

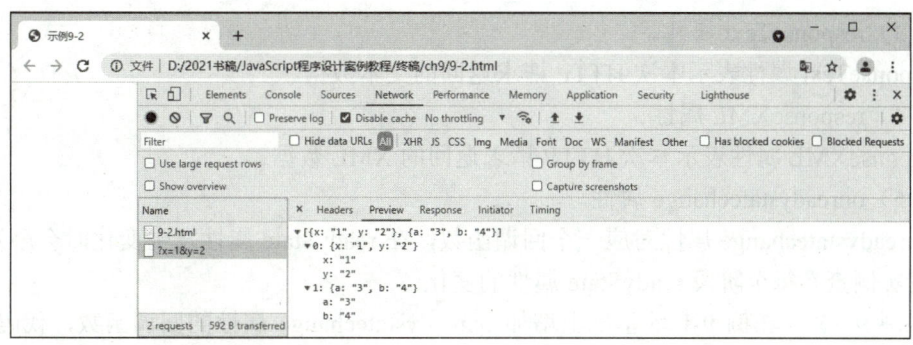

图 9-9　POST 请求结果

## 9.3.3　接收响应数据

日常开发中，发送 Ajax 请求是为了获取服务端返回的数据。在学习如何获取返回数据之前，先来了解一下 Ajax 请求的几个常用属性。

（1）readyState 属性。

Ajax 对象中包含一个 readyState 属性，它表示当前 Ajax 请求所处状态，总共有 5 个状态值，具体如表 9-1 所示。

表 9-1　readyState 属性值及其意义

| 状态值 | 说明 | 描述 |
| --- | --- | --- |
| 0 | UNSENT（未发送） | Ajax 对象已创建，未执行 open()方法 |
| 1 | OPENED（已打开） | 已执行 open()方法，还未执行 send()方法 |
| 2 | HEADERS_RECEIVE（接收到响应头） | 已执行 send()方法，响应头被接收 |
| 3 | LOADING（数据接收中） | 响应体接收中。responseText 包含部分数据 |
| 4 | DONE（已完成） | 数据接收完毕。responseText 包含完整数据 |

（2）status 属性。

status 属性表示本次 HTTP 请求的状态码，每个状态码表示不同的请求状态，如状态码 200 表示网络请求成功。表 9-2 列出了常见 HTTP 请求的状态码及其意义。

表 9-2　常见 HTTP 请求状态码及其意义

| 状态码 | 说明 |
| --- | --- |
| 200 | 请求成功 |
| 304 | 请求数据未更新 |
| 403 | 请求无权限 |
| 404 | 请求不存在 |
| 500 | 服务器异常 |

（3）responseText 属性。

reponseText 属性表示本次 HTTP 请求返回的文本数据。

（4）responseXML 属性。

reponseXML 属性表示本次 HTTP 请求返回的 XML 数据。

（5）onreadystatechange 属性。

onreadystatechange 属性对应一个回调函数，在 readyState 属性发生变化时会触发，下面通过实例查看每个阶段 readyState 属性的变化。

【例 9-3】 在例 9-1 的基础上增加 onreadystatechange 属性的回调函数，代码如下：（实例位置：example/ch9/9-3.html）

```javascript
// 创建Ajax对象
var xhr = new XMLHttpRequest();
// 监听请求状态变化
xhr.onreadystatechange = function () {
  console.log('readyState: ', xhr.readyState);
  console.log('responseText: ', xhr.responseText);
}
// 创建HTTP请求，其中url带上参数x=1 和 y=2
xhr.open('GET', 'http://localhost:3000?x=1&y=2');
// 发送HTTP请求
xhr.send(null);
```

参照前面所述，先启动 get.js 服务，然后运行 9-3.html，可以看到浏览器端代码中增加的 onreadystatechange 属性的回调函数输出了每个阶段对应 readyState 和 responseText 的值，如图 9-10 所示。

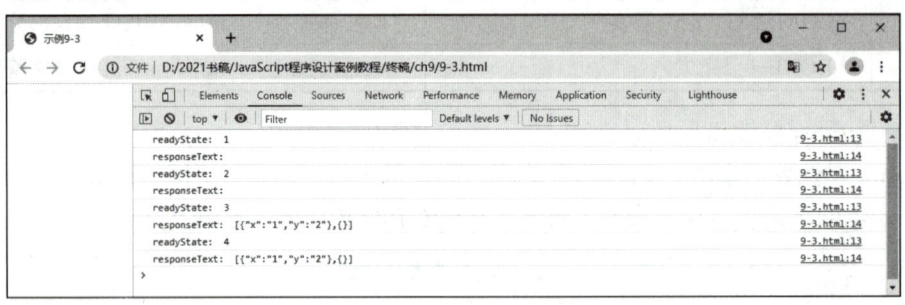

图 9-10 Ajax 请求各阶段状态

由图 9-10 可以看出，在调用 open()和 send()方法后，readyState 状态对应值发生了变化。在 readyState 等于 1 和 2 的阶段，responseText 值为空；在 readyState 等于 3 和 4 的阶段，responseText 值为服务器端返回值。

日常工作中，为了更方便地使用 Ajax 请求，通常会对 Ajax 请求进行代码封装。在了解了 XMLHttpRequest 的常用属性后，接下来通过实例学习一下如何自定义一个 Ajax 方法。

【例 9-4】 自定义 Ajax 方法。（实例位置：example/ch9/9-4.html）

```javascript
// 定义 Ajax 方法
function ajax(method, url, callback) {
  // 创建 Ajax 对象
  var xhr = new XMLHttpRequest();
  // 监听请求状态变化
  xhr.onreadystatechange = function () {
    // 请求已完成
    if (xhr.readyState === 4) {
      // 请求结果
      var result;
      // 如果请求状态不是 200~300 之间,且不为 304 请求,直接返回结果 null
      if (xhr.status < 200 || (xhr.status >= 300 && xhr.status !== 304)) {
        result = null;
      } else {
        result = xhr.responseText;
      }
      // 返回请求结果
      callback(result);
    }
  }
  // 创建 HTTP 请求,其中 url 带上参数 x=1 和 y=2
  xhr.open(method, url);
  // 发送 HTTP 请求
  xhr.send(null);
}
// 发送 Ajax 请求
ajax('GET', 'http://localhost:3000?x=1&y=2', function(data) {
  console.log(data);        // 输出结果: {"x":"1","y":"2"}
});
```

上述代码定义了一个名为 ajax() 的函数,它支持传入的 3 个参数分别为 method、url 和 callback。在正常创建 Ajax 请求后,在 onreadystatechange 中进行判断,当 readyState 为 4 时,如果 status 不是正常请求状态,返回结果 null；如果是正常请求状态,则直接返回 responseText 数据。最后调用 ajax() 方法即可,控制台输出结果为{"x":"1","y":"2"},如图 9-11 所示。

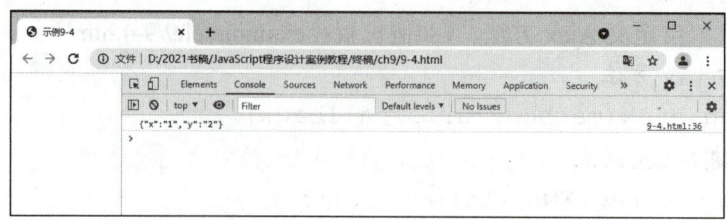

图 9-11　运行结果

## 9.3.4　HTTP 请求头

HTTP 请求除了 URL、请求参数、返回值外，还包含两种类型的 HTTP 头信息。分别是请求头（Request Headers）和响应头（Response Headers）。请求头是浏览器发起 Ajax 请求时携带的头部数据，响应头是服务器响应后携带的头部数据，如图 9-12 所示。

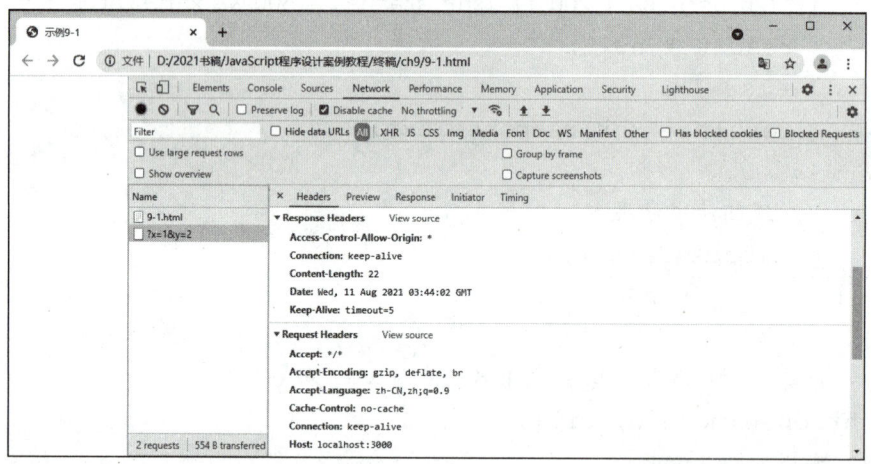

图 9-12　HTTP 请求头

在 Web 开发中，经常会设置一些网络请求头，如通过设置 Accept-Language 告诉服务器端需要接收的语言类型。开发者可以使用 Ajax 中的 setRequestHeader()方法设置请求头，具体语法如下：

```
xhr.setRequestHeader(key, value);
```

由上述语法可知，setRequestHeader()方法需要传入两个参数，分别是请求头的 key 和 value 值。下面通过一个实例介绍如何设置请求头。

【例 9-5】　设置请求头。（实例位置：example/ch9/9-5.html）

```
// 创建 Ajax 对象
var xhr = new XMLHttpRequest();
// 设置接收语言为 en
xhr.setRequestHeader('Accept-Language ', 'en ');
// 创建 HTTP 请求，其中 url 带上参数 x=1 和 y=2
```

```
xhr.open('GET', 'http://localhost:3000?x=1&y=2');
// 发送 HTTP 请求
xhr.send(null);
```

上述案例通过 setRequestHeader()方法设置了 Accept-Language 请求头为"en",效果如图 9-13 所示。

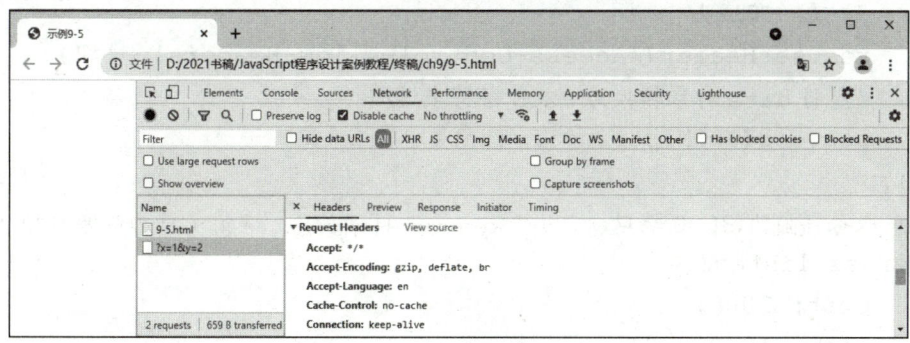

图 9-13　设置请求头

> setRequestHeader()方法需要在 open()方法之后调用,否则浏览器会提示"The object's state must be OPENED"错误。

## 9.3.5　【示例】自定义请求头获取用户信息

大部分网站都支持用户登录功能,网站开发者往往是通过用户 id 获取用户相关信息,如用户名、手机号等。本节实现一个通过自定义请求头获取用户信息的功能。(实例位置:example/ch9/example9.3.5.html)

### 1. 编写服务器端代码

首先编写服务器端代码,主要关注返回用户信息那部分代码。从用户请求头中获取 uid,判断其值是否为 10 000,如果是则返回用户名 edward,手机号 13333333333。最后将数据返回给浏览器。(文件位置:example/ch9/server/get_user_info.js)

```
var http = require('http');
var url = require('url');
// 创建 http 服务
var server = http.createServer(function(req, res) {
    var data = {};
    // 如果 uid 为 10000,返回用户信息
    if (Number(req.headers.uid) === 10000) {
```

```
        data.name = 'edward';
        data.phone = '13333333333';
    }
    // 允许跨域请求
    res.setHeader('Access-Control-Allow-Origin', '*');
    // 允许跨域头
    res.setHeader('Access-Control-Allow-Headers', '*');
    // 将 data 对象转换为 JSON 字符串返回
    res.end(JSON.stringify(data));
});
// 服务器监听 3000 端口
server.listen({
    port: 3000,
    host: '0.0.0.0'
}, function() {
    // 监听端口成功
    console.log('listen success');
})
```

2. 编写 HTML 代码

页面上主要包含两条信息，分别是用户名和手机号，使用<span>元素进行占位处理。另外还包括一个 id 为 getUserInfo 的<button>元素，用于触发获取用户信息的请求。

```
<div>
    <span>用户名：</span>
    <span id="name"></span>
</div>
<div>
    <span>手机号：</span>
    <span id="phone"></span>
</div>
<button id="getUserInfo">获取用户信息</button>
```

3. 编写 JavaScript 代码

首先定义 ajax()函数，其中包含一个参数 callback，用于返回请求数据。在 ajax()函数中使用 XMLHttpRequest 创建 Ajax 对象，在 open()方法之后调用 setRequestHeader()函数设置请求头 uid 为 10 000，然后发起 Ajax 请求。

接着获取<button>元素，并绑定单击事件。当单击触发时，调用 ajax()方法并获取对应数据，返回的数据格式为 JSON 字符串格式，需要通过 JSON.parse()函数将数据转换为 JSON

格式；最后通过对象取值的方式获取用户名和手机号，并设置到页面上。JSON 数据格式相关知识将在 9.4.2 节详细讲解，此处仅作了解。

```javascript
// ajax()函数
function ajax(callback) {
  // 创建Ajax对象
  var xhr = new XMLHttpRequest();
  // 监听请求状态变化
  xhr.onreadystatechange = function () {
    // 请求已完成
    if (xhr.readyState === 4) {
      // 请求结果
      var result;
      // 如果请求状态不是200~300之间,且不为304请求,直接返回结果null
      if (xhr.status < 200 || (xhr.status >= 300 && xhr.status !== 304)) {
        result = null;
      } else {
        result = xhr.responseText;
      }
      // 返回请求结果
      callback(result);
    }
  }
  // 创建HTTP请求
  xhr.open('GET', 'http://localhost:3000');
  // 请求头设置uid为10000，表示当前用户id为10000
  xhr.setRequestHeader('uid', 10000);
  // 发送HTTP请求
  xhr.send(null);
}
document.getElementById('getUserInfo').onclick = function () {
  // 调用ajax()方法获取用户信息数据
  ajax(function (data) {
    // 将字符串格式数据转换为JSON格式
    var jsonData = JSON.parse(data);
    // 将服务端返回用户名称设置到页面上
    document.getElementById('name').innerText = jsonData.name;
    // 将服务端返回用户手机号设置到页面上
```

```
        document.getElementById('phone').innerText = jsonData.phone;
    });
}
```

首先在"命令提示符"窗口中使用 node get_user_info.js 命令启动 Web 服务，然后使用浏览器访问 example9.3.5.html 页面。单击页面上的"获取用户信息"按钮，请求结束后将在页面上显示对应用户名和手机号，如图 9-14 所示。

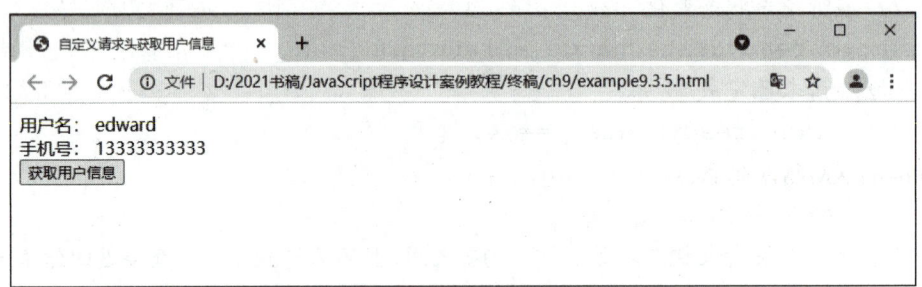

图 9-14  网页运行效果

## 9.4 数据交换格式

用户在浏览网页时，通常需要与服务器端进行数据交换。为了更方便地进行浏览器和服务器间的数据传输，需要有某种数据交换格式，能让双方都能识别对方传输过来的数据。目前比较常见的数据交换格式是 XML 和 JSON。XML 在 1998 年由 W3C 正式推出，当时广泛地应用在各种 Web 应用中；而 JSON 是在 2001 年推出的数据交换格式，轻量、简洁的特点让它成为目前浏览器和服务器间数据传输的主要数据交换格式。本节将对 XML 和 JSON 进行详细讲解。

### 9.4.1 XML

XML 全称为 extensible markup language（可扩展标记语言），和 HTML 一样属于标记语言。XML 和 HTML 结构类似，都由标签组成。与 HTML 不同的是，XML 主要用于描述和存放数据，其标签元素可以自由定义。以下示例展示了 XML 数据格式。

XML

```
<?xml version="1.0" encoding="utf-8" ?>
<cars>
    <car>
        <name>bens</name>
        <price>300000</price>
```

```
        </car>
        <car>
            <name>byd</name>
            <price>150000</price>
        </car>
    </cars>
```

上述代码,第一行为 XML 格式的声明语句,包含 XML 版本、编码格式等信息。<cars>、<car>、<name>和<price>为开始标签,对应的</cars>、</car>、</name>和</price>为结束标签。和 HTML 类似,开始标签加上属性、标签内数据和结束标签构成一个完整的 XML 元素。

标准的 XML 有几个必须遵循的语法规则,下面简单介绍。

① 必须具有声明语句,且是在 XML 内容的第一句。
② XML 数据仅有一个根元素,其内部可以多层嵌套。
③ 所有的开始标签后需要有对应的结束标签。

学习了 XML 的基础知识后,下面通过一个实例演示如何使用 XML 进行数据传输。

【例 9-6】 使用 XML 进行数据传输。

(1)编写服务器端代码。创建文档 get_xml.js 并在其中输入下面的代码。在服务器端代码中,首先声明一个变量 xml,并为其赋值 XML 数据;然后将响应头中的"Content-Type"属性设置为 application/xml,表示返回的是 XML 格式的数据;最后将 XML 格式数据返回。(文件位置:example/ch9/server/get_xml.js)

```
var http = require('http');
var url = require('url');
// 创建 http 服务
var server = http.createServer(function(req, res) {
    var xml = '<?xml version="1.0" encoding="utf-8" ?>' +
    '<cars>' +
        '<car>' +
            '<name>bens</name>' +
            '<price>300000</price>' +
        '</car>' +
        '<car>' +
            '<name>byd</name>' +
            '<price>150000</price>' +
        '</car>' +
    '</cars>';
    // 允许跨域请求
    res.setHeader('Access-Control-Allow-Origin', '*');
```

```
        // 设置返回数据类型为 XML
        res.setHeader('Content-Type', 'application/xml');
        // 将 XML 格式数据返回
        res.end(xml);
});
// 服务器监听 3000 端口
server.listen({
    port: 3000,
    host: '0.0.0.0'
}, function() {
    // 监听端口成功
    console.log('listen success');
});
```

（2）编写浏览器端代码。创建网页文档"9-6.html"，在其中添加<script></script>标签对，并在标签中输入下面的代码。在浏览器端发起 Ajax 请求，通过 xhr 对象的 responseXML 属性获取返回的 XML 格式数据，最后通过 getElementsByTagName()方法获取<car>元素。（实例位置：example/ch9/9-6.html）

```
var xhr = new XMLHttpRequest();
xhr.onreadystatechange = function() {
  if (xhr.readyState === 4) {
    // 获取 XML 格式的返回结果
var result = xhr.responseXML;
console.log(xml);
    // 获取 XML 数据中的第一个<car>元素
    var car = result.getElementsByTagName('car')[0];
    // 输出<car>元素中第一个子元素的内容
    console.log(car.children[0].innerHTML);   // 输出结果 bens
  }
}
xhr.open('GET', 'http://localhost:3000');
xhr.send(null);
```

首先在"命令提示符"窗口中使用 node get_xml.js 命令启动 Web 服务，然后使用浏览器运行 9-6.html 文件，可以看到控制台输出内容，如图 9-15 所示。

由图 9-15 可以看出，服务器端返回的 XML 数据被浏览器解析成了一个 document 对象，对象中包含完整的 XML 数据。可以通过 document 对象的 getElementsByTagName() 方法获取 XML 元素的内容。

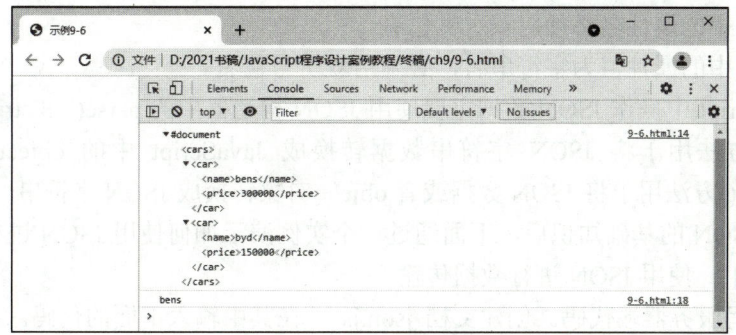

图 9-15　返回 XML 数据

> 🔍 **拓展阅读**

> XML 格式文件不仅可用于浏览器端和服务器端交换数据，还可用于表示视图的布局，数据配置等。在 Android 开发中，就是使用 XML 进行页面视图布局的。

## 9.4.2　JSON

JSON 全称为 JavaScript Object Notation（JavaScript 对象表示法），是一种轻量、易读写的数据交换格式。JSON 可以理解为 JavaScript 的一个子集，它包含了 JavaScript 的部分基础数据类型及对象结构，所以使用 JavaScript 操作 JSON 数据对象十分简单。以下示例展示了 JSON 数据格式。

```
{
    "cars": [
        {
            "name": "bens",
            "price": 300000
        },
        {
            "name": "byd",
            "price": 150000
        }
    ]
}
```

由以上示例可以看出，JSON 数据格式和 JavaScript 中的对象非常相似，都是以{}包裹整个数据结构，都是 key: value 格式，也都支持对象和数组的嵌套等。当然 JSON 并不完全是 JavaScript 对象，JSON 数据格式有以下独有的规则。

① JSON 支持的数据格式有对象、数组、字符串、数字、布尔值和 NULL。

② JSON 中的属性名必须用双引号包裹。
③ JSON 中的属性值为字符串时，必须用双引号包裹。

在 JavaScript 中操作 JSON 数据主要使用 JSON 构造器中的 parse()和 stringify()方法。JSON.parse()方法用于将 JSON 字符串数据转换成 JavaScript 中的 object 类型数据；JSON.stringify()方法用于将 JSON 数据或者 object 对象转换成 JSON 字符串。

学习了 JSON 的基础知识后，下面通过一个实例演示如何使用 JSON 进行数据传输。

**【例 9-7】** 使用 JSON 进行数据传输。

（1）编写服务器端代码。创建文档 json.js 并在其中输入下面的代码。在服务器端代码中，首先声明一个变量 data 并为其赋值 object 对象数据；然后使用 JSON.stringify()方法将 data 对象转换为 JSON 字符串格式并返回。（文件位置：example/ch9/server/json.js）

```
var http = require('http');
var url = require('url');
// 创建http服务
var server = http.createServer(function(req, res) {
    var data = {
        name: 'tom',
        age: 18
    }
    // 允许跨域请求
    res.setHeader('Access-Control-Allow-Origin', '*');
    // 使用 JSON.stringify()方法将 data 对象转换为 JSON 字符串返回
    res.end(JSON.stringify(data));
});
// 服务器监听 3000 端口
server.listen({
    port: 3000,
    host: '0.0.0.0'
}, function() {
    // 监听端口成功
    console.log('listen success');
});
```

（2）编写浏览器端代码。创建网页文档"9-7.html"，在其中添加<script></script>标签对，并在标签中输入下面的代码，在浏览器端发起 Ajax 请求，通过 xhr 对象的 responseText 属性获取返回的 JSON 字符串数据。然后通过 JSON.parse()方法将数据转换为 object 对象。（实例位置：example/ch9/9-7.html）

```
var xhr = new XMLHttpRequest();
xhr.onreadystatechange = function() {
```

```
    if (xhr.readyState === 4) {
      // 获取服务器端返回的 JSON 字符串
      var result = xhr.responseText;
      // 将 JSON 字符串数据转换为 object 对象
      var data = JSON.parse(result);
      console.log(data);
      console.log(data.name);
    }
  }
  xhr.open('GET', 'http://localhost:3000');
  xhr.send(null);
```

首先在"命令提示符"窗口中使用 node json.js 命令启动 Web 服务,然后使用浏览器运行 9-7.html 文件,可以看到在控制台输出内容,如图 9-16 所示。

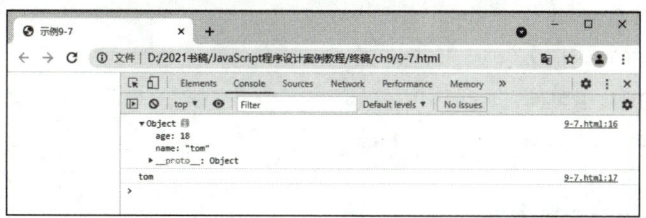

图 9-16　XML 返回数据

由图 9-16 可以看出,服务器端返回的 JSON 数据通过 JSON.parse()方法转化成了 object 对象数据,可以通过对象的点语法获取对应数据。

### 拓展阅读

> JSON 数据格式不是 JavaScript 专属数据交换格式,而是一个跨语言的数据格式,Java、PHP 等语言也都可以操作 JSON 数据。

## 9.4.3　【示例】无刷新列表分页

在 Ajax 出现之前,列表分页功能需要刷新当前页面才能实现。Ajax 出现之后,越来越多的网页开始使用无刷新分页功能,这是因为无刷新分页比之前的刷新分页的用户体验更好。本节使用 Ajax 实现一个无刷新列表分页功能。(实例位置:example/ch9/example9.4.3.html)

### 1. 编写服务器端代码

首先需要编写服务器端代码,将 URL 中的 query 参数转换为 query 对象。然后获取 query 中的 page 属性(默认值为 1)和 size 属性(默认值为 10)。接着定义需要返回给浏览器端的 data 对象,其中包含一个 items 数组用于存放当前页数据,page 和 size 表示当前数据对应的页码和页数。

循环 size 参数，将拼接好的数据放入 items 属性中。最后返回完整的 data 数据给浏览器端。（文件位置：example/ch9/server/page_list.js）

```javascript
var http = require('http');
var url = require('url');
// 创建 http 服务
var server = http.createServer(function(req, res) {
    // 获取请求 URL 上的 query 参数
    var query = url.parse(req.url, true).query;
    // 获取参数上的页码，默认值为 1
    var page = query.page || 1;
    // 获取参数上的页数，默认值为 10
    var size = query.size || 10;
    var data = {
        items: [],
        page: page,
        size: size
    };
    // 循环组装文章数据
    for (var i=0;i<size;i++) {
        var index = (page - 1) * size + i + 1;
        var item = {
            title: '标题: ' + index,
            desc: '描述: ' + index
        }
        data.items.push(item);
    }
    // 允许跨域请求
    res.setHeader('Access-Control-Allow-Origin', '*');
    res.setHeader('Content-Type','application/json;charset=utf-8');
    // 将 query 对象转换为 JSON 字符串返回
    res.end(JSON.stringify(data));
});
// 服务器监听 3000 端口
server.listen({
    port: 3000,
    host: '0.0.0.0'
```

```
}, function() {
    // 监听端口成功
    console.log('listen success');
})
```

### 2. 编写 HTML 代码

页面上包含一个<ul>元素用于存放列表数据,包含 4 个<button>元素,分别为首页、上一页、下一页、尾页,单击后请求对应页码的数据,另外还有一个用于展示当前页码的<span>元素,默认页码为 1。

```html
<ul id="list"></ul>
<div>
    <button id="first-page-btn">首页</button>
    <button id="pre-page-btn">上一页</button>
    <span id="current-page">1</span>
    <button id="next-page-btn">下一页</button>
    <button id="last-page-btn">尾页</button>
</div>
```

### 3. 编写 JavaScript 代码

首先定义当前加载数据的页码 page,初始值为 1。然后定义一个 getEleById()函数用于简化获取元素操作。接着定义一个 createListItem()函数用于拼接列表中的单条内容,它接受一个参数 data,然后拼接 title 和 desc 数据到对应元素中,最后返回拼接结果。

```javascript
// 当前页码
var page = 1;
// 通过 id 获取元素
function getEleById(id) {
    return document.getElementById(id);
}
// 创建 list 元素
function createListItem(data) {
    return '<li>'+
            '<p>'+ data.title +'</p>' +
            '<p>'+ data.desc +'</p>' +
        '</li>';
}
```

接着定义一个 ajax()函数,将获取的数据调用 JSON.parse()方法解析后,调用 handleData()方法进行数据处理。

```javascript
// ajax()函数
```

```javascript
function ajax() {
   var xhr = new XMLHttpRequest();
   xhr.onreadystatechange = function () {
      if (xhr.readyState === 4) {
         var result;
         if (xhr.status < 200 || (xhr.status >= 300 && xhr.status !== 304)){
            result = null;
         } else {
            result = JSON.parse(xhr.responseText);
         }
         handleData(result);
      }
   }
   var url = 'http://localhost:3000?page=' + page + '&size=10';
   xhr.open('GET', url);
   xhr.send(null);
}
```

handleData()函数参数为服务器端返回的数据对象，首先定义当前页列表元素字符串htmlStr。然后获取服务端返回的 items 数组，循环该数组并调用 createListItem()方法组装数据赋值给 htmlStr。最后将拼接完整的数据添加到<ul>元素中，同时把页码变更为当前页码。

```javascript
// 处理请求完成数据
function handleData(data) {
  var htmlStr = '';
  var items = data.items;
  items.forEach(item => {
    htmlStr += createListItem(item);
  });
  getEleById('list').innerHTML = htmlStr;
  getEleById('current-page').innerHTML = data.page;
}
```

最后为 4 个<button>元素添加单击事件。单击"首页"按钮后，将 page 变更为 1，然后调用 ajax()函数；单击"上一页"按钮后，如果 page 大于 1，将 page 数据减 1，然后调用 ajax()函数；单击"下一页"按钮后，将 page 数据加 1，然后调用 ajax()函数；单击"尾页"按钮后，如果 page 小于 10，将 page 变更为 10，然后调用 ajax()函数。否则调用 ajax()函数请求第一页的数据。

```javascript
getEleById('first-page-btn').onclick = function() {
```

```
    page = 1;
    ajax();
  }
  getEleById('pre-page-btn').onclick = function() {
    if (page <= 1) {
      return;
    }
    page--;
    ajax();
  }
  getEleById('next-page-btn').onclick = function() {
    if (page >= 10) {
      return;
    }
    page++;
    ajax();
  }
  getEleById('last-page-btn').onclick = function() {
    page = 10;
    ajax();
  }
  // 请求第一页数据
  ajax();
```

首先在"命令提示符"窗口中使用 node page_list.js 命令启动 Web 服务，然后使用浏览器打开 example9.4.3.html，显示服务器返回的第一页数据，效果如图 9-17 所示。

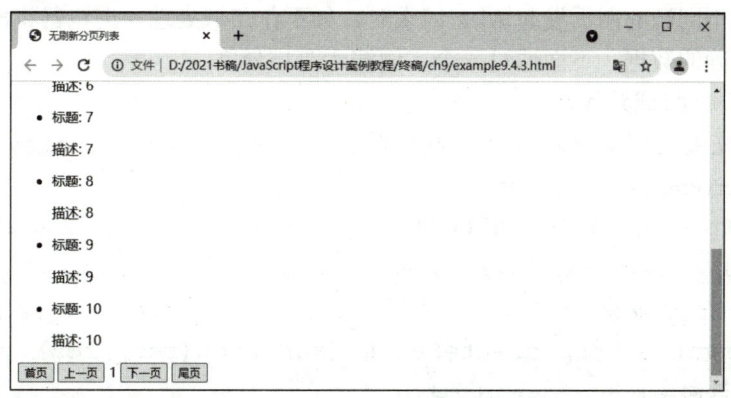

图 9-17　无刷新列表分页效果

## 9.5 跨域处理

对于 Web 开发者来说,跨域是一个比较常见的问题。浏览器为了保障网页的安全性,默认禁止跨域请求。而日常开发中,通常需要通过跨域实现某些功能,所以本节主要介绍什么是跨域及如何处理跨域问题。

### 9.5.1 什么是跨域

跨域是浏览器的同源策略所导致的。同源策略是一种约定,是浏览器最核心也最基本的安全功能,当一个浏览器的两个 tab 页分别打开网站 A 和网站 B 的两个页面,当浏览器的 A tab 页执行一个脚本的时候,浏览器会检查该脚本是哪个页面的,也就是检查是否同源,只有和 A 同源的脚本才会被执行,如果非同源,浏览器默认会禁止这样的请求(这种请求就属于跨域请求)。跨域请求的限制能够保障网页之间的隔离,能较好地保障网页安全。

浏览器同源策略通常是基于 URL 地址进行限制的,同源是指当前网页 URL 地址和请求内容 URL 地址的 HTTP 请求协议、请求域名、请求端口皆一致。假设当前网页 URL 地址为 http://www.demo.com/a,表 9-3 展示了同源和非同源 URL 之间的区别。

表 9-3 同源策略

| 网页 URL 地址 | 是否同源 |
| --- | --- |
| http://www.demo.com/b | 同源,仅路径不同 |
| https://www.demo.com/a | 不同源,协议不同 |
| http://www.test.com/a | 不同源,域名不同 |
| http://www.demo.com:9999/b | 不同源,端口不同 |

当网页对不同源的网页发起 Ajax 请求时,如不作跨域处理,浏览器将出现跨域错误,而无法获取正确的数据。下面通过一个实例演示跨域异常。

【例 9-8】 跨域异常。

(1)首先编写服务器端代码,直接返回一个字符串 cross domain。(文件位置:example/ch9/server/cross_domain.js)

```
var http = require('http');
var url = require('url');
// 创建 http 服务
var server = http.createServer(function(req, res) {
    // 返回字符串 cross domain
    res.end('cross domain');
```

```
});
// 服务器监听 3000 端口
server.listen({
    port: 3000,
    host: '0.0.0.0'
}, function () {
    // 监听端口成功
    console.log('listen success');
});
```

（2）编写浏览器端代码。发起 Ajax 请求，然后在控制台输出请求返回数据。（实例位置：example/ch9/9-8.html）

```
var xhr = new XMLHttpRequest();
xhr.onreadystatechange = function () {
  if (xhr.readyState === 4) {
    var result = xhr.responseText;
    console.log(result);
  }
}
xhr.open('GET', 'http://localhost:3000');
xhr.send(null);
```

在 CMD 命令行窗口使用 node cross_domain.js 命令启动 Web 服务，然后使用浏览器打开 9-8.html 文件，将看到浏览器控制台输出的异常，效果如图 9-18 所示。

了解了浏览器跨域问题后，下面将介绍两种常见的跨域处理方式，分别是 JSONP 和 CORS。

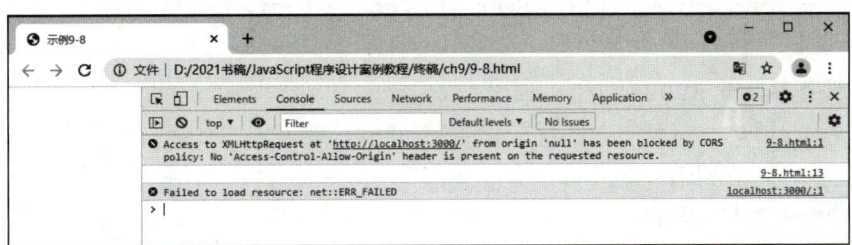

图 9-18 浏览器跨域异常

## 9.5.2 JSONP

JSONP 全称为 JSON with padding，其本质是利用浏览器同源策略解决跨域问题。

扫一扫

JSONP

虽然浏览器有同源策略，限制跨域请求，但部分请求还是被允许跨域访问的，如<script>、<link>、<img>、<iframe>等元素是被允许跨域请求的。网页中通常会使用<script>元素加载外部域名的 js 文件，使用<img>元素加载外部域名的图片资源等。

JSONP 发起的不是一个 Ajax 请求，而是通过<script>元素发起一个请求，然后将数据返回给浏览器端来实现。JSONP 之所以采用<script>元素加载资源，是因为<script>元素在资源加载完成后能够立即执行内部的 JavaScript 代码，然后服务器端通过返回对应的 JavaScript 语句进行数据返回，最终实现跨域请求数据。下面通过一个实例，讲解如何实现 JSONP 请求。

【例 9-9】 实现一个 JSONP 请求。

（1）首先编写服务器端代码，在 http.createServer()方法的回调函数中定义返回对象 data，然后获取 URL 上的 query 参数 cb（cb 参数对应方法名为需要返回数据调用的 JavaScript 回调函数），最后拼接回调函数调用的 JavaScript 代码字符串，并返回给浏览器端。（文件位置：example/ch9/server/jsonp.js）

```javascript
var http = require('http');
var url = require('url');
// 创建http服务
var server = http.createServer(function(req, res) {
    var data = {
        name: 'tom'
    };
    // 获取请求URL上的query参数
    var query = url.parse(req.url, true).query;
    var cb = query.cb;
    // 将回调函数执行方法作为字符串返回
    res.end(cb + '('+ JSON.stringify(data) +')');
});
// 服务器监听3000端口
server.listen({
    port: 3000,
    host: '0.0.0.0'
}, function() {
    // 监听端口成功
    console.log('listen success');
});
```

（2）编写浏览器端代码，定义一个函数 jsonp()，作为服务器返回数据执行的回调函数，其中包含一个参数 data，用于返回服务器端的数据。然后使用<script>元素请求对应的服务器 URL，并带上 cb 参数 jsonp。（实例位置：example/ch9/9-9.html）

```
<script>
  function jsonp(data) {
    console.log(data);
  }
</script>
<script src="http://localhost:3000?cb=jsonp"></script>
```

在命令提示符窗口中使用 node jsonp.js 命令启动 Web 服务，然后使用浏览器打开 9-9.html 文件，可看到控制台输出结果如图 9-19 所示。

图 9-19　JSONP 请求

> JSONP 本质是加载了跨域的外部资源，它是通过规避浏览器同源策略的方式进行 HTTP 请求的，存在一定的安全风险。如果 JSONP 请求的链接是带有攻击的脚本，那么可能会造成用户信息泄露等安全问题。所以在使用 JSONP 之前，要确认对应链接是安全的。

JSONP 是使用<script>元素发起的请求，而<script>元素发起的请求为 GET 类型的请求，所以 JSONP 不支持 POST 等其他类型的请求。如果要发起跨域的 POST 请求，可以使用 9.5.3 节介绍的 CORS 方法。

## 9.5.3　CORS

CORS 全称为 cross-origin resource sharing（跨站资源共享），它是通过服务器端返回允许跨域的响应头，告诉浏览器端这个请求允许跨域请求。CORS 主要有 3 个重要的响应头，具体如表 9-4 所示。

表 9-4　CORS 响应头

| 响应头 | 说明 |
|---|---|
| Access-Control-Allow-Origin | 允许跨域请求的域名，可以是单个域名或者*，*代表任意域名可以跨域访问 |
| Access-Control-Allow-Headers | 允许跨域请求的请求头，如 Content-Type X-Test，可以是单个、多个请求头或者* |
| Access-Control-Allow-Methods | 允许跨域的请求类型，如 POST、GET，可以是单个、多个或者* |

这 3 个 HTTP 响应头通常是在后端服务器端进行设置的，此处了解即可。有心的读者可能已经发现，前面的 Ajax 请求的示例中，已经加入了对应的允许跨域请求的响应头 Access-Control-Allow-Origin，对应值为*。

> **提示**
>
> 跨域请求可以让其他网页获取对应服务器的数据信息，本质上是存在风险的。所以在使用 CORS 时尽量允许安全的 URL 地址进行跨域请求。

## 综合案例：多图上传功能

一般在注册为某网站的会员时，通常会让用户上传一张图片作为用户头像，此时就要用到图片上传功能。浏览器本身支持选择图片的功能，开发者需要通过程序将用户选择的图片上传到服务器。本节带领大家实现一个多图上传功能。

### 1. 编写服务器端代码

首先编写服务器端代码，本例使用 base 64 格式（网络上最常见的用于传输 8 bit 字节码的编码方式之一）字符串作为图片上传的传输格式，服务器端需要将上传的图片写到当前目录的 img 文件夹下，并返回对应文件地址给浏览器端。具体来说，在服务器端需要将浏览器端上传的 base 64 格式字符串转换为 Buffer 数据格式，然后判断需要写文件的 img 文件夹是否存在，如果不存在则创建一个 img 文件夹。最后将数据写入到文件夹中，并将图片 URL 返回给浏览器端。（文件位置：example/ch9/server/upload_imgs.js）

```javascript
var http = require('http');
var url = require('url');
var querystring = require('querystring');
var fs = require('fs');
var path = require('path');
// 创建http服务
```

```javascript
var server = http.createServer(function(req, res) {
    // 定义data变量存放提交数据
    var data = '';
    // 允许跨域请求
    res.setHeader('Access-Control-Allow-Origin', '*');
    // 注册data事件接收数据
    req.on('data', function (chunk) {
        // chunk 默认是一个二进制数据，和 data 拼接会自动 toString
        data += chunk;
    });
    req.on('end', function () {
        var jsonData = JSON.parse(data);
        // 去除base64前缀
        var img = jsonData.img.split(',')[1];
        // 将base64转为Buffer格式
        var buffer = Buffer.from(img, 'base64');
        // 如果不存在img文件夹，直接创建该文件夹
        if (!fs.existsSync('../img')) {
            fs.mkdirSync('../img');
        }
        // 将上传的文件写到img文件夹中
        fs.writeFile('../img/' + jsonData.name, buffer, function(err){
            // 如果写文件错误，返回图片上传异常
            if (err) {
            res.end(JSON.stringify({error: 1, message: '图片上传失败'}));
                return;
            }
            // 使用定时器模拟连接远程服务器所花费的时间
            setTimeout(function() {
    // 获取上传图片后的路径
      var filePath = path.resolve(__dirname, '../img/' + jsonData.name);
                // 返回图片路径
                res.end(JSON.stringify({imgUrl: filePath}));
            }, 1000);
        })
    });
});
```

```
// 服务器监听 3000 端口
server.listen({
    port: 3000,
    host: '0.0.0.0'
}, function() {
    // 监听端口成功
    console.log('listen success');
});
```

### 名师点睛

JavaScript 语言自身只有字符串数据类型，没有二进制数据类型。但在处理像 TCP 流或文件流时，必须要用到二进制数据。因此在 Node.js 中定义了一个 Buffer 类，该类用来创建一个专门存放二进制数据的缓存区。

2. 编写 HTML 代码

上传图片通常需要花费一些时间，为增强用户体验，本案例使用 CSS 和 JavaScript 共同实现一个图片上传时的 loading 效果，此处先给出 CSS 代码。另外，页面上包含一个 id 为 container 的<div>元素，用于存放已经上传的图片，还包含一个<input>元素用于用户单击选择需要上传的图片。<input>元素的 type 属性为 file，表示选择文件类型；accept 属性为 "image/*" 表示仅支持选择图片格式的文件；multiple 属性为 multiple 表示支持选择多个文件。

```
<style>
    img {
      display: inline-block;
      vertical-align: middle;
      width: 200px;
      height: 200px;
      margin: 10px;
    }
    .loading{
      display: inline-block;
      width: 40px;
      height: 40px;
      border: 2px solid;
      border-color: #333 #333 transparent;
      border-radius: 50%;
      box-sizing: border-box;
```

```
        animation: loading 1s linear infinite;
    }
    @keyframes loading{
        0%{
            transform: rotate(0deg);
        }
        100%{
            transform: rotate(360deg);
        }
    }
</style>
<h1>多图上传功能</h1>
<div id="container"></div>
<input type="file" accept="image/*" multiple="multiple"/>
```

### 3. 编写 JavaScript 代码

首先需要实现 loading 效果的显示隐藏，此处使用 showLoading() 和 hideLoading() 函数实现该功能。在 showLoading() 函数中创建一个 <span> 元素，设置其 class 为 loading，然后插入到 container 中。hideLoading() 函数查找到 loading 对应的 <span> 元素，然后从 container 中移除。

```
// 显示 loading 动画效果
function showLoading() {
    var span = document.createElement('span');
    span.classList.add('loading');
    document.querySelector('#container').appendChild(span);
}
// 隐藏 loading 动画效果
function hideLoading() {
    var loading = document.querySelector('.loading');
    document.querySelector('#container').removeChild(loading);
}
```

接着实现图片上传功能，定义一个 uploadImg() 函数，需要传入两个参数 filename 和 base64，filename 表示文件名，base64 表示选择图片的 base64 数据。在函数内首先调用 showLoading() 函数显示 loading 动画，然后发起一个 POST 类型的 Ajax 请求，传入参数为文件名 name 及 base64 数据 img。

在请求数据完成后，先调用 hideLoading() 函数隐藏 loading 动画，然后判断服务器端返回的数据。如果返回数据中 error 属性为 1，代表图片上传失败，否则调用 handleImg()

函数处理返回的图片 URL。在 handleImg()函数中创建一个<img>元素，设置其 src 属性为图片 URL，并插入到 container 中。

```javascript
// 上传图片到服务器
function uploadImg(filename, base64) {
  // 显示加载 loading 动画
  showLoading();
  var xhr = new XMLHttpRequest();
  xhr.onreadystatechange = function() {
    if (xhr.readyState === 4) {
      hideLoading();
      var result;
      if (xhr.status < 200 || (xhr.status >= 300 && xhr.status !== 304)) {
        result = null;
      } else {
        result = xhr.responseText;
      }
      // 将返回值转为 JSON 对象
      var data = JSON.parse(result);
      // 如果返回 error 属性为 1，代表上传失败
      if (data.error === 1) {
        alert(data.message);
        return;
      }
      handleImg(data.imgUrl);
    }
  }
  xhr.open('POST', 'http://localhost:3000');
  xhr.send(JSON.stringify({img: base64, name: filename}));
}
// 处理服务器端返回的图片地址，在页面上显示
function handleImg(imgUrl) {
  var img = document.createElement('img');
  img.src = imgUrl;
  document.querySelector('#container').appendChild(img);
}
```

用户选择图片后，浏览器返回给开发者的数据为一个 file 对象，还需要将 file 对象转换为 base64 数据格式。因此定义 fileToBase64()函数，参数为 file 对象及一个回调函数。在

函数内，使用 new FileReader()创建 reader 对象，然后绑定其加载完成事件 onload，调用 readAsDataURL()方法并传入 file 对象。在数据转换完成后的 onload 事件函数中，调用 callback()回调函数将 base64 数据返回。

```
// 将图片文件转换为 base64 格式
function fileToBase64(file, callback) {
  var reader = new FileReader();
  reader.onload = function (e) {
    // 返回对应 base64 数据
    callback(e.target.result);
  }
  reader.readAsDataURL(file);
}
```

### 名师点睛

readAsDataURL()方法会读取指定的 Blob 或 File 对象。

最后绑定<input>元素的 onchange 事件，当用户选择图片后，执行对应函数。在函数内获取选中的所有图片 files 对象，然后使用 for 循环遍历整个 files 对象，并调用 fileToBase64()函数将文件转换为 base64 格式数据。最后调用 uploadImg()函数上传图片名称和 base64 格式数据。

```
var $input = document.querySelector('input');
$input.onchange = function() {
  var files = $input.files;
  for(var i=0;i<files.length;i++) {
    var file = files[i];
    fileToBase64(file, function(base64) {
      uploadImg(file.name, base64);
    });
  }
}
```

在"命令提示符"窗口中使用 node upload_imgs.js 命令启动 Web 服务，然后使用浏览器打开 upload_imgs.html 文件，单击"选择文件"按钮选择图片进行上传，上传图片前后网页效果如图 9-20 所示。

图 9-20　上传图片前后网页效果

旗帜引领

　　在制作网页时，往往需要许多图像素材来丰富页面的内容。虽然如今网络上获取资源的途径越来越多，许多精美素材数不胜数，但在使用时需要注意自己是否拥有这些素材的使用权利。例如，使用他人的摄影、绘画等作品时，须注意所有者是否开放商用授权；使用素材网站的素材时，须注意是否需要注册账号缴纳商用版权费用。

　　同样，我们自己制作完成的作品也拥有相应的版权，其他人如果直接挪用也将构成侵权，我们可以使用法律的武器保护自己的权利。近年来，我国各行各业的版权意识逐渐觉醒，这为许多优秀的内容制作者提供了便利与保护，促进了更多创新型内容的产生。

## 本章总结

　　本章首先介绍了 Ajax 基础知识及 Web 服务器的搭建方法；然后介绍了 XMLHttpRequest 对象的基本使用方式及 GET 和 POST 两种请求方式，并通过一个自定义请求头的示例讲解了如何获取服务器端响应数据及如何设置 Ajax 请求头；接着介绍了两种常见数据交换格式 XML 和 JSON，并通过一个无刷新分页的案例讲解了 JSON 的使用；最后介绍了什么是跨域及两种常见的跨域解决方式 JSONP 和 CORS。

　　通过本章的学习，读者应了解什么是 Ajax，掌握如何搭建 Node.js Web 服务器，掌握使用 XMLHttpRequest 进行网络请求的方式，掌握常见网络请求方式，理解 XML 和 JSON 的区别，掌握常见跨域请求方式。

## 课后习题

1. 选择题

（1）Ajax 请求 readyState 属性值为 2 时，表示请求处于（　　）状态。
　　A．请求未发送　　　　　　　　　　B．请求已打开
　　C．接收到响应头　　　　　　　　　D．请求接收完成

（2）设置 Ajax 请求头的方法是（　　）。
　　A．setHeader()　　　　　　　　　　B．setRequestHeader()
　　C．setHeaders()　　　　　　　　　 D．setRequestHeaders

（3）以下是通过<script>元素处理 Ajax 请求跨域方案的是（　　）。
　　A．CORS　　　　B．JSONP　　　　C．CSOR　　　　D．JSON

2. 判断题

（1）GET 请求通常用于查询服务器数据。　　　　　　　　　　　　　　（　　）
（2）HTTP 请求中的状态码 404 代表服务器异常。　　　　　　　　　　（　　）
（3）JSON 数据格式中包含 undefined 数据类型。　　　　　　　　　　 （　　）

3. 填空题

（1）获取 Ajax 请求返回的 XML 数据的属性为_____。
（2）常见的数据交换格式有 XML 和_____。
（3）CORS 中 Access-Control-Allow-Origin 允许所有域名的参数为_____。

4. 编程题

实现一个提交账号密码到服务器端的登录功能，根据浏览器端提交的账号密码进行判断。如果用户账号存在且密码正确返回登录成功提示，如果密码错误返回密码错误提示；如果用户账号不存在，则注册一个新用户。

# 第 10 章

## 浏览器存储

### 项目导读

在网页开发中，可以将一些常用的数据存储在浏览器端，以便在下次 Ajax 请求或用户打开网页时使用之前存储的数据。例如，使用第 9 章学习的 Ajax 技术，可以在网页上记录用户的登录状态，这样就不需要用户每次访问网页时都要重新登录一遍。浏览器提供了几种实现本地数据存储的方式，常见的有 Cookie、sessionStorage、localStorage 等。本章将分别对这几种存储方式进行介绍。

### 学习目标

- 掌握 Cookie 的常见用法
- 掌握 sessionStorage 的常见用法
- 掌握 localStorage 的常见用法

### 素质目标

- 增强网络安全意识，养成良好的职业习惯
- 心系国家建设，坚持以人民为中心，强化民族意识
- 树立正确的网络安全观，提高在信息化发展中的幸福感、安全感

## 10.1 Cookie

Cookie 原意为饼干、小甜饼的意思,在 Web 开发中表示一种小型文本文件存储功能,有时也指某些网站为辨别用户身份、进行会话(session)跟踪而储存在客户端的数据。当用户通过浏览器向服务器端发出数据请求时,服务器为了记录该用户的状态,会在响应头中通过 Set-Cookie 字段发送一段数据,浏览器将该数据保存起来,当该用户再次请求该网站时,浏览器会将 Cookie 数据放入请求头中的 Cookie 字段中,服务器收到请求即可辨认用户状态。

Cookie

### 10.1.1 基本用法

Cookie 是一种浏览器和服务器都能读写的数据存储方式,开发者可以同时从浏览器端和服务器端读取和设置 Cookie。

浏览器提供了 document.cookie 属性进行 Cookie 的读写,使用 document.cookie 可以直接读取当前网页的 Cookie。对 document.cookie 赋值可以设置 Cookie 的属性,Cookie 属性值设置是采用"key=value"键值对的格式。形式如下:

```
// 设置 Cookie 的 name 属性为 tim
document.cookie = 'name=tim';
```

值得注意的是,Cookie 每次只能设置一个属性值,对于同一个 key 来说,多次设置仅最后一次设置生效。

服务器端的 Cookie 读写主要是通过请求头和响应头来实现。请求头能够读取浏览器当前 URL 对应的 Cookie 数据,服务器端通过 Set-Cookie 响应头设置对应 Cookie 数据。代码如下:

```
// 读取 Cookie
req.headers.cookie;
// 设置 Cookie
res.setHeader('Set-Cookie', ['uid=100', 'name=hello']);
```

上述代码,读取 Cookie 使用 req.headers.cookie 属性,返回的 Cookie 是一个字符串格式数据,以";"分隔。设置 Cookie 使用 res.setHeader()方法,第一个参数传入字符串 'Set-Cookie',第二个参数支持传入一个字符串,也支持传入一个数组。多个 Cookie 设置使用数组形式,同样使用"key=value"键值对形式。

## 10.1.2 Cookie 常用属性

前面介绍了 Cookie 的基本用法，本节介绍 Cookie 的常用属性，如表 10-1 所示。

表 10-1 Cookie 常用属性

| 名称 | 说明 |
| --- | --- |
| domain | 读取 Cookie 的域名 |
| path | 读取 Cookie 的路径 |
| max-age | Cookie 最大有效时间 |
| expires | Cookie 过期时间 |
| secure | 设置是否为安全 Cookie，也就是是否只能通过 https 传输 |

domain 支持设置 Cookie 到当前网站对应域名或其父域名下，如某个网站域名为 www.demo.com，可以将 domain 设置为 www.demo.com 或.demo.com（部分浏览器会忽略"."）。当设置为 www.demo.com 时仅当前域名的网页能访问该 Cookie，而设置为.demo.com 则表示.demo.com 下的任意子域名都能访问该 Cookie。例如，www.demo.com 和 m.demo.com 都能读取.demo.com 域名下的 Cookie。domain 属性的默认值为当前页面域名。

path 表示 Cookie 设置的路径，如/test、/list/all 等，设置了 path 的 Cookie 仅支持该路径和其子路径能访问，如/test 路径下的 Cookie 只有/test 和/test/list 等路径能访问，/demo 不能访问/test 路径下的 Cookie。path 属性的默认值为/，表示任意路径都能访问。

max-age 表示 Cookie 设置的最大过期时间，单位为秒，如果设置为 3 600，表示 1 小时后该 Cookie 属性将过期。如果想删除浏览器中的某个 Cookie，可以将其 max-age 值设置为-1。

expire 表示 Cookie 设置的过期时间，格式为日期格式，如 Tue, 21 Jul 2020 16:28:42 GMT。expire 采用的是 GMT 时间。当浏览器或服务器时间到达设置的过期时间，该 Cookie 将被删除。

secure 表示 Cookie 是否为安全 Cookie，可以传入 boolean 类型的值，如 true、false，当设置为 true 时，表示仅 https 的域名能访问该 Cookie。

了解了 Cookie 的常用属性之后，下面通过一个示例来展示如何设置 Cookie 属性。代码如下：

```
// 设置 Cookie 的 domain, path, max-age 属性
document.cookie = 'uid=100; domain=localhost; path=/; max-age=300;';
```

> **提示**
>
> 浏览器提供的单个域名 Cookie 的存储空间仅为 4KB，所以建议将一些重要或者必要的数据设置到 Cookie 中，其他数据可以考虑存放到 10.2 节要讲解的 sessionStorage 或 localStorage 中。

## 10.1.3 【示例】设置用户登录状态

对于大多数网站来说，处于登录状态的用户在关闭页面不久后再次访问网站的同一个网页时，登录状态会自动保持，这通常是用 Cookie 实现的。一般会将用户的登录信息设置到 Cookie 中，当用户再次访问网页时，浏览器会根据 Cookie 判断用户是否存在。如果存在，直接展示用户信息，如果不存在，则前往登录页面进行登录。本节通过示例展示如何实现这种效果。

### 1. 编写 HTML 代码

由于页面存在用户未登录和用户已登录两种状态，所以页面上包含了两种状态下的 HTML 元素。

首先定义一个<style>元素，其中包含一个隐藏属性。未登录情况下，页面上存在两个<input>元素，用于输入用户名和密码进行账号登录，还有一个用于登录的<button>元素。已登录情况下，仅显示当前用户的用户名即可。（实例位置：example/ch10/example10.1.3.html）

```
<style>
  .hide {
    display: none;
  }
</style>

<div id="no-login" class="hide">
  <div>
    <span>用户名称: </span>
    <input name="name" placeholder="请输入用户名"/>
  </div>
  <div>
    <span>用户密码: </span>
    <input name="password" placeholder="请输入密码"/>
  </div>
  <button id="login-btn">登录</button>
</div>
<div id="login" class="hide">
  <p>用户已登录</p>
  <p>
    <span>用户名称: </span>
    <span id="name"></span>
  </p>
</div>
```

## 2. 编写 JavaScript 代码

首先定义一个 getCookieName() 函数，用于获取 Cookie 中的 name 属性。由于 document.cookie 获取的 Cookie 信息是 "key1=value1; key2=value2" 形式的字符串格式，所以要经过两次字符串分割，获取对应的 name 属性值。代码如下：

```javascript
// 从 Cookie 中获取 name
function getCookieName() {
  var name;
  // 将 Cookie 转换为 [key=value, key=value] 数组
  var data = document.cookie.split('; ');
  data.forEach(function(item) {
    var cookie = item.split('=');
    // 如果 Cookie 中的 key 为 name，则获取对应值
    if (cookie[0] === 'name') {
      name = cookie[1];
    }
  });
  return name;
}
```

调用 getCookiename() 函数获取用户名，如果用户名存在，将用户名设置到 id 为 name 的 \<span\> 元素中，并显示已登录的页面状态；如果用户名不存在，则显示未登录的页面状态。

```javascript
var username = getCookieName();
// 如果 Cookie 中存在 name，表示用户已登录，则显示用户登录信息
if (username) {
  document.querySelector('#name').innerHTML = username;
  document.querySelector('#login').classList.remove('hide');
} else {
  document.querySelector('#no-login').classList.remove('hide');
}
```

最后定义登录按钮的单击事件。单击按钮时，先判断用户名和密码是否存在，不存在则提示用户输入用户名和密码，如存在则将用户名设置到 Cookie 中，并隐藏未登录的页面状态。最后将用户名设置到 id 为 name 的 \<span\> 元素中，显示已登录的页面状态，并提示用户登录成功。

```javascript
document.querySelector('#login-btn').onclick = function() {
  var name = document.querySelector('[name=name]').value;
  var passwd = document.querySelector('[name=password]').value;
  if (name.length === 0) {
```

```
    return alert('请输入账号');
  }
  if (passwd.length === 0) {
    return alert('请输入密码');
  }
  // 设置cookie
  document.cookie = 'name=' + name;
  // 隐藏用户登录框，显示用户已登录
  document.querySelector('#no-login').classList.add('hide');
  // 将用户名显示，并显示已登录状态
  document.querySelector('#name').innerHTML = name;
  document.querySelector('#login').classList.remove('hide');
  alert('登录成功');
}
```

在浏览器中运行页面，输入任意用户名和密码后单击"登录"按钮，提示用户登录成功，并显示已登录的页面状态，如图 10-1 所示。

图 10-1　用户未登录和已登录状态

随着互联网的不断普及和信息技术的飞速发展，网络信息已经和人们的生活息息相关。它给我们带来便利的同时，各种隐患也随之而来。例如，"客服"电话层出不穷，"朋友"发来的链接不敢轻易打开，甚至密码泄露的情况也时有发生……

网络安全关系到每个人的切身利益，在日常生活中，人们要了解一些网络安全小常识。例如，清除浏览器 Cookie 或者拒绝 Cookie，防止浏览行为被追踪；妥善处置快递单、车票、购物小票等包含个人信息的单据，预防个人信息泄露；安装杀毒软件和个人防火墙，并及时升级，避免电脑被安装木马程序……

## 10.2　sessionStorage 和 localStorage

日常开发中，经常需要将一些较大的数据存储到本地。例如，为了提升用户访问页面的速度，可以将服务器端返回的接口数据缓存到浏览器中，等下次访问时，直接从本地缓存读取，这样网页加载速度会快很多。

在 HTML 5 中，新增了 sessionStorage 和 localStorage 两个对象用于存储本地数据。下面分别对它们进行介绍。

### 10.2.1　sessionStorage

sessionStorage 本地存储的特点是仅临时保存浏览器当前 Tab 下的数据，如果用户关闭了浏览器当前 Tab 窗口或者关闭了浏览器，会清除掉该存储数据。下次进入该网页时，本地将无法读取之前存储的数据。

sessionStorage 同样是采用 "key-value" 键值对的存储方式，存储的数据格式为字符串。如果传入的数据不是字符串格式，系统会自动转换为字符串。所以想存储 object 类型的数据时，需要先使用 JSON.stringify() 方法将其转换成字符串后再保存。

表 10-2　sessionStorage 常用方法

| 方法名 | 说明 |
| --- | --- |
| setItem(key, value) | 保存数据，传入 key 属性和需要保存的数据 |
| getItem(key) | 读取数据，传入 key 属性 |
| removeItem(key) | 移除数据，传入 key 属性 |
| clear() | 清空所有数据 |

介绍完 sessionStorage 常用方法后，下面来看一下数据的读取流程。

```
// 设置数据 name
sessionStorage.setItem('name', 'tim');
// 读取数据 name
console.log(sessionStorage.getItem('name'));    // 输出结果 tim
// 移除数据 name
sessionStorage.removeItem('name');
// 读取数据 name
console.log(sessionStorage.getItem('name'));    // 输出结果 null
// 设置数据 book
sessionStorage.setItem('book', 'JavaScript');
```

上述代码，首先通过 setItem()方法设置了一个 name 属性，其对应值为 tim；然后使用 getItem()方法获取 name 属性的对应值 tim；接着使用 removeItem()方法删除 name 属性，并再次获取 name 属性，结果值为 null；最后设置一个 book 属性为 JavaScript。

> **提示**
>
> 和 Cookie 不同，sessionStorage 遵循严格的同源策略。

### 10.2.2　localStorage

localStorage 和 sessionStorage 拥有相同的方法，存储结构也完全一致。它们之间唯一的区别是，localStorage 存储的数据是永久存储，如果开发者或者用户不主动清除，数据会一直存储在电脑磁盘中。

> **提示**
>
> sessionStorage 和 localStorage 对于每个 URL 同样有存储大小的限制，通常大小上限为 5M，部分浏览器为 2M 或 10M。

### 10.2.3　【示例】存储请求数据

用户访问网页时，大部分数据都是通过 Ajax 请求从服务器端获取的，用户可能因为网络等原因，获取数据较慢，影响浏览体验。为解决这个问题，可以将之前请求的数据存储到 localStorage 中，每次优先加载本地数据，然后网络数据加载完成后再进行更新。这样在弱网络情况下，用户体验会大大提升。本节通过一个存储请求数据的功能，来看看 localStorage 在实际开发中的应用。（实例位置：example/ch10/example10.2.3.html）

1. 编写服务器端代码

首先需要编写服务器端代码，创建文件 list_data.js，手动拼接 50 条标题数据，然后在 3s 后返回完整的数据。（实例位置：example/server/list_data.js）

```
var http = require('http');
var server = http.createServer(function(req, res) {
    var data = [];
    // 拼接50条数据
    for(var i=0; i<50; i++) {
        data.push('title: ' + (i + 1));
    }
    // 模拟网络请求较慢的情况，3s 后返回数据
    setTimeout(function() {
```

```
      res.end(JSON.stringify(data));
    }, 3000)
});
server.listen({
    port: 3000,
    host: '0.0.0.0'
}, function() {
    console.log('listen success');
});
```

2. 编写 HTML 代码

创建网页文件 example10.2.3.html，并构建基本网页结构。由于数据都是从网络获取，所以页面上仅包含一个 id 为 list 的<ul>元素。

```
<ul id="list"></ul>
```

3. 编写 JavaScript 代码

定义一个 createListItem()函数，用于创建需要插入到列表中的<li>元素。定义 ajax()函数，在函数中请求服务器端数据，先将数据通过 localStorage 存储到本地，然后再调用 handleData()函数将数据显示到页面上。

当访问页面时，使用 localStorage 读取本地数据。如果本地数据存在，则将本地数据显示到页面上，然后再调用 ajax()函数请求服务器端数据。

```
// 创建 list 元素
function createListItem(data) {
  return '<li>'+ data +'</li>';
}
// ajax()函数
function ajax() {
  var xhr = new XMLHttpRequest();
  xhr.onreadystatechange = function() {
    if (xhr.readyState === 4) {
      var result;
      if (xhr.status < 200 || (xhr.status >= 300 && xhr.status !== 304)) {
        result = null;
      } else {
        var result = xhr.responseText;
        // 将返回数据存储到本地
        localStorage.setItem('data', result);
```

```
      }
      handleData(result);
    }
  }
  var url = 'http://localhost:3000';
  xhr.open('GET', url);
  xhr.send(null);
}
// 处理请求完成的数据
function handleData(result) {
  var data = JSON.parse(result);
  var htmlStr = '';
  data.forEach(title => {
    htmlStr += createListItem(title);
  });
  document.querySelector('#list').innerHTML = htmlStr;
}
// 获取本地存储数据
var data = localStorage.getItem('data');
// 如果本地数据存在，则显示到网页上
if (data) {
  handleData(data);
}
ajax();
```

首先在"命令提示符"窗口中使用 node list_data.js 命令启动服务器端的服务，然后使用浏览器访问 example10.2.3.html 页面。可以看到第一次访问时，页面有较长时间的白屏，刷新页面或者关闭页面后再次打开，就能快速看到页面数据了，效果如图10-2所示。

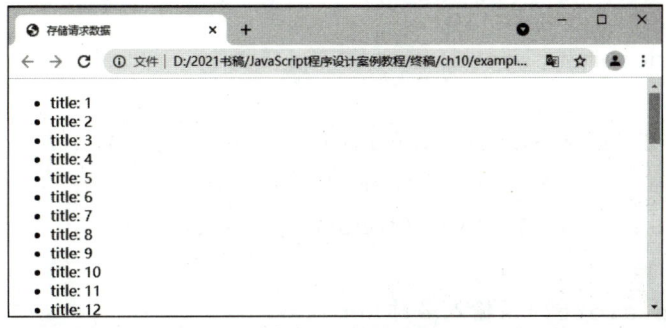

图 10-2  网页效果

## 综合案例：跨页表单提交

日常开发中，经常会遇到表单提交的功能。某些情况下可能还会遇到跨页表单提交的情况。跨页表单提交是指，用户在第一个页面填写了部分数据，然后跳转到第二个页面再填写一些数据，最后将两个页面的数据一并提交。针对这种情况，可以先将第一个页面的数据存储到 sessionStorage 中，然后在第二个页面从 sessionStorage 中取出第一个页面的数据，最后一并提交到服务器。下面通过实例展示跨页表单提交功能的实现。

### 1. 编写页面一 HTML 代码

首先编写第一个页面的 HTML 代码。页面上包含两个<input>元素，分别用于填写用户名和手机号，还包含一个<button>元素，用于跳转到下一个页面。（实例位置：example/ch10/submit_page_1.html）

```html
<h1>第一步</h1>
<div>
  <span>用户名</span>
  <input id="name" placeholder="请输入用户名">
</div>
<div>
  <span>手机号</span>
  <input id="phone" type="number" placeholder="请输入手机号">
</div>
<button id="next-btn">下一步</button>
```

### 2. 编写页面一 JavaScript 代码

定义一个 getEleById()方法简化 DOM 获取操作，然后绑定 id 为 next-btn 的<button>元素单击事件。当事件触发时，获取用户名和手机号，并将对应数据存储到 sessionStorage 中，最后跳转到下一个页面。

```javascript
function getEleById(id) {
  return document.getElementById(id);
}
getEleById('next-btn').onclick = function() {
  var name = getEleById('name').value;
  var phone = getEleById('phone').value;
  if (!name) {
    return alert('请输入名称');
  }
```

```
if (!phone) {
  return alert('请输入手机号');
}
var data = {name: name, phone: phone};
sessionStorage.setItem('prev_data', JSON.stringify(data));
window.location.href = './submit_page_2.html';
}
```

### 3. 编写页面二 HTML 代码

接着编写第二个页面的 HTML 代码。页面上包含两个<input>元素，分别用于填写喜欢的书籍和喜欢的电影，还包含一个<button>元素，用于提交用户填写的所有数据。（实例位置：example/ch10/submit_page_2.html）

```
<h1>第二步</h1>
<div>
  <span>喜欢的书籍</span>
  <input id="book" placeholder="请输入喜欢的书籍">
</div>
<div>
  <span>喜欢的电影</span>
  <input id="movie" placeholder="请输入喜欢的电影">
</div>
<button id="submit-btn">提交</button>
```

### 4. 编写页面二 JavaScript 代码

定义一个 submit()函数，用于输出用户提交的数据，并提示用户提交成功。绑定提交按钮的单击事件，当事件触发时，从 sessionStorage 中获取前一个页面填写的数据，并和当前页面填写的数据进行组合，最后调用 submit()函数输出数据。

```
function getEleById(id) {
  return document.getElementById(id);
}
function submit(data) {
  console.log('提交的数据为：', data);
  alert('数据提交成功')
}
getEleById('submit-btn').onclick = function() {
  var book = getEleById('book').value;
  var movie = getEleById('movie').value;
  if (!book) {
```

```
      return alert('请输入喜欢的书籍');
    }
    if (!movie) {
      return alert('请输入喜欢的电影');
    }
    // 从 sessionStorage 中获取前一页数据
    var prevDataString = sessionStorage.getItem('prev_data');
    var prevData = JSON.parse(prevDataString);
    // 组装完整的提交数据
    var data = {
      book: book,
      moive: movie,
      name: prevData.name,
      phone: prevData.phone
    };
    submit(data);
  }
```

在浏览器中运行 submit_page_1.html 文件,在文本框中填写相应的数据,单击"下一步"按钮。接着在第二个页面中填写数据,填写完成后提交。控制台将输出完整的提交数据,如图 10-3 所示。

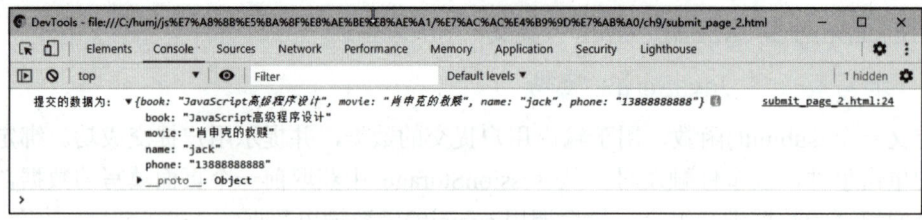

图 10-3　跨页表单数据提交

## 旗帜引领

　　浏览器在访问过程中,系统会默认开启用户操作留痕功能,这样很多信息会被浏览器自动记录,如访问的地址栏记录、搜寻关键词记录、历史访问记录、缓存文件、Cookie 等。这些信息可能涉及很多个人隐私,若不法分子结合云计算技术对这些信息进行大数据分析,用户个人生活习惯可能会被获取,这将给人们的生命和财产带来安全隐患。

自 2014 年以来，国家每年举办网络安全宣传周。提升全民网络安全意识，是国家网络安全工作的重要内容。

国家网络安全工作要坚持网络安全为人民、网络安全靠人民，保障个人信息安全，维护公民在网络空间的合法权益。要坚持网络安全教育、技术、产业融合发展，形成人才培养、技术创新、产业发展的良性生态。要坚持促进发展和依法管理相统一，既大力培育人工智能、物联网、下一代通信网络等新技术新应用，又积极利用法律法规和标准规范引导新技术应用。要坚持安全可控和开放创新并重，立足于开放环境维护网络安全，加强国际交流合作，提升广大人民群众在网络空间的获得感、幸福感、安全感。

## 本章总结

本章首先介绍了 Cookie 及其基本用法，并通过一个设置用户登录状态的示例讲解了 Cookie 的常见应用；然后介绍了 sessionStorage 和 localStorage 两种本地存储方式的使用方法和差异，并通过一个存储请求数据的示例讲解了 localStorage 的常见应用。最后通过一个跨页表单提交的案例讲解了 sessionStorage 的常见应用。

通过本章的学习，读者应掌握 Cookie、sessionStorage 和 localStorage 的常见用法。

## 课后习题

1. 选择题

（1）以下（    ）属性用于读取 Cookie 的域名。

  A．max-age         B．domain
  C．secure          D．expire

（2）localStorage 中删除所有数据的方法是（    ）。

  A．clear()         B．clearAll()
  C．removeItem()      D．removeItems()

2. 判断题

（1）document.cookie 每次仅能设置一个 Cookie 值。（　　）

（2）sessionStorage 存储的数据在浏览器窗口关闭后再次访问依然能够读取。（　　）

3. 填空题

（1）设置 Cookie 最大过期时间的属性是_____。

（2）删除 localStorage 某个属性的方法是_____。

4. 编程题

实现广告弹窗功能，并且在用户访问的 24 小时内仅弹出一次。

# 第 11 章

# 正则表达式

## 项目导读

实际开发中，经常会用到文本校验功能。文本校验最常见的使用场景是表单提交，如校验邮箱、手机号、密码等是否符合指定规则。使用 JavaScript 的正则表达式能很容易地实现文本校验或者文本匹配功能。本章将对正则表达式进行介绍。

## 学习目标

- 了解什么是正则表达式
- 掌握常见正则表达式的应用
- 掌握正则表达式的语法规则
- 掌握 String 类中常用方法的应用
- 掌握 RegExp 类中常用方法的应用

## 素质目标

- 培养利用计算机技术解决实际问题的能力
- 夯实基础，提高专业水平，心系国家政府网站建设

# 11.1 初识正则表达式

## 11.1.1 什么是正则表达式

正则表达式（Regular Expression，常简称 RegExp）是一种描述文本结构的语法规则，常用于验证文本是否符合某种规则，可以实现如文本查找、文本替换、文本过滤等高级功能。日常开发中，经常会利用正则表达式实现邮箱格式校验、电话号码匹配、DOM 节点查找等功能。

初识正则表达式

正则表达式本身是一种语法规则，需要配合一门编程语言才能实现强大的文本处理功能。例如，要实现邮箱格式校验，首先需要归纳总结出邮箱的某些特定规则，如包含@符号、以.xxx 结尾等；然后按照上述特定规则编写出对应的正则表达式结构，并生成计算机程序能够识别的模式；最后程序会根据生成的模式进行匹配，找到文本中符合对应规则的文本内容。

### 自信中国

"法信"平台是由最高人民法院立项、财政部重点支持的目前国内最大法律数据库和国内首家国家级法律知识服务和案例大数据融合平台，平台拥有 16 件软件、作品著作权和设计专利，其自有知识产权的独创性的"法信大纲"将中国法律数字服务的技术提升到国际先进水平。

"法信"平台完全采用互联网产品的服务模式，对用户群体进行细分，既面向法院系统、检察院系统、其他法律信息与技术服务商等单位提供 B2B 服务，也直接面向互联网用户提供 B2C 服务。

项目采用以法律知识体系图谱为底层的检索推送技术对各类法律碎片化的知识元进行分类聚合与串联推送。采用数据挖掘、分布式计算技术对裁判文书段落进行无限维度、多条件的自由组合和层层剖析。采用自然语义分析和分词技术对裁判文书的法律专业术语进行匹配转化，实现智能化支持用自然语言（非法言法语）一键式查找案情高度相似的既往判决。采用正则表达式和文本解析技术对裁判文书预设多重维度匹配类案。

## 11.1.2 正则表达式的基本应用

了解什么是正则表达式后，接下来学习正则表达式的基本应用。日常开发中，通常需要在一个字符串中查找指定类型的字符，此时可以使用 JavaScript 中 String 类型的 match() 方法进行对应字符串的匹配。此处以在字符串中查找数字为例进行介绍，代码如下：

```
// 待匹配的字符串
var str = '123456ABCdef ';
// 定义正则表达式规则
var reg = /\d+/;
// 调用字符串的 match() 方法
var result = str.match(reg);
// 输出结果 ["123456", index: 0, input: "123456ABCdef", groups: undefined]
console.log(result);
```

上述代码首先定义了一个字符串变量 str，然后定义了变量 reg，并赋值一个正则表达式字面量对象"/\d+/"。正则表达式规则由 2 个"/"包裹，2 个"/"之间可以包含各种匹配规则，其中"\d"表示匹配 0~9 之间的数字，"\d"默认匹配一个数字就结束；而"+"表示可以匹配一个或者多个元素，会尽可能进行更多的字符匹配。接着使用 match() 方法传入正则表达式规则，然后得到匹配结果 result，并在控制台输出 result。

变量 result 为一个数组对象，使用 result[0] 能获取匹配结果 123456。数组中还包含几个对象，其中 index 表示匹配结果位于字符串中的索引值（从 0 开始），input 表示进行匹配的字符串。

## 11.1.3 创建正则表达式

创建正则表达式可以使用字面量方式，也可以使用 RegExp 对象构造函数方式。前面用到的正则表达式"/\d+/"就是使用字面量方式创建的。以下为字面量方式的语法规则。

```
/pattern/flags
```

以下为 RegExp 对象构造函数方式的语法规则。

```
new RegExp (pattern [, flags])
RegExp (pattern [, flags] )
```

在上述语法中，pattern 是由文本字符和元字符组成的正则表达式模式文本，其中，文本字符是字母或数字等普通文本，元字符是"^"、"."或"*"等具有特殊含义的字符。flags 表示修饰符，用于进一步对正则表达式进行设置，具体见 11.2.5 节。

本书主要用字面量方式创建正则表达式。

## 11.2 正则表达式的语法规则

正则表达式的语法主要是对组成正则对象的各种字符功能的描述。这些字符大致可以分为字符类别、字符集合、特殊字符、限定字符和修饰符，本节将对这些字符进行详细介绍。

正则表达式的语法规则

### 11.2.1 字符类别

使用正则表达式进行文本处理时，最常用的就是匹配数字、字母、换行符等。正则表达式提供了"\d"进行数字匹配，提供了"\w"进行数字、字母和下划线的匹配，也提供了对应的反义字符类别"\D"匹配非数字的字符。合理使用这些字符类别，能够轻松实现文本匹配功能。常用的字符类别及其意义如表 11-1 所示。

表 11-1 常用字符类别及其意义

| 字符 | 描述 |
| --- | --- |
| \d | 匹配任意一个数字字符（0～9） |
| \D | 匹配任意一个非数字字符 |
| \b | 匹配任意一个单词边界，如/he\b/可以匹配单词 hello 中的 he，不能匹配单词 shell 中的 he |
| \B | 匹配任意一个非单词边界，如/he\B/可以匹配单词 shell 中的 he，不能匹配单词 hello 中的 he |
| \w | 匹配任意一个数字、字母（大小写）和下划线（_） |
| \W | 匹配任意一个非数字、字母（大小写）和下划线（_） |
| \s | 匹配任意一个空白符，包括空格、制表符、换行符等 |
| \S | 匹配任意一个非空白符 |
| \f | 匹配任意一个换页符 |
| \n | 匹配任意一个换行符 |
| \r | 匹配任意一个回车符 |
| \t | 匹配一个水平制表符（tab） |
| \v | 匹配一个垂直制表符（vertical tab） |

为便于读者理解字符类别的使用，下面通过实例演示其应用。

【例 11-1】 字符类别的使用。（实例位置：example/ch11/11-1.html）

```
var str = 'good job';
```

```
// 定义正则变量reg
var reg = /\s\w\w\w/;
var result = str.match(reg);
console.log(result[0]);                    // 输出结果"job"
```

例 11-1 中，正则表达式变量 reg 匹配 1 个空白符及 3 个字母、数字或者下划线，最终匹配结果为"job"。

例 11-1 也可以使用\b 进行匹配，这样可以更精确地匹配想要的结果，代码如下：

```
var str = 'good job';
// 定义正则变量reg
var reg = /\sjob\b/;
var result = str.match(reg);
console.log(result[0]);                    // 输出结果"job"
```

从上述实例可以看出，对同一个匹配结果，可以利用不同的表达式进行匹配。

## 11.2.2 字符集合

"[]"表示一个字符集合。字符集合能够匹配指定范围的字符，如[abc]能够匹配 a、b、c 三个字符中的任意一个字符。当"[]"与元字符"^"一起使用时，称为反义字符，可以匹配不在指定范围内的字符，如[^abc]能够匹配 a、b、c 三个字符外的任意一个字符。常用字符集合及其意义如表 11-2 所示。

表 11-2  常用字符集合及其意义

| 字符集合 | 描述 |
| --- | --- |
| [abc] | 匹配 a、b、c 三个字符中的任意一个 |
| [^abc] | 匹配除 a、b、c 三个字符外的任意一个字符 |
| [a-z] | 匹配 a～z 范围内的任意一个小写字母 |
| [A-Z] | 匹配 A～Z 范围内的任意一个大写字母 |
| [^A-Z] | 匹配非 A～Z 范围内的任意一个字符 |
| [0-9] | 匹配 0～9 范围内的任意一个数字 |
| [a-zA-Z0-9] | 匹配任意一个字母或者数字 |
| [/u4e00-/u9fa5] | 匹配任意一个中文字符 |

学习了正则表达式中的字符集合后，下面通过实例演示字符集合的应用。

【例 11-2】 字符集合的应用。（实例位置：example/ch11/11-2.html）

```
var str = 'abc123ABC';
```

```
// 定义正则表达式变量 reg
var reg = /[0-9][A-Z][A-Z]/;
var result = str.match(reg);
console.log(result[0]);                    // 输出结果"3AB"
```

例 11-2 中，正则表达式变量 reg 匹配 1 个 0~9 的数字及 2 个 A~Z 的大写字母，最终匹配结果为"3AB"。

### 11.2.3 特殊字符

除字符类别和字符集合之外，正则表达式中还用到了一些特殊字符用于丰富匹配规则。例如，"."字符匹配除换行符（\n）以外的任意字符；"^"字符用于限定匹配内容，如"^abc"表示匹配内容的第一个字母必须是 a。常用特殊字符及其意义如表 11-3 所示。

表 11-3　常用特殊字符及其意义

| 特殊字符 | 描述 |
| --- | --- |
| . | 匹配除换行符\n 以外的任意字符 |
| \| | 或匹配符，如 x\|y 可以匹配 x 或者 y 两个字符中的任一个 |
| ^ | 以某个字符开始，如^a 表示被匹配内容以字符 a 开始。注意^符号在字符集合中也有用到，但和此处所表示的含义不同 |
| $ | 以某个字符结尾，如 z$表示被匹配内容以字符 z 结尾 |
| () | 子表达式符号，被括号包裹的内容称为子表达式，如(abc)表示匹配字符 abc |
| \ | 将特殊字符按照原意进行匹配，如"\."用于匹配真实字符"." |

学习了正则表达式中的特殊字符后，下面通过实例演示其应用。

【例 11-3】　特殊字符的应用。（实例位置：example/ch11/11-3.html）

```
var str = 'the book is JavaScript';
// 定义正则表达式变量 reg
var reg = /JavaScript$/;
var result = str.match(reg);
console.log(result[0]);                    // 输出结果"JavaScript"
```

例 11-3 中，正则表达式变量 reg 匹配以单词"JavaScript"为结尾的内容，最终匹配结果为"JavaScript"。

"\"字符在日常开发中常用于匹配特殊字符的原意，如以下代码所示：

```
var str = 'the book cost $100';
// 定义正则表达式变量 reg
var reg = /\$\d\d\d/;
```

```
var result = str.match(reg);
console.log(result[0]);                    // 输出结果 $100
```

上述代码中,由于"$"符号为特殊字符,直接使用"$"不会匹配字符串中的"$"符号,必须在其前面加上"\"字符,使用"\$"来匹配字符串中的"$"符号。

## 11.2.4 限定字符

限定字符用于匹配多个字符。例如,"*"可以匹配其前一个字符或者子表达式出现 0 次或者多次,如"a*"就能匹配字符串"aaaaaaaa"。常用限定字符及其意义如表 11-4 所示。

表 11-4 常用限定字符及其意义

| 限定字符 | 描述 |
| --- | --- |
| * | 匹配其前一个字符或者子表达式出现 0 次或者多次 |
| + | 匹配其前一个字符或者子表达式出现 1 次或者多次 |
| ? | 匹配其前一个字符或者子表达式出现 0 次或者 1 次 |
| {n} | 匹配其前一个字符或者子表达式出现 n 次,n 可以为任意非负整数 |
| {n,} | 匹配其前一个字符或者子表达式出现至少 n 次,n 可以为任意非负整数 |
| {n,m} | 匹配其前一个字符或者子表达式出现 n~m 次,n 和 m 可以为任意非负整数 |

学了正则表达式中的限定字符后,下面通过实例演示其应用。

【例 11-4】 限定字符的应用。(实例位置:example/ch11/11-4.html)

```
var str = '137_ABCDE_876 ';
// 定义正则表达式变量 reg
var reg = /_[A-Z]*_/;
var result = str.match(reg);
console.log(result[0]);                    //输出结果 _ABCDE_
```

例 11-4 使用"*"符号匹配了 0 个或者多个 A~Z 之间的大写字母,最终的匹配结果为"_ABCDE_"。

日常开发中,经常需要进行网页链接的匹配,而网页链接中一般包含 http 和 https 两种协议,此时可以使用限定符"?"进行处理。代码如下:

```
var str = 'https://www.demo.com';
// 定义正则表达式变量 reg
var reg = /^https?:\/\/.+/;
var result = str.match(reg);
console.log(result[0]);                    // 输出结果 https://www.demo.com
```

上述代码使用"^"符号保证域名是以 http 开头，然后使用"s?"表示可以同时匹配 http 和 https。由于"/"符号为正则表达式的特殊符号，所以需要使用转义符号"\"匹配其原意。最后使用".+"匹配剩余的网页链接内容。

### 11.2.5 修饰符

修饰符用于优化整个匹配规则，如常见的修饰符 i 表示正则表达式在进行匹配时忽略大小写，应用该修饰符的正则表达式中的普通字符 a 可以匹配字符串中的 a 或者 A。修饰符是放在正则表达式规则之后的，如"/abc/i"。多个修饰符可以同时使用，如"/abc/gi"。常用修饰符及其意义如表 11-5 所示。

表 11-5　常用修饰符及其意义

| 修饰符 | 描述 |
| --- | --- |
| i | 表示匹配时忽略大小写，在这种模式下，a 和 A 同样被匹配 |
| g | 在目标字符串中实现全局匹配，也就是在找到第一个匹配项后仍会继续查找 |
| m | 实现多行匹配，以^符号作为一行的开始，$作为一行的结尾 |

学习了正则表达式中的修饰符后，下面通过实例演示其应用。

【例 11-5】　修饰符的应用。（实例位置：example/ch11/11-5.html）

```
var str = 'abc123ABC456';
// 定义正则表达式变量 reg
var reg = /[a-z]+/ig;
var result = str.match(reg);
console.log(result);                    // 输出结果 ["abc", "ABC"]
```

例 11-5 使用"[a-z]"匹配任意一个小写字母，"+"限定符用于匹配 1 个或者多个字母；同时加上修饰符 i 和 g，忽略匹配大小写及进行全局匹配，最终匹配结果为数组 ["abc", "ABC"]。

### 11.2.6　【示例】限定手机号输入

实际应用中，有很多需要输入手机号的场景。如用户注册会员账号时，需要控制用户输入的手机号格式，避免将错误的手机号传递给服务器。本节通过一个限定手机号输入的示例演示正则表达式在实际开发中的使用。

#### 1. 编写 HTML 代码

新建 HTML 文档"example11.2.6.html"，在页面上添加一个<input>输入框，提示用户输入自己的手机号。（实例位置：example/ch11/example11.2.6.html）

```
<span>手机号: </span>
<input placeholder="请输入手机号"/>
```

### 2. 编写 JavaScript 代码

获取页面上的<input>元素，并监听<input>元素的失焦事件。在失焦事件触发时，获取输入框中的内容，如果输入框为空，表示用户未输入任何内容，直接返回。

定义匹配手机号的正则表达式变量 reg，正常手机号是以数字 1 开头，总位数共 11 位的一串数字。接着使用 match()方法判断输入框的内容是否符合对应规则，如果匹配失败，将输入框内容清空，并提示用户输入正确的手机号。

```
var $input = document.querySelector('input');
  $input.onblur = function(e) {
    var val = e.target.value;
    // 如果内容为空，直接返回
    if (val.length === 0) {
      return;
    }
    var reg = /^1\d{10}$/;
    var result = val.match(reg);
    // 如果匹配失败，则清空输入内容并提示用户
    if (!result) {
      $input.value = '';
      alert('请输入正确的手机号');
    }
}
```

使用浏览器打开文档 example11.2.6.html，输入不符合规则的手机号并在空白位置单击，效果如图 11-1 所示。

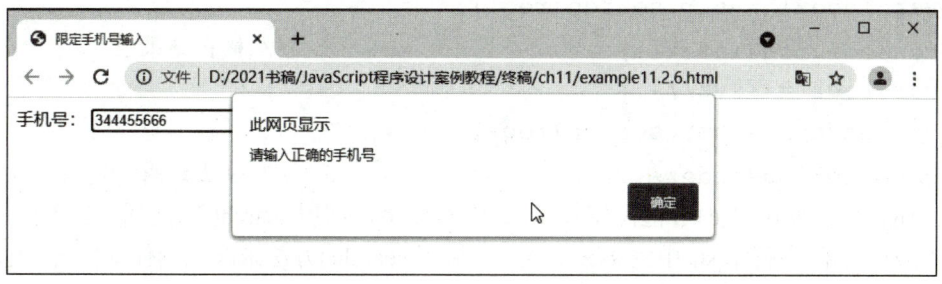

图 11-1　网页效果

## 11.3 与正则表达式相关的方法

除了前面多次用到的 match() 方法外，String 类和 RegExp 类中还有一些较常用的方法，下面分别介绍。

### 11.3.1 String 类中的方法

#### 1. replace()

replace() 方法用于替换某些字符或字符串，它的第一个参数可以为普通字符串，也可以为正则表达式。下面通过实例演示 replace() 方法的应用。

【例 11-6】 replace() 方法的应用。（实例位置：example/ch11/11-6.html）

```
var str = 'abc8787xyz9797mn';
var reg = /[0-9]/g;
var result = str.replace(reg, 0);
console.log(result);           // 输出结果 abc0000xyz0000mn
```

上述代码，使用 "[0-9]" 匹配任意一个数字，使用 "g" 修饰符实现全局匹配，最后使用数字 0 替换所有匹配到的数字。

#### 2. search()

search() 方法支持传入一个正则表达式，返回指定模式的子串在原字符串中首次出现的位置，匹配失败则返回 -1。下面通过实例演示其应用。

【例 11-7】 replace() 方法的应用。（实例位置：example/ch11/11-7.html）

```
var str = 'abc123def ';
var reg1 = /\d+/;
var index1 = str.search(reg1);
console.log(index1);           // 输出结果 3
var reg2 = /xyz/;
var index2 = str.search(reg2);
console.log(index2);           // 输出结果 -1
```

上述代码，使用 "\d+" 匹配字符串 str 中的数字，调用 search() 方法返回匹配结果 3；使用 "xyz" 匹配字符串 str 中的 xyz 字符串，调用 search() 方法未匹配到任何内容，返回结果 -1。

#### 3. split()

split() 方法可以将字符串用指定的分隔符切割成字符串数组，分割后的字符串数组中不包含分隔符。split() 方法的第一个参数可以为普通字符串，也可以为正则表达式。下面通过一个用小写字母切割字符串的实例，演示 split() 方法的应用。

【例 11-8】 split() 方法的应用。（实例位置：example/ch11/11-8.html）

```
var str = '1ab2ac3ad4ae5';
var reg = /[a-z]+/;
var result = str.split(reg);
console.log(result);    // 输出结果 ["1", "2 ", "3 ", "4 ", "5"]
```

上述代码，使用 "[a-z]+" 匹配字符串 str 中的小写字母，调用 split() 方法按照匹配规则进行字符串分割，最终生成一个分割之后的数组["1", "2", "3", "4", "5"]。

## 11.3.2 RegExp 类中的方法

RegExp 类中主要有 exec() 和 test() 两个方法，下面分别对它们进行介绍。

### 1. exec()

exec() 方法和 String 类中的 match() 方法类似，都是用于匹配满足条件的字符串，返回结果也是一个数组，如以下实例所示。

【例 11-9】 exec() 方法的应用。（实例位置：example/ch11/11-9.html）

```
var str = 'zoo food hero hood';
var reg = /[a-z]oo[a-z]/;
var result = reg.exec(str)
// [0: "food", groups: undefined, index: 4, input: "zoo food hero hood"]
console.log(result);
```

与 match() 方法不同的是，当正则表达式中包含 "g" 修饰符时，exec() 方法是具有状态的，每次匹配后会记录当前匹配内容的位置属性 lastIndex，再次调用 exec() 方法时，会从 lastIndex 属性的位置开始进行匹配，下面来看一个实例。

【例 11-10】 exec() 方法的应用。（实例位置：example/ch11/11-10.html）

```
var str = 'zoo food hero hood ' ;
var reg = /[a-z]oo[a-z]/g;
var result;
result = reg.exec(str);
console.log(result[0], reg.lastIndex);   // 输出结果 food 8
result = reg.exec(str);
console.log(result[0], reg.lastIndex);   // 输出结果 hood 18
result = reg.exec(str);
console.log(result, reg.lastIndex);      // 输出结果 null 0
result = reg.exec(str)
console.log(result[0], reg.lastIndex);   // 输出结果 food 8
```

例 11-10 使用正则表达式规则 "[a-z]oo[a-z]" 匹配带有 "oo" 字母的 4 字单词，同时包含修饰符"g"。当第一次调用 reg.exec()方法时，返回的 result[0]的结果为 food，此时可以看到 reg 对象的 lastIndex 属性为 8。

当第二次调用 reg.exec()方法时，返回的 result[0]的结果为 hood，reg 对象的 lastIndex 属性为 18。当第三次调用 reg.exec()方法时，从 lastIndex 为 18 的位置开始无法匹配到对应内容，所以 result 返回 null，lastIndex 变为 0。下一次调用 exec()方法时，又从 0 的位置开始匹配。

2. test()

test()方法返回的结果是 Boolean 类型的值。当不需要获取正则表达式匹配的结果，而只需要检测正则表达式与指定字符串是否匹配时，可以使用该方法。当存在符合规则的内容时返回 true，不存在则返回 false，代码如下：

```
var str = 'sss1378ggg ';
var reg = /\d+/;
var result = reg.test(str);
console.log(result);                        // 输出结果 true
```

test()方法和 exec()方法一样，当存在"g"修饰符时，每次调用 test()方法，会记录当前匹配内容的位置属性 lastIndex；下次再调用 test()方法时，将从上次 lastIndex 的位置进行查找。

### 11.3.3 【示例】实现简单模板语法

日常开发中，将字符串和变量进行拼接时通常使用"+"符号，但是当用到多个"+"时，整体代码会显得比较难阅读。此时可以实现一个简单的模板语法，直接进行变量的替换。

目前市面上已经存在很多模板语法，如${xxx}、{{xxx}}、<%xxx>等。此处使用最常见的双大括号{{xxx}}进行演示。

1. 编写 HTML 代码

页面上主要包含 3 个<input>输入框，用于输入 3 段待拼接的内容；一个<span>元素用于展示拼接后的内容；还包含一个<button>元素，用于单击进行输入框的内容拼接，并将拼接后的内容展示到页面上。（实例位置：example/ch11/example11.3.3.html）

```
<div>
    <input type="text" placeholder="请输入第一段内容"/>
</div>
<div>
    <input type="text" placeholder="请输入第二段内容"/>
</div>
<div>
    <input type="text" placeholder="请输入第三段内容"/>
```

```
</div>
<div>
   <span></span>
</div>
<button>生成内容</button>
```

### 2. 编写 JavaScript 代码

获取页面上的所有<input>元素,并存放到变量$inputs。定义 getTemplateContent()函数,函数内首先定义待处理的模块字符串 template,其中待替换的元素规则为{{xxx}}。然后依次定义正则表达式对象 reg,存放匹配内容的数组 array,以及替换内容规则的数组 rules。

使用 while 循环执行 reg.exec()函数并赋值给 array,直到匹配内容为 null 时,循环结束。在每次匹配结果中,使用 eval()函数执行匹配内容的变量,如 eval('$input[0]')返回$input[0]对应的 DOM 元素。将待替换模板规则和数据存入 rules 数组中。

最后遍历 rules 数组,使用 replace()函数将数据替换到模板之中,然后返回变量 template。代码如下:

```
var $inputs = document.querySelectorAll('input');
// 获取模板拼接内容
function getTemplateContent() {
  var template = '第一段内容: {{$inputs[0]}}。\n 第二段内容: {{$inputs[1]}}。\n 第三段内容: {{$inputs[2]}}。';
  // 匹配模板内容的正则表达式
  var reg = /\{\{(.+)\}\}/g;
  var array;
  // 存放替换内容规则的数组
  var rules = [];
  // 执行 exec()方法查找符合模板规则的内容
  while(array = reg.exec(template)) {
    // 使用 eval()函数执行对应变量内容,如$input[0]
    var result = eval(array[1]);
    // 待替换内容,以及对应替换值放入 rules 中
    rules.push([array[0], result.value]);
  }
  // 遍历规则,将模板中的内容进行替换
  rules.forEach(function(rule) {
    template = template.replace(rule[0], rule[1]);
  });
  return template;
}
```

接着获取页面上的<button>元素，并绑定单击事件。当单击事件触发时，遍历所有<input>元素，判断<input>元素内容是否为空，如果为空则进行提示。内容填写完后，调用getTemplateContent()函数将模板匹配结果添加到<span>元素中。

```
var $btn = document.querySelector('button');
$btn.onclick = function() {
  for (var i=0;i<$inputs.length;i++) {
    var $input = $inputs[i];
    if ($input.value.length === 0) {
      alert($input.getAttribute('placeholder'));
      return;
    }
  }
  document.querySelector('span').innerHTML = getTemplateContent();
}
```

使用浏览器运行网页 example11.3.3.html，在 3 个<input>元素中输入内容并单击按钮，效果如图 11-2 所示。

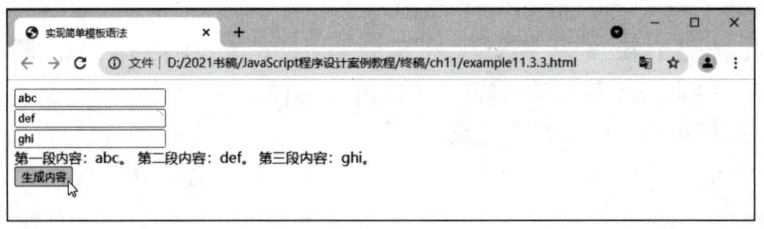

图 11-2　实现简单模板语法

## 综合案例：实现表单验证

表单验证是日常开发中很常见的场景，如提示用户输入正确格式的内容。灵活运用正则表达式能轻松实现该功能，本节就来实现一个简单的表单验证功能。

### 1. 编写 HTML 代码

页面上主要包含6个<input>元素用于填写用户注册信息，并且它们都具有一个data-reg属性用于标识所用正则表达式的名称。另外每个<input>元素下方都有一个错误提示文案，默认是隐藏状态，当用户输入格式错误的内容时显示该文案。最后包含一个用于提交输入内容的<button>元素。（实例位置：example/ch11/form_verify.html）

```
<h1>账号注册</h1>
```

```html
<div>
    <span>用户名</span>
    <input type="text" placeholder="请输入用户名" data-reg="name">
    <b class="hide">用户名仅支持6-12位大小写英文字母、数字、下划线及中文</b>
</div>
<div>
    <span>手机号</span>
    <input type="text" placeholder="请输入手机号" data-reg="phone">
    <b class="hide">请输入正确的手机号</b>
</div>
<div>
    <span>邮箱</span>
    <input type="text" placeholder="请输入邮箱" data-reg="email">
    <b class="hide">请输入正确的邮箱地址</b>
</div>
<div>
    <span>身份证</span>
    <input type="text" placeholder="请输入身份证号" data-reg="idCard">
    <b class="hide">请输入正确的身份证号码</b>
</div>
<div>
    <span>年龄</span>
    <input type="text" placeholder="请输入年龄(岁)" data-reg="age">
    <b class="hide">请输入正确的年龄</b>
</div>
<div>
    <span>密码</span>
    <input type="password" placeholder="请输入密码" data-reg="password">
    <b class="hide">密码仅支持6-16位大小写英文字母、数字、下划线</b>
</div>
<button>提交信息</button>
```

2. 编写 JavaScript 代码

6 个输入框用于输入不同的内容，所以包含 6 种不同的校验规则。定义一个 regUtils 工具对象用于存放 6 种不同规则的正则表达式，regUtils 对象的 key 为<input>元素 data-reg 属性的值，value 为 key 对应正则表达式规则。

其中用户名支持 6~12 位大小写英文字母、数字、下划线和中文；手机号是以 1 开头的 11 位数字；电子邮箱中包含@符号和.符号；身份证使用 18 位标准身份证规则；年龄的范围为 1～199 岁；密码支持 6～16 位英文字母大小写、数字和下划线。代码如下：

```
    // 正则工具对象
    var regUtils = {
      // 用户名仅支持6-12位大小写英文字母、数字、下划线及中文
      name: /^[A-Za-z0-9_\u4e00-\u9fa5]{6,12}$/,
      phone: /^1\d{10}$/,              // 手机号为以1开头的11位数字
      email: /\w+@\w+\.\w+/,            // 邮箱包含@和.及英文、下划线
      // 身份证号码
      idCard: /^[1-9]\d{5}[1-2]\d{3}((0[1-9])|(1[0-2]))(([0-2][1-9])|10|20|30|31)\d{3}[0-9Xx]$/,
      age: /(^[1-9]\d{0,1}$)|(^1\d{2}$)/,   // 年龄范围为1-199岁
      password: /^\w{6,16}$/      // 密码仅支持6-16位大小写英文字母、数字、下划线
    }
```

接着定义一个表单校验函数 formVerify()，在函数内获取页面中所有<input>元素，然后遍历所有<input>元素，并获取 data-reg 属性。从 regUtils 对象中获取该<input>元素对应的正则表达式，使用 test()函数检查输入内容是否符合正则表达式规则。如果不符合规则，显示<input>元素对应提示语并返回 false；如果符合规则，则隐藏<input>元素对应提示语。所有<input>元素校验通过，返回 true。

```
    // 表单校验函数
    function formVerify() {
      var $inputs = document.querySelectorAll('input');
      for (var i=0;i<$inputs.length;i++) {
        var $input = $inputs[i];
        // 获取正则属性
        var regAttr = $input.getAttribute('data-reg');
        // 从正则工具对象中获取对应正则表达式
        var reg = regUtils[regAttr];
        // 判断输入内容是否符合正则条件
        var result = reg.test($input.value);
        if (!result) {
          $input.classList.add('warn-border');
          $input.nextSibling.nextSibling.classList.remove('hide');
          return false;
        } else {
```

```
      $input.classList.remove('warn-border');
      $input.nextSibling.nextSibling.classList.add('hide');
    }
  }
  return true;
}
```

最后监听页面上的<button>元素单击事件,当单击触发时,调用 formVerify()函数,如果返回结果为 true,提示用户账号注册成功。

```
document.querySelector('button').onclick = function() {
  // 表单校验未通过,直接返回
  if (!formVerify()) {
    return;
  }
  alert('账号注册成功');
}
```

使用浏览器打开网页,运行效果如图 11-3 所示。

 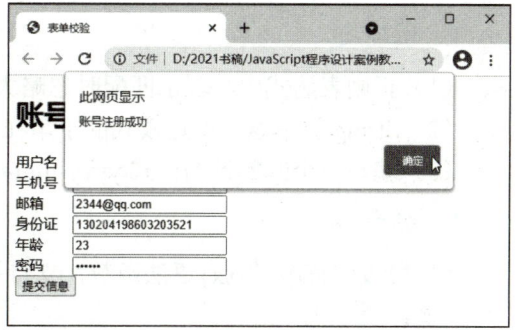

图 11-3　表单验证功能

## 本章总结

本章首先介绍了什么是正则表达式,正则表达式的基本应用,以及正则表达式的创建方法;然后介绍了正则表达式的语法规则,包括字符类别、字符集合、特殊字符、限定字符、修饰符,并通过一个限定手机号输入的示例演示了如何利用正则表达式解决校验问题;接着讲解了 JavaScript 中与正则表达式相关的方法;最后通过一个表单验证案例介绍了正则表达式在实际开发中的应用。通过本章的学习,读者应掌握正则表达式的一般应用。

# 课后习题

## 1. 选择题

（1）以下（　　）是匹配正则表达式单词边界的字符。
　　　A．\s　　　　　B．\d　　　　　　　C．\f　　　　　D．\b
（2）以下（　　）不属于 String 类中的方法。
　　　A．match()　　　B．replace()　　　　C．test()　　　D．split()

## 2. 判断题

（1）/[xy]/正则表达式匹配的是 xy 连续的 2 个字母。　　　　　　　　　　　　（　　）
（2）正则表达式中特殊字符?表示匹配 1 次或者多次。　　　　　　　　　　　　（　　）
（3）RegExp 类中的 exec()方法匹配包含修饰符"g"的正则表达式时，每次匹配后会记录当前匹配内容的位置属性 lastIndex，再次调用 exec()方法时，会从 lastIndex 属性的位置开始进行匹配。　　　　　　　　　　　　　　　　　　　　　　　　　　　　　　（　　）

## 3. 填空题

（1）正则表达式中，表示匹配时忽略大小写的修饰符是_____。
（2）String 类中返回指定模式的子串在原字符串中首次出现位置的方法是_____。
（3）编写一个匹配日期格式 yyyy-mm-dd（如 2020-05-12）的正则表达式_____。

## 4. 编程题

实现模板字符串${xxx}语法函数，支持+、-、*、/等基本运算。
示例：
模板字符串为'var x=${x}, y=${y}, z=${z};x + y = ${x+y};z – x = ${z-x};'，其中 x=1, y=2, z=3;最终调用函数后，返回结果为'var x=1, y=2, z=3;x + y = 3;z – x = 2; '

# 第 12 章

# Vue

## 项目导读

随着 JavaScript 的不断发展,开源社区出现了很多优秀的框架,使用框架的意义在于提升工作效率。本章将讲解一个目前国内最常用的 JavaScript 框架 Vue,它能帮助大家在 Web 开发中减少对 DOM 元素的操作,通过将数据和 DOM 元素绑定,只需操作数据即可改变 Web 页面效果。

## 学习目标

- 掌握安装和在文档中引入 Vue 的方法
- 掌握创建 Vue 实例的方法并了解其生命周期
- 掌握 Vue 数据绑定的方法
- 掌握 Vue 计算属性和侦听器的应用
- 了解 Vue 模板渲染语法

## 素质目标

- 关注科技前沿新技术,激发为国争光的热情
- 培养执着专注、精益求精、追求卓越的工匠精神

## 12.1 Vue 入门

Vue 是一个简单易学的 JavaScript 框架,本节将对 Vue 的概念、下载、安装,及其应用进行简单介绍,让大家了解使用 Vue 开发和直接使用原生 JavaScript 开发的区别。

### 12.1.1 什么是 Vue

Vue 是一个聚焦于视图层的 MVVM 框架。视图层是指 Web 前端开发中和网页展示相关的部分。MVVM 全称为 Model View ViewModel,也称为双向绑定,Model 为数据层,View 为视图层,ViewModel 为数据视图中间层,它主要用于串联 Model 和 View,如图 12-1 所示。

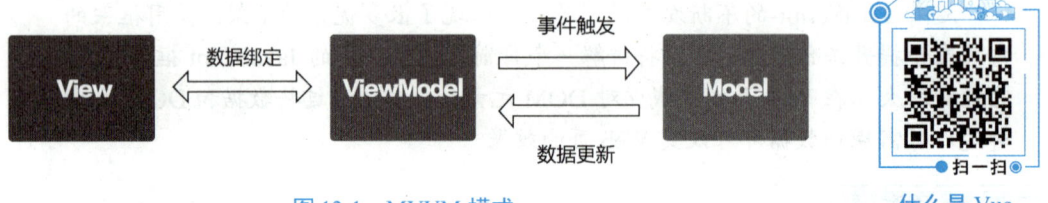

图 12-1  MVVM 模式

> **提示**
>
> MVVM 本质上是 MVC 的改进版,主要目的是分离视图(View)和模型(Model)。

ViewModel 是 Vue 框架的核心,本质上是一个 Vue 实例。Vue 实例是作用于某一个 HTML 元素的,该元素可以是<body>元素,也可以是指定了 id 属性的其他元素。那么双向绑定是如何实现的呢?由图 12-1 可以看出,从 View 侧来看,View 和 ViewModel 之间进行了数据绑定,当 ViewModel 接收到数据的变化时,会通知 View 进行视图更新;而当 View 触发了输入等事件,又会通知 ViewModel 层。从 Model 侧来看,ViewModel 和 Model 之间是相互关联的,当 ViewModel 接收到输入事件时,将通知 Model 更新数据;而 Model 的数据发生变化时,也会通知 ViewModel。

下面通过一个实例来看一下 Vue.js 是如何实现 MVVM 模式的。

【例 12-1】 使用 Vue.js 实现 MVVM 模式。(实例位置:example/ch12/12-1.html)

```
<!DOCTYPE html>
<html lang="en">
<head>
  <meta charset="UTF-8">
  <title>示例 12-1</title>
```

```html
</head>
<body>
    <!-- View -->
<input id="input"/>
<button id="btn-add">+1</button>
<button id="btn-decrease">-1</button>
    <script>
    // Model
    var data = 0;
    // ViewModel，连接 View 和 Model
    var vm = {
        init() {
            var that = this;
            document.getElementById('input').value = 0;
            document.getElementById('input').oninput = function(e) {
                // 将输入内容赋值给 data
                data = Number(e.target.value);
            }
            document.getElementById('btn-add').onclick = function(e) {
                that.setData(data + 1);
            }
            document.getElementById('btn-decrease').onclick = function(e) {
                that.setData(data - 1);
            }
        },
        setData(val) {
            // 改变 Model 值
            data = val;
            // Model 发生变化，重新刷新 View 效果
            document.getElementById('input').value = data;
        }
    }
    vm.init();
    </script>
</body>
</html>
```

在例 12-1 中，<input>和<button>元素表示 View 层，变量 data 表示 Model 层，对象 vm

表示 ViewModel 层。当 View 层的<input>输入内容改变时，Model 层的变量 data 通过 ViewModel 层的 vm 进行修改；当 Model 层的 data 变量改变时，ViewModel 层的 vm 将会更新 View 层的<input>，这样就实现了一个简单的 MVVM 效果。网页运行效果如图 12-2 所示。

 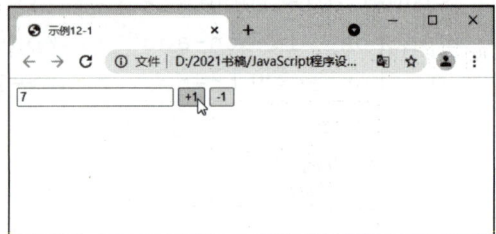

图 12-2  网页运行效果

Vue 和 Jquery 有着很大的不同，Jquery 是将大量的 JavaScript 方法进行封装处理，减少 JavaScript 代码的编写。而 Vue 是改变了传统 Web 页面开发过程中操作 DOM 元素的方式，使用将数据和视图绑定的全新开发模式进行 Web 页面开发。Vue 框架相比原生 JavaScript 和 Jquery 有以下优势：

① 减少 DOM 元素操作，数据更新则 DOM 元素自动更新；
② 语法简单，文档结构清晰，上手速度快；
③ 支持组件化的方式，减少重复代码编写；
④ 生态丰富，良好的插件机制支持拓展更多功能；
⑤ 配合现代化工具类库，极大地提升开发效率；
⑥ 框架体积小，网页加载速度快。

**提　示**

Vue 一共有 1.0、2.0 和 3.0 三个大版本，每个大版本中又包括许多小版本。3.0 是 Vue 的最新版本，目前还不是特别稳定。因此本书讲解使用的是 Vue 的稳定版本 2.6.11。

**卓越创新**

云原生是一种新型技术体系，是云计算未来的发展方向。在使用云原生技术后，开发者无需考虑底层的技术实现，可以充分发挥云平台的弹性和分布式优势，实现快速部署、按需伸缩、不停机交付等。

腾讯的端云一体化开发平台"云开发 CloudBase"，深度链接微信生态，打通小程序和公众号开发，支持微信生态多平台场景。同时，依托腾讯自研的 CloudBase Framework，实现前后端一体化部署，让云开发拓展到 H5、Vue、React 等前端框架，提供云应用产品、Serverless 容器化的托管服务计算平台，让传统开发模式的业务无须改造轻量上云。

## 12.1.2 下载和安装 Vue

首先访问 Vue 官方网站（https://cn.vuejs.org/），如图 12-3 所示。

单击顶部导航栏中的"学习"按钮，在其下拉导航中选择"教程"；在弹出的界面中单击左侧导航栏中的"安装"，并向下滚动页面到"直接用<script>引入"位置，如图 12-4 所示。

图 12-3 Vue 官网

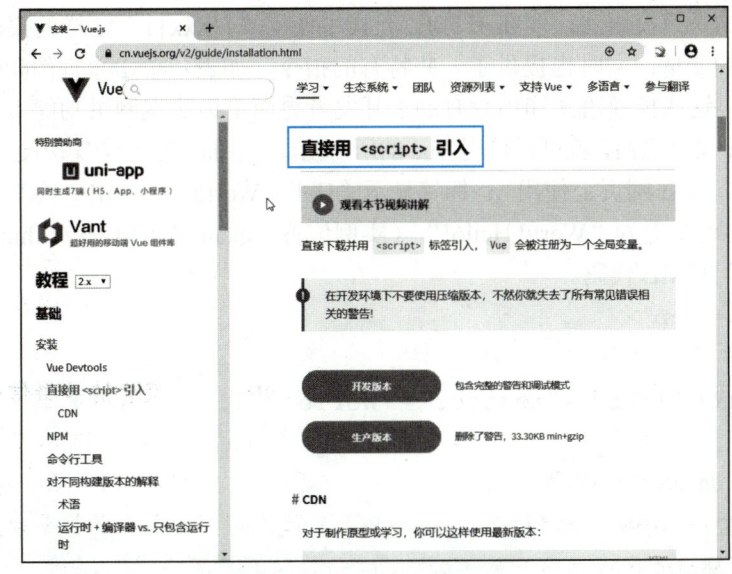

图 12-4 Vue 下载地址

由图12-4可以看出，Vue提供了开发版本和生产版本两个版本。开发版本提供了完整的错误提示，且能够看到Vue整个文件的原始内容，主要用于本地调试；而生产版本文件通常是以min.js结尾，如vue.min.js，且生产版本删除了警告，同时对Vue整个文件进行了压缩，文件加载速度比开发版本更快。在日常开发中，通常使用Vue生产版本。

### 12.1.3 引入Vue

官方推荐的使用<script>标签引入Vue的方式有两种，分别是将文件下载到本地引入和通过官方CDN引入，代码如下：

```
<!-- 方式1 引入下载到本地的Vue文件 -->
<script src="vue.min.js">
<!-- 方式2 通过官方CDN引入 -->
<script src="https://cdn.jsdelivr.net/npm/vue@2.6.11"></script>
```

上述代码，方式1是通过下载文件到本地，然后使用本地文件引入的方式加载Vue框架；方式2则是通过官方提供的CDN进行引入，无需将文件下载到本地。本章内容全部使用CDN方式引入Vue。

### 12.1.4 Vue基本语法

在正式使用Vue之前，首先来学习一些Vue的基本语法。使用Vue时，首先需要使用new Vue()创建一个Vue的对象实例，同时需要传入一个DOM元素的id值，用于将该实例和DOM元素进行绑定。DOM元素和Vue实例绑定后，DOM元素内部的元素就能使用动态数据进行渲染。

Vue使用的是模板语法，即在HTML元素中使用"{{xxx}}"这样的模板语法来表示一个动态渲染的变量；同时也提供了一些特有的指令，如表示单击事件的@click，条件渲染v-if等指令，这些模板语法和指令有助于开发者更简单地实现网页功能。

在引入Vue文件之后，就可以使用Vue的所有功能。下面通过一个实例展示Vue的使用。

【例12-2】 在网页上使用<p>标签显示"Hello World!"，单击"改变文本"按钮将<p>标签内容自动变更为"World Hello!"。（实例位置：example/ch12/12-2.html）

（1）编写HTML代码。

```
<div id="app">
    <p>{{ message }}</p>
    <button @click="message = 'World Hello!'">改变文本</button>
</div>
```

（2）编写JavaScript代码。

```
var app = new Vue({
    el:'#app',
```

```
        data: {
            message: 'Hello World!'
        }
    })
```

保存并运行上述页面，页面上显示内容"Hello World"，其下有一个"改变文本"按钮，如图 12-5 所示。当单击页面上的按钮时，<p>标签中的内容变更为"World Hello"，如图 12-6 所示。

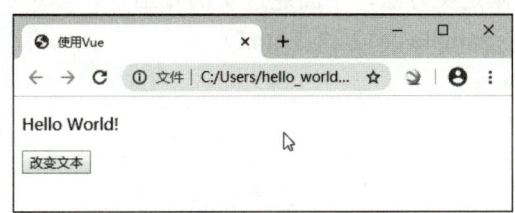
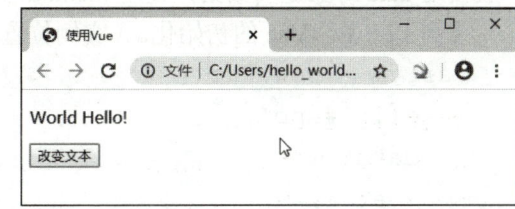

图 12-5　使用 Vue 初始状态　　　　　　　图 12-6　使用 Vue 单击按钮后

例 12-2 很好地展示了 Vue 双向绑定的特点。当单击页面上的按钮时，我们没有操作任何 DOM 元素，但是页面内容却发生了变化。

## 12.2　Vue 实例

在使用 Vue 开发程序时，首先需要进行 Vue 实例的初始化。本节将对 Vue 实例的数据、方法及生命周期进行简单介绍。

### 12.2.1　创建 Vue 实例

通过前面的学习可以知道，Vue 在全局对象上添加了 Vue 构造器，只需使用 new Vue() 进行初始化即可创建 Vue 实例。Vue 初始化时接收一个选项参数，它包含挂载元素、初始数据、方法、生命周期等。下面为 Vue 初始化的方式。

```
var vm = new Vue({
    el: '#app',
    …
})
```

上述代码中，初始化时传入了一个对象，其中一个属性为 el，其为 Vue 实例选择的挂载目标，它既可以是 CSS 选择器（如示例中的"#app"），也可以是一个 DOM 元素，如通过 document.getElementById 获取到的 DOM 元素。Vue 实例挂载到目标元素后，该 DOM 元素下的关联数据即为响应式数据。所谓响应式数据，就是当改变 data 对象中的属性时，该属性所关联的 DOM 元素将会自动更新，如例 12-2 中单击按钮后，页面中的"Hello

World!"变为"World Hello!"。

上述代码中的"…"表示 Vue 支持的其他属性,如 data、methods、created 等,12.2.2 节将会详细介绍。

### 12.2.2 数据和方法

Vue 初始化时可以传入一些数据和方法,这些数据和方法是 Vue 实现响应式的基础。一般使用 data 对象定义数据,使用 methods 对象定义方法,下面通过实例介绍。

【例 12-3】 Vue 的初始化。(实例位置:example/ch12/12-3.html)

```
var vm = new Vue({
    el: '#app',
    data: {
      a: 1,
      b: 2
    },
    methods: {
      getB: function () {
        console.log(this.b);
      }
    }
});
console.log(vm.a);              // 输出结果 1
vm.getB();                       // 输出结果 2
```

由例 12-3 可以看出,Vue 有一个特点,就是它会将 data 对象的属性和 methods 对象的方法绑定在 Vue 实例对象上。例如,vm.a 实际指向的是 vm.data.a 的值,所以输出结果为 1;vm.getB()实际调用的是 vm.methods.getB()方法,this.b 实际指向的是 this.data.b,所以输出结果为 2。

### 12.2.3　Vue 实例的生命周期

Vue 在进行初始化的过程中要经历很多环节,如需要做数据的双向绑定,编译模板语法等;当实例使用完后,还可以将实例销毁。Vue 实例经历的整个"创建--运行--销毁"的过程就称为 Vue 实例的生命周期。

在整个生命周期中,Vue 实例要经历"创建--挂载--更新--销毁"几个环节,在这些环节中,Vue 会运行一些生命周期的钩子函数,如 beforeCreate()、Created()、beforeMount()等。开发者可以在这些生命周期钩子函数里做一些自己的操作,如发起 ajax 请求等。

> **拓展阅读**
>
> 在计算机编程中，钩子函数主要用于通过拦截在软件组件之间传递的函数调用、消息或事件来改变或增强应用程序或其他软件组件的行为。它本质上就是处理系统消息的程序段，可以通过系统调用把它挂入系统。Vue 中的钩子函数就是指其生命周期函数。

本书仅对 Vue 生命周期进行简单介绍，读者需要在今后的开发中多多学习和实践，以便更深入地理解 Vue 生命周期的意义。

## 12.3 数据绑定

Vue 使用 HTML 的语法，同时在其基础上拓展了一些自己的模板语法规则。使用 HTML 语法的优势在于，开发者仅需了解 Vue 的简单模板语法就能很快上手开发。本节介绍数据绑定的相关内容。

### 12.3.1 文本绑定

Vue 中绑定文本需要使用"Mustache"（双大括号）语法，下面来看一个实例。

【例 12-4】 使用双大括号语法进行文本绑定。（实例位置：example/ch12/12-4.html）

```
# HTML
<div id="app">
    <p>{{ content }}</p>
</div>

# JavaScript
new Vue({
    el: '#app',
    data: {
      content: '今天天气真好!'
        }
});
```

例 12-4 中，{{ content }}使用的就是"Mustache"语法，Vue 会将 data 中 content 变量对应的值显示到 HTML 中。当 content 变量对应的值发生变化时，HTML 中的{{ content }}将会重新渲染，显示最新的数据。

除了使用"Mustache"语法外，还可以使用 Vue 提供的 v-text 语法进行文本绑定，如例 12-5 所示。

【例 12-5】 使用 v-text 语法进行文本绑定。（实例位置：example/ch12/12-5.html）

```
# HTML
<div id="app">
    <p v-text="content"></p>
</div>


# JavaScript
new Vue({
     el: '#app',
     data: {
       content: '今天天气真好！'
       }
});
```

例 12-5 中，Vue 使用 v-text 语法实现了文本绑定，具体操作为，为<p>标签新增一个 v-text 属性，同时设置属性值为 content。使用 v-text 语法和使用"Mustache"语法所显示的 HTML 结果一致。日常使用来说，使用"Mustache"语法会更普遍一些。

### 12.3.2 HTML 绑定

日常开发中，经常需要将一段 HTML 代码插入到页面中显示。在 Vue 中，如果使用"Mustache"语法或者 v-text 语法插入 HTML 代码，Vue 会将这段代码作为字符串原样输出，不会生成对应的 DOM 元素。为此，Vue 提供了 v-html 语法来解决这个问题。

【例 12-6】 HTML 绑定。（实例位置：example/ch12/12-6.html）

```
# HTML
<div id="app">
    <p v-html="content"></p>
</div>


# JavaScript
new Vue({
     el: '#app',
     data: {
       content: '<span style="color: red;">hello world</span>'
       }
});
```

由例 12-6 可以看出，v-html 和 v-text 使用方式一致，Vue 会将 content 中的 HTML 代码转换成对应的 DOM 元素并插入到<p>标签中。

在网页上动态地插入 HTML 代码是比较危险的，因为它很容易导致 XSS 攻击，所以在使用 v-html 语法时要确保插入的 HTML 代码是安全的。实际开发中，通常使用过滤 XSS 攻击的第三方库来解决此类安全问题。

### 12.3.3 属性绑定

除文本和 HTML 外，Vue 还可以将 data 对象的数据绑定到 DOM 元素的属性上，通常使用 v-bind:语法进行绑定。

【例 12-7】 属性绑定。（实例位置：example/ch12/12-7.html）

```
# HTML
<div id="app">
    <p v-bind:id="dynamicId">v-bind</p>
</div>

# JavaScript
new Vue({
    el: '#app',
    data: {
        dynamicId: 1
    }
});
```

例 12-7 中，<p>标签上新增了 v-bind:id 属性，表示将<p>标签的 id 属性与 dynamicId 变量进行绑定，当 dynamicId 变量发生变化时，<p>标签的 id 属性值也会发生变化。

Vue 为 v-bind:语法提供了一种简写形式，即 ":" 语法，如 v-bind:id="dynamicId"可以简写为:id="dynamicId"，开发中常使用简写形式。

### 12.3.4 事件绑定

根据之前所学知识，如果为一个 DOM 元素绑定事件，首先需要通过 DOM 操作获取该元素，然后使用 addEventListener 或 onXXX（如 onclick）进行事件绑定。Vue 提供了 v-on:语法进行事件绑定，这让事件绑定变得更简单。

【例 12-8】 事件绑定。（实例位置：example/ch12/12-8.html）

```
# HTML
```

```
<div id="app">
    <button v-on:click="doSomething">button</button>
</div>

# JavaScript
new Vue({
        el: '#app',
        methods: {
          doSomething: function() {
            alert('触发了单击事件');
          }
        }
    });
```

例 12-8 使用 v-on:click 语法绑定了一个 doSomething()方法，当单击 button 按钮时，将调用该方法并弹出 alert 框。

> **小技巧**
>
> 和属性绑定类似，Vue 为 v-on:语法提供了一种简写形式，即 "@" 语法，如 v-bind:click="doSomething"可以简写为@click="doSomething"，开发中常使用简写形式。

### 12.3.5 双向绑定

Vue 中的数据绑定分为单向绑定和双向绑定，12.3.1 节使用的文本绑定就是一种单向绑定，即数据发生变化，触发视图发生变化。而双向绑定则是在单向绑定基础上的一个封装，即数据变化触发视图变化，视图变化导致数据变化。在 Vue 中，双向绑定使用最多的场景是表单的绑定，当在表单中输入内容时，表单绑定的数据变化；当直接修改表单绑定的数据时，表单内容发生变化。Vue 提供了 v-model 属性实现双向绑定。

【例 12-9】 双向绑定。（实例位置：example/ch12/12-9.html）

```
# HTML
<div id="app">
    <input v-model="value"/>
    <p>当前输入框内容为：{{ value }}</p>
    <button @click="clear">清空</button>
</div>

# JavaScript
new Vue({
```

```
        el: '#app',
        data: {
         value: ''
        },
        methods: {
        clear: function () {
        this.value = '';
      }
     }
    });
```

例12-9定义了一个input输入框，其有一个属性v-model，对应的是data属性的value变量；定义了一个<p>标签，用于显示当前value变量的数据；还定义了一个<button>标签，当单击button按钮时，触发clear()方法。当在输入框中输入内容时，<p>标签中的{{value}}会实时更新，即输入框内容会同步到value变量上；当单击"清空"按钮时，value对应的值改为''，输入框内容直接清空。

除<input>标签外，<textarea>、<select>标签同样可以使用数据双向绑定，本节不再演示，读者可以参考例12-9编写相应代码。

## 12.3.6 【示例】实现商品数量编辑按钮

在电商网站购买商品时，通常需要选择购买商品的数量，网站一般会提供一个带有加减功能的商品数量编辑按钮。本节将模拟实现一个商品数量编辑按钮。

### 1. 编写 HTML 代码

新建文档"example12.3.6.html"，并构建网页基本结构，然后输入以下代码。

```
<div id="app">
    <button @click="decrease">-</button>
        <span>{{ count }}</span>
    <button @click="add">+</button>
</div>
```

上述代码首先编写了一个具有id属性的<div>标签，<div>标签中嵌套了两个<button>标签和1个<span>标签。第一个<button>标签为减少商品数量的按钮，它绑定了一个单击事件decrease，用于减少商品数量；第二个<button>标签为增加商品数量的按钮，它绑定了一个单击事件add，用于增加商品数量；<span>使用模板语法定义了count属性，表示当前商品数量。

### 2. 编写 JavaScript 代码

添加<script></script>标签，并在其中输入以下代码。

```
var app = new Vue({
    el: '#app',
    data: {
        count: 1
    },
    methods: {
        decrease: function() {
            // 如果商品数量小于或等于1，则将商品数量设置为1，并返回
            if (this.count <= 1) {
                this.count = 1;
                return;
            }
            // 否则将商品数量减1
            this.count--;
        },
        add: function() {
            // 商品数量加1
            this.count++;
        }
    }
});
```

上述代码初始化了一个 Vue 实例，其中包含挂载元素#app，data 属性包含 count 变量，其初始值为 1，同时定义了两个方法，分别为 decrease()和 add()。当单击"-"按钮时，触发 decrease()方法，并减少商品数量；当单击"+"按钮时，触发 add()方法，并增加商品数量。

保存并运行网页，效果如图 12-7 所示。

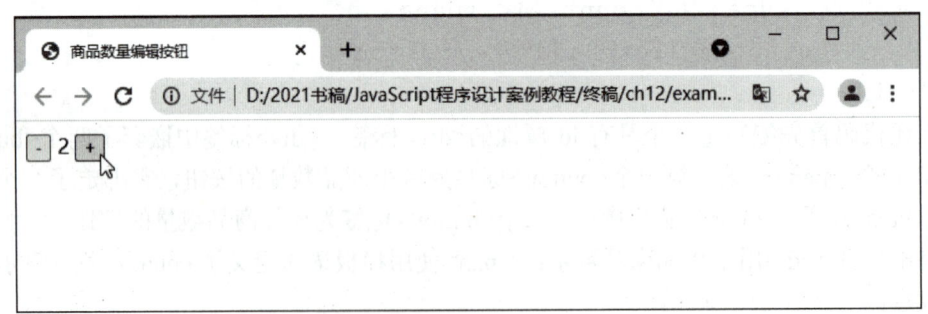

图 12-7　网页运行效果

## 12.4 计算属性和侦听器

Vue 中基础的数据绑定非常方便,但它最适合的使用场景是简单的布尔操作或字符串拼接。当涉及更复杂的逻辑时,就要使用计算属性。计算属性和侦听器可以让开发者更加方便地处理 Vue 中的数据。

### 12.4.1 计算属性

计算属性声明式地描述了一个值依赖于其他值。计算属性是以函数形式在 Vue 实例的选项对象 computed 中定义,其在模板语法中的使用方法和 data 属性一致。

计算属性

【例 12-10】 计算属性的应用。(实例位置:example/ch12/12-10.html)

```
# HTML
    <div id="app">
      <p>{{ total }}</p>
    </div>

# JavaScript
new Vue({
    el: '#app',
    computed: {
        total: function () {
            return 20 * 100;
        }
    }
});
```

上述实例定义了一个 computed 对象,它包含一个 total()方法,其返回值为 20×100 的结果 2000,HTML 中{{total}}部分将渲染为 2000。

当使用模板语法把数据绑定到一个计算属性上时,Vue 会在其依赖的任何值导致该计算属性改变时更新 DOM。该功能非常强大,它可以让程序更加声明式,并且更易于维护。例如,当计算属性的方法里包含了 data 属性的数据时,data 属性的数据如果发生变化,该计算属性对应的值将会重新计算。

【例 12-11】 计算属性的深入应用。（实例位置：example/ch12/12-11.html）

```
# HTML
<div id="app">
    <p>{{ second }}秒</p>
    <button @click="add">增加 1 分钟</button>
</div>

# JavaScript
new Vue({
    el: '#app',
    data: {
      minutes: 1
    },
    computed: {
      second: function () {
        return this.minutes * 60;
      }
    },
    methods: {
      add () {
        this.minutes++;
      }
    }
});
```

上述实例，在 HTML 中定义了一个<p>标签，它使用模板语法渲染 second 计算属性；还有一个<button>标签，单击它调用 add()方法。在 JavaScript 中初始化 Vue 实例，并定义一个 data 属性 minutes，表示当前分钟；一个计算属性 second，将当前分钟数转换为秒数；一个 add()方法，调用该方法会将 minutes 属性+1。当单击按钮时，minutes 属性+1 等于 2，同时会导致 second 计算属性重新计算，返回结果为 120，<p>标签{{ second }}部分会重新渲染为 120。

💡 提 示

> 由于计算属性和 data 属性都挂在 Vue 实例上，所以定义 computed 属性时须注意，计算属性名不能与 data 属性名重名，否则会导致 Vue 报错。

## 12.4.2 侦听器

除自动监测数据变化外，Vue 还提供了一个方法让使用者自己监听数据变化，那就是侦听器。侦听器是在 Vue 实例的选项对象 watch 中定义的，watch 中可以包含多个侦听器。每个侦听器为一个函数，同时返回数据变化后的值和变化之前的值。

【例 12-12】 侦听器的应用。（实例位置：example/ch12/12-12.html）

```
# HTML
<div id="app">
    <p>{{ num}} </p>
    <button @click="add">加 1</button>
</div>

# JavaScript
new Vue({
    el: '#app',
    data: {
      num: 1
    },
    watch: {
      num: function (val, oldValue) {
        console.log(val, oldValue);
      }
    },
    methods: {
      add () {
        this. num++;
      }
    }
});
```

上述实例，HTML 中定义了一个<p>标签，它使用模板语法渲染 num 属性；还有一个<button>标签，单击它调用 add()方法。在 JavaScript 中初始化 Vue 实例，并定义一个 data 属性 num；一个侦听器监听 num 属性变化；一个 add()方法，调用该方法可将 num 属性+1。当单击按钮时，num 属性加 1，同时会调用侦听器中的 num()方法，此时会在控制台输出 num 的新值 2 及旧值 1。在浏览器中运行网页，效果如图 12-8 所示。

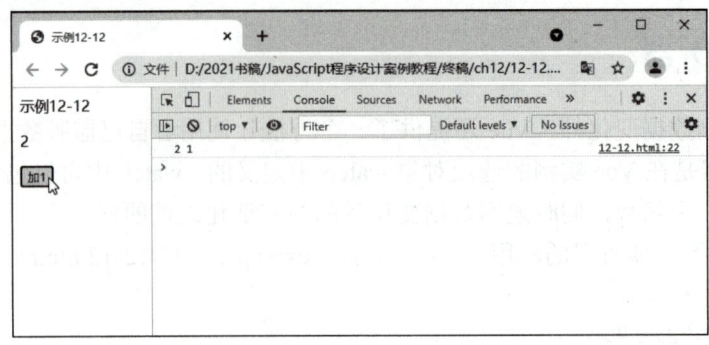

图 12-8　网页运行效果

> **提示**
>
> 　　在侦听器方法中避免修改侦听的属性，随意修改侦听属性可能会导致侦听器循环进入死循环。
> 　　计算属性和侦听器类似，都能监听到对应属性的变化。大部分情况下可以使用计算属性来处理数据变化的问题，但如果需要进行异步操作或其他复杂操作，可以使用侦听器。

## 12.5　模板渲染

　　日常开发中，经常会针对不同的条件渲染不同的网页效果，同时也常用到各种列表视图的渲染。针对这两种场景，Vue 提供了条件渲染和循环渲染。

### 12.5.1　条件渲染

　　日常开发中，经常需要根据某些条件来渲染某些元素。例如，在购物下单时，勾选"同意授权"选项来显示地址选择框，如果不勾选则不显示地址选择框。Vue 为这类情况提供了几种条件渲染的方法，下面分别介绍。

模板渲染

**1．v-if、v-else-if、v-else**

　　Vue 提供了 v-if、v-else-if、v-else 属性进行视图条件渲染。这 3 个属性可以类比 JavaScript 中常用的 if、else-if 及 else，当满足对应条件时，执行对应代码，在 Vue 中的作用就是渲染满足条件的视图。

【例 12-13】　条件渲染。（实例位置：example/ch12/12-13.html）

```
# HTML
  <div id="app">
```

```
    <p v-if="state === 1">num1</p>
    <p v-else-if="state === 2">num2</p>
    <p v-else="state === 3">num3</p>
</div>

# JavaScript
new Vue({
    el: '#app',
    data: {
      state: 1
    }
});
```

上述实例定义了 3 个<p>标签,它们分别使用了 v-if、v-else-if、v-else 属性,初始化的 data 属性 state 值为 1,此时 Vue 仅显示条件为 state === 1 这个<p>标签,另外两个<p>标签将不会显示。当 state 值变为 2 时,将仅显示 state === 2 这个<p>标签,另外两个<p>标签同样不会显示。

2. v-show

除 v-if 类属性外,Vue 还提供了 v-show 属性进行条件渲染。v-show 属性的特点是,当满足 v-show 条件时,DOM 元素会正常显示;如果不满足条件,则会使用 CSS 中的 display:hidden 属性将元素隐藏。

【例 12-14】 使用 v-show 属性进行条件渲染。(实例位置:example/ch12/12-14.html)

```
# HTML
<div id="app">
    <p v-show="state === 1">num1</p>
    <p v-show="state === 2">num2</p>
    <p v-show="state === 3">num3</p>
</div>

# JavaScript
new Vue({
      el: '#app',
      data: {
        state: 1
      }
});
```

上述实例定义了 3 个<p>标签，它们都使用了 v-show 属性，初始化时 state 属性为 1，所以属性值为 state === 1 的<p>标签会显示，另外两个<p>标签为隐藏状态。

### 📝 高手点拨

> v-if 和 v-show 都是用于条件渲染的属性，它们的主要区别是，v-if 属性需要满足条件时，才会将 DOM 元素插入到 HTML 文档中；v-show 是初始化时 DOM 元素已经插入到 HTML 文档中，如果满足条件，才会使用 CSS 属性将其显示出来，否则为隐藏状态。所以当页面需要频繁切换显示隐藏状态时，建议使用 v-show；如果状态变化较少，建议使用 v-if。

### 12.5.2 循环渲染

日常开发中，经常会用到各种列表，如搜索结果列表、商品列表等，Vue 提供了 v-for 属性来解决此类问题。

【例 12-15】 循环渲染。（实例位置：example/ch12/12-15.html）

```
# HTML
<div id="app">
    <ul>
      <li v-for="item in items">{{item}}</li>
    </ul>
</div>

# JavaScript
new Vue({
    el: '#app',
    data: {
      items: ['apple', 'pear', 'orange', 'banana']
    }
});
```

上述实例，data 属性定义了一个数组 items，在<li>标签上使用 v-for 语法对数组进行循环渲染，其中 item 为循环到当前元素的值，items 为需要循环的数组，最终会渲染出 4 个<li>标签，分别对应 4 种不同水果的英文单词，效果如图 12-9 所示。

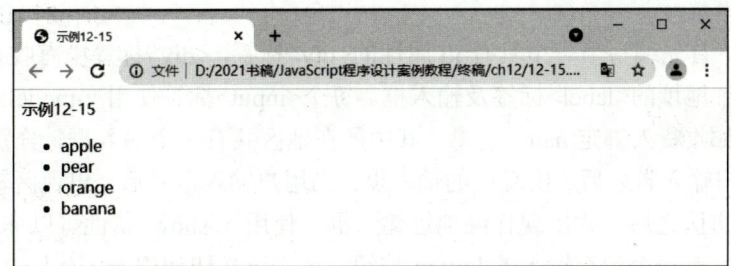

图 12-9　循环渲染效果

## 12.5.3　【示例】收货信息提交

我们在电商平台上选完商品下单时，通常需要添加收货信息。本节将模拟实现一个收货信息提交效果。

### 1. 编写 HTML 代码

新建文档"example12.5.3.html"，并构建网页基本结构，然后输入以下代码。

```html
<div id="app">
    <p>填写收货地址</p>
    <div>
        <span class="label">收货人</span>
        <input type="text" v-model="name">
    </div>
    <div>
        <span class="label">手机号</span>
        <input type="number" v-model="phone">
    </div>
    <div>
        <span class="label">所在地区</span>
<input type="text" v-model="province" placeholder="请输入所在省">
<input type="text" v-model="city" v-show="province" placeholder="请输入所在市">
<input type="text" v-model="area" v-show="city" placeholder="请输入所在区">
    </div>
    <div v-show="province && city && area">
        <span class="label">详细地址</span>
        <textarea v-model="address" rows="3"></textarea>
    </div>
    <button @click="save">保存</button>
```

```
</div>
```

上述代码，首先编写了一个具有 id 属性的<div>标签，<div>标签中有收货人、手机号、所在地区、详细地址的<label>标签及输入框。每个<input>标签使用 v-model 绑定对应需要获取的数据，如收货人绑定 name 变量。其中所在地区共有 3 个输入框，分别用于输入省、市、区，当用户输入省之后，出现市的输入框；当用户输入市之后，出现区输入框；同理，当用户输入省市区之后，才出现详细地址输入框。使用 v-show 属性可以非常方便地处理这种效果。最后有一个保存输入的 button 按钮，单击该按钮调用 save()方法。

2. 编写 JavaScript 代码

添加<script></script>标签，并在其中输入以下代码。

```
var app = new Vue({
    el: '#app',
    data: {
        name: '',
        phone: '',
        province: '',
        city: '',
        area: '',
        address: ''
    },
    methods: {
        check: function () {
            // 检验用户是否输入了对应信息
            if (!this.name) {
                alert('请输入收货人');
                return false;
            }
            if (!this.phone) {
                alert('请输入手机号');
                return false;
            }
            if (!this.province || !this.city || !this.area) {
                alert('请输入所在地区');
                return false;
            }
            if (!this.address) {
                alert('请输入详细地址');
```

```
            return false;
        }
        return true;
    },
    save: function () {
        // 调用校验用户输入情况的方法，如果不通过直接返回
        if (!this.check()) {
            return;
        }
        alert('收货人信息保存成功');
    }
  }
});
```

上述代码，初始化了一个 Vue 实例，其中包含挂载元素#app，data 属性包含 name、phone、province 等需要提交的变量。methods 属性包含 check()和 save()两个方法，check()方法用于校验用户是否输入了需要提交的数据，如果未正常填写，则通过 alert 框提示用户。如果用户正常填写所有数据，则提示"收货人信息保存成功"。网页运行效果如图 12-10 所示。

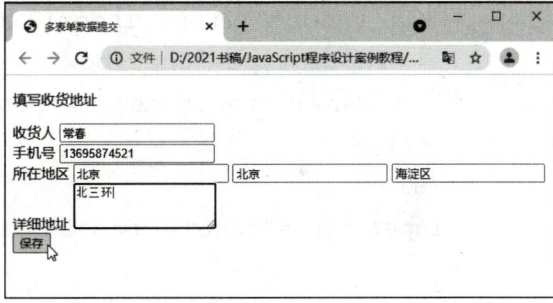

图 12-10　网页运行效果

## 综合案例：实现 TodoList

TodoList 就是生活中常说的清单列表，如待办事宜列表、愿望清单等，本节使用 Vue 实现一个 TodoList——2020 愿望清单。该愿望清单共有 10 个愿望，第十个愿望为"其他"，当用户选择除"其他"外的某个愿望时，将动态显示出已选中的愿望；当用户选择"其他"选项时，可以由用户自由输入愿望。最后当用户单击"我要许愿"按钮时，提示用户许愿成功，效果如图 12-11 所示。

图 12-11　TodoList 效果

1. 编写 HTML 代码

新建文档"todo-list.html",并构建网页基本结构,然后输入以下代码。

```
<div id="app">
    <h1>请选择你 2020 年准备实现的愿望: </h1>
    <ul>
      <li v-for="(item, index) in list" key="index">
        <input type="checkbox" v-model="item.checked">
        <span>{{item.name}}</span>
      </li>
    </ul>
    <input type="text" v-model="other" v-show="list[9].checked">
    <p>
      <span>已选的愿望:</span>
      <span>{{selectedWish}}</span>
    </p>
    <button @click="wish">我要许愿</button>
</div>
```

上述代码,首先编写一个具有 id 属性的<div>标签,其中有一个<h1>标签展示愿望的标题。接着定义了一个<ul>标签用于展示愿望列表,<ul>标签中的<li>标签使用 v-for 语法循环渲染出每个元素,每个<li>标签中包含一个 checkbox 类型的<input>标签,该<input>标签使用 v-model 绑定每个元素的选中状态 checked;以及一个<span>标签展示愿望的名称。

紧接着定义了一个<input>标签,使用 v-model 绑定 other 数据,记录用户输入内容,然后使用 v-show 语法显示或隐藏该输入框。当勾选"其他"选项时,该输入框才显示。之后定义了 1 个<p>标签,其中包含两个<span>标签,用于记录选中的愿望,使用计算属性 selectedWish 显示。最后定义了一个<button>标签，用户单击可许愿并给出提示。

2. 编写 JavaScript 代码

添加<script></script>标签，并在其中输入以下代码。

```
var app = new Vue({
  el: '#app',
  data: {
    list: [
      {
        name: '拥有一个好身材',
        checked: false
      },
      {
        name: '完成一次说走就走的旅行',
        checked: false
      },
      {
        name: '买一件想买很久的东西',
        checked: false
      },
      {
        name: '多在家陪陪父母',
        checked: false
      },
      {
        name: '学习一门新技能',
        checked: false
      },
      {
        name: '找到男（女）朋友',
        checked: false
      },
      {
        name: '多读几本好书',
        checked: false
      },
      {
```

```javascript
            name: '每天能早睡早起',
            checked: false
        },
        {
            name: '每天保持好心情',
            checked: false
        },
        {
            name: '其他',
            checked: false
        }
      ],
      other: ''
    },
    computed: {
      selectedWish: function () {
        var arr = [];
        // 取出所有被选中的元素名称
        this.list.forEach(function (value) {
          if (value.checked && value.name !== '其他') {
            arr.push(value.name);
          }
        });
        // 如果"其他"选项被选中,且输入了内容,将其添加到 arr 数组
if (this.list[9].checked && this.other) {
arr.push(this.other);
}
// 使用","分隔展示对应数据
        return arr.join(',');
      }
    },
    methods: {
wish: function () {
      // 如果 selectedWish 属性为空,表示用户未选择任何愿望,弹出提示框
        if (!this.selectedWish) {
          alert('请选择至少一个愿望哦! ');
          return;
```

```
        }
        alert('许愿成功,祝你好运!');
    }
  }
});
```

上述代码初始化了一个 Vue 实例,其中包含挂载元素#app,data 属性包含一个 list 数组,用于存放 10 个愿望的名称 name 属性及愿望的选中状态 checked 属性,还包含一个 other 属性存放用户输入的愿望。同时声明了一个 selectedWish 计算属性,用于获取用户所选中的愿望,同时用逗号分隔显示到页面中;当用户选中"其他"选项时,用户输入内容也将被记录为选中愿望。最后还有一个 wish()方法,当用户单击许愿按钮时,判断用户是否有选择愿望,如果未选择提示用户,如果选择愿望提示用户许愿成功。

## 卓越创新

如今,量子计算因其算力带来的指数级爆发式增长备受瞩目,也为需要强大算力的 AI 提供了更多可能。2021 年 7 月 10 日,WAIC 2021 世界人工智能大会的 AI 开发者论坛正式举办,本次论坛聚焦"后深度学习的 AI 时代",邀请来自学术界和产业界的多位重磅嘉宾进行现场分享交流。

百度研究院量子计算研究所所长受邀发表《量子人工智能:从理论到实践》的主旨演讲,描绘了量子计算赋能人工智能的美好蓝图,分享了百度量子计算的最新进展。

该所长介绍,量子力学建立至今已有一个多世纪,基于量子力学和计算理论交叉融合诞生的量子计算正日益凸显重要性,在人工智能、密码安全、量子化学和材料模拟上拥有广阔的应用前景。目前,量子计算正与人工智能深度融合,在算法、框架、硬件三个层面进行 AI 基础能力的创新突破,在提升准确率的同时还大幅降低了时间与能源成本。

由此可见,框架这个概念不仅存在于 JavaScript 中,也存在于人工智能这样的前沿技术中,而且框架层面的突破对于前沿科技创新具有至关重要的作用。

## 本章总结

本章首先介绍了 Vue 基础知识,包括什么是 Vue,如何下载和安装 Vue 及如何在文档中引入 Vue,以及 Vue 的基本语法;然后介绍了如何创建一个 Vue 实例,以及其中的数据和方法;紧接着讲解了 Vue 数据绑定的方式;之后介绍了计算属性、侦听器和模板渲染相关知识；最后通过一个综合案例，讲解了 Vue 在实际编程中的应用，帮助大家更好地使用 Vue。

通过本章的学习，读者应重点掌握引入 Vue 的方法，创建 Vue 实例的方法，Vue 数据绑定的方法，计算属性和侦听器的用法，以及模板渲染的语法。

## 课后习题

1. 选择题

（1）以下选项中，用于定义 Vue 数据属性的是（　　）。
　　A．methods　　　B．data　　　　C．method　　　D．datas
（2）以下选项中，用于 DOM 元素渲染的是（　　）。
　　A．v-text　　　　B．v-html　　　C．v-dom　　　　D．v-bind
（3）以下选项中，不属于 Vue 条件渲染的是（　　）。
　　A．v-if　　　　　B．v-else　　　C．v-show　　　　D．v-show-else
（4）以下选项中，能够实现 Vue 双向绑定的是（　　）。
　　A．v-model　　　B．v-value　　　C．v-key　　　　D．v-models

2. 判断题

（1）计算属性和监听器都能监听数据变化。　　　　　　　　　　　（　　）
（2）v-bind 用于 Vue 事件绑定。　　　　　　　　　　　　　　　（　　）
（3）计算属性和 data 属性中的变量不能重名。　　　　　　　　　（　　）

3. 填空题

（1）实现 Vue 循环渲染的属性是_____。
（2）Vue 中挂载元素的属性是_____。

4. 编程题

使用 Vue 实现一个可以切换并带删除按钮的订单列表，当单击某个删除按钮时，可以删除对应的订单，运行效果如图 12-12 所示。

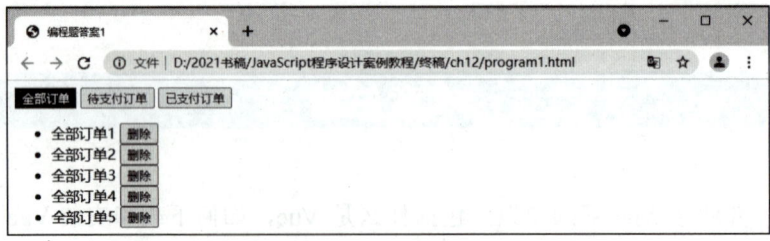

图 12-12　订单列表效果

# 第 13 章

## 网页版贪吃蛇

### 项目导读

贪吃蛇是一款简单的益智类小游戏，玩家可以通过键盘上的上下左右按键控制一条小蛇，当小蛇吃到食物时身体会变长，当小蛇碰到障碍物、墙壁或自己的身体时，游戏结束。第一款贪吃蛇游戏出现在 1976 年的街机上，后续各种游戏开发商在其基础上新增了各种新功能，如穿墙、加速等。

在完整学习了 JavaScript 相关知识后，本章利用 JavaScript 的操作 DOM、键盘事件监听等功能，结合 HTML 和 CSS 实现一款简单的网页版贪吃蛇游戏。

### 学习目标

- 掌握使用浏览器事件处理游戏中各种操作的方法
- 能够使用 CSS 提升游戏效果

### 素质目标

- 养成分析问题，事前规划的良好习惯
- 树立正确的文化观，提高将文化与科技融合的能力

## 13.1 功能展示

贪吃蛇小游戏的玩法比较简单，一般通过键盘上的方向键上（↑）、下（↓）、左（←）、右（→）来控制小蛇移动。游戏界面上会随机出现食物，当小蛇吃到食物时，它的身体将会变长。界面上也会存在部分障碍物，当小蛇碰撞到障碍物、墙壁或者小蛇自己的身体时，本局游戏结束。另外，此处的游戏支持设置障碍物个数和小蛇的移动速度，效果如图13-1、图13-2、图13-3和图13-4所示。

图13-1　游戏设置界面

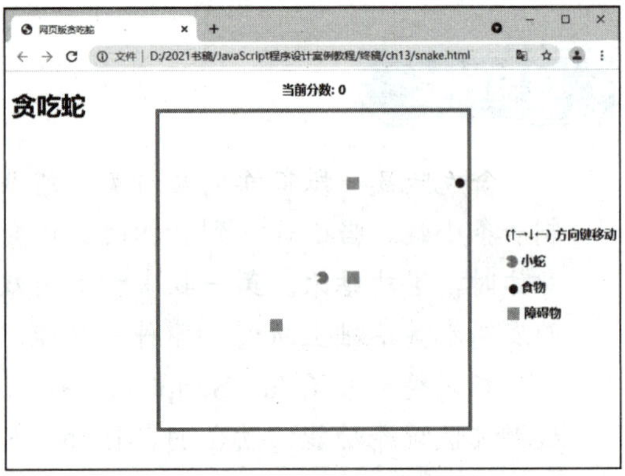

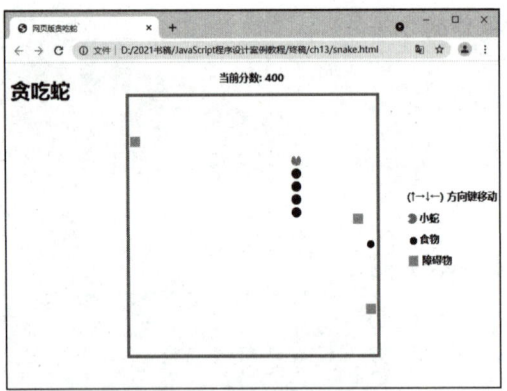

图13-3　游戏进行中界面

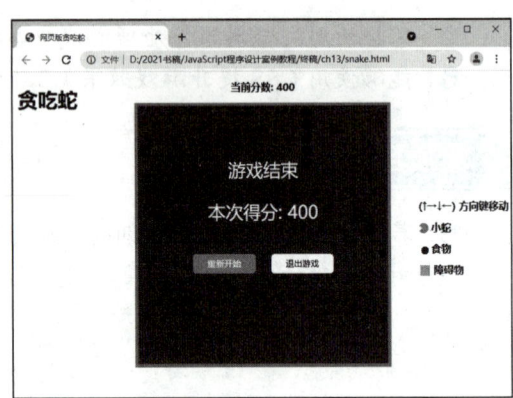

图13-2　游戏开始界面

图13-4　游戏结束界面

## 13.2 功能分析

在动手实现贪吃蛇小游戏之前,最好能对游戏功能进行详细分析,然后根据分析结果一步步实现完整游戏功能。一个完整的游戏主要由游戏界面、游戏玩法两大部分组成。下面分别对游戏界面和游戏玩法进行详细分析。

### 1. 游戏界面

贪吃蛇游戏界面分为设置界面、操作界面和结束界面,游戏设置界面支持设置障碍物个数和移动速度;游戏操作界面包含游戏操作区域、游戏分数区域和游戏介绍区域;游戏结束界面包含本次游戏的分数和"重新开始""退出游戏"两个按钮。

游戏操作区域为一个 400 像素×400 像素,白色背景的宫格区域,其中包括小蛇、障碍物和食物,小蛇的头部为一个带缺口的黄色小圆圈,身体由多个棕色小圆圈组成;障碍物为棕黄色的小方块;食物为红色小圆圈。

### 2. 游戏玩法

在游戏设置界面完成游戏功能设置后,单击"开始游戏"按钮进入游戏界面。按键盘方向键上(↑)、下(↓)、左(←)、右(→)可操作游戏。小蛇在左右移动时,无法使用左(←)、右(→)方向键进行转向;同理,上下移动时,无法使用上(↑)、下(↓)方向键进行转向。

在开始游戏时,游戏界面会出现设置的障碍物,也会随机出现食物,同一时间仅会出现一个食物,吃掉当前食物后,才会出现下一个食物。吃掉食物后,小蛇身体将增加一节,同时游戏分数增加 100。当小蛇的头部碰撞到障碍物、墙壁或者自己的身体时,游戏结束。

通过上述分析可以得出结论,使用 HTML 和 CSS,加上 JavaScript 的 DOM 操作可以创建出整个游戏设置界面和游戏操作界面。通过 JavaScript 的事件监听对键盘方向键的操作进行监听,来实现游戏的玩法。在游戏完整实现时,玩家可以在网页上按照我们设计的游戏玩法操作贪吃蛇游戏。

### 复兴之路

无论是编程还是做事,都应该充分分析问题,做好规划,这样可以有效地提高效率。国家的发展更要做好分析和规划,从历史中获取经验,指导未来的发展。

中华人民共和国国民经济和社会发展五年规划纲要(简称五年规划,原称五年计划),是中国国民经济计划的重要部分,属于长期计划。它主要是对国家重大建设项目、生产力分布和国民经济重要比例关系等做出规划,为国民经济发展远景规定目标和方向。

> 中国从 1953 年开始制定第一个"五年计划"。从"十一五"起,"五年计划"改为"五年规划"(除 1949 年 10 月到 1952 年底的中国国民经济恢复时期和 1963 年到 1965 年的国民经济调整时期外)。回顾五年计划/规划的历史,不仅能描绘新中国成立以来经济发展的大体脉络,也能从中探索中国经济发展的规律,通过对比与检视过去,可以从历史的发展中获得宝贵的经验,从而指导未来的经济发展。
>
> 2021 年 3 月 11 日,十三届全国人大四次会议表决通过了关于国民经济和社会发展第十四个五年规划和 2035 年远景目标纲要的决议。

## 13.3 功能实现

### 13.3.1 游戏设置界面

创建 snake.html 文件,并构建网页基本结构,然后在其中输入代码,实现游戏设置界面的结构,具体代码如下:

```html
<!DOCTYPE html>
<html lang="en">
<head>
    <meta charset="UTF-8">
    <title>网页版贪吃蛇</title>
    <link href="./snake.css" rel="stylesheet">
</head>
<body>
    <h1>贪吃蛇</h1>
    <div id="init-content">
        <h2>游戏设置</h2>
        <div class="input-content">
            <label>障碍个数</label>
            <input id="obstacle-num" placeholder="请输入 1-10 的数字" type="number" max="10" />
        </div>
        <div class="input-content">
            <label>移动速度</label>
```

```
            <input type="radio" name="speed" value="150" /><label>快</label>
            <input type="radio" name="speed" value="300" checked /><label>中</label>
            <input type="radio" name="speed" value="500" /><label>慢</label>
        </div>
        <button id="start-game-btn">开始游戏</button>
    </div>
    <script src="./snake.js"></script>
</body>
</html>
```

上述代码中，id 为 init-content 的<div>元素是整个游戏设置界面的容器，其中包含1个"障碍个数"输入框，1个"移动速度"单选框，以及1个"开始游戏"按钮。障碍个数输入框设置为仅能输入数字且最大值为10；"移动速度"单选框包含"快""中""慢"3个选项，使用 type 为 radio 的<input>元素实现单选按钮。

在 snake.html 中引入 snake.css 文件，用于设置游戏样式。此处首先编写游戏设置界面的样式内容，代码如下：

```css
#init-content {
    position: fixed;
    top: 50%;
    left: 50%;
    transform: translate(-50%, -50%);
    padding: 25px 50px;
    border: 4px solid #ccc;
    border-radius: 12px;
    text-align: center;
}
.input-content {
    margin-top: 20px;
    text-align: left;
}
#start-game-btn {
    width: 100px;
    height: 30px;
    line-height: 30px;
    margin-top: 20px;
    background-color: #00ccee;
    border-width: 0;
```

```
    border-radius: 5px;
    color: #fff;
    text-align: center;
}
```

编写完页面样式后,需要编写游戏设置界面的对应操作,如获取输入框和单选框内容及监听"开始游戏"按钮的单击事件。因此需要在 snake.html 中引入 snake.js 文件。

在 snake.js 文件中,首先编写一些常用获取元素的方法,以简化获取 DOM 元素的操作,代码如下:

```
// 通过 id 获取元素
function getElemById(id) {
    return document.getElementById(id);
}
// 通过类获取第一个元素
function getElemByClass(className) {
    return document.querySelector('.' + className);
}
// 通过类获取所有元素
function getElemsByClass(className) {
    return document.querySelectorAll('.' + className);
}
// 通过名称获取所有元素
function getElemsByName(name) {
    return document.getElementsByName(name);
}
```

游戏设置界面上包含"障碍个数"和"移动速度"两个设置项,所以分别定义 obstacleNum 和 moveSpeed 变量来存放对应值,它们的默认值分别为 3 和 300,表示默认障碍物个数为 3,默认 300ms 移动一次小蛇位置,代码如下:

```
// 障碍物个数
let obstacleNum = 3;
// 移动速度,默认为 300ms 移动一次
let moveSpeed = 300;
```

接着定义一个初始化函数 init(),初始化游戏配置。

```
// 初始化游戏配置
function init() {
    const $startGame = getElemById('start-game-btn');
    // 开始按钮单击事件
    $startGame.onclick = function () {
```

```
        const $obstacleNum = getElemById('obstacle-num');
        const $speeds = getElemsByName('speed');
        // 获取障碍物个数
        obstacleNum = $obstacleNum.value || obstacleNum;
        if (obstacleNum < 0 || obstacleNum > 10) {
            alert('障碍物个数需要在 1-10 之间');
            return;
        }
        // 获取选择的移动速度
        for (let i = 0; i < $speeds.length; i++) {
            if ($speeds[i].checked) {
                moveSpeed = $speeds[i].value;
                break;
            }
        }
        const $initContent = getElemById('init-content');
        // 隐藏设置界面
        $initContent.style.display = 'none';
        ...    // 省略部分代码
    }
}
```

上述代码，监听"开始游戏"按钮的单击事件，当事件触发时，获取障碍物个数的<input>元素的值，并赋值给变量 obstacleNum，如果其值不在 1～10 之间，直接提示玩家重新输入。循环所有 name 为 speed 的<input>元素，如果其 checked 属性为 true，则将元素对应值赋值给变量 moveSpeed。

在获取需要的配置内容后，将配置界面元素隐藏，进入后续的游戏流程。

## 13.3.2 游戏分数和游戏引导

游戏操作界面上除游戏容器外，还包括游戏分数和游戏引导两块内容，它们分别位于游戏容器的顶部和右侧。游戏分数用于显示和记录本局游戏的得分，游戏引导用于介绍游戏的内容元素及操作方式。

### 1. 游戏分数

游戏分数包含一个 id 为 score-container 的<div>元素，其中包含两个<span>元素，用于显示分数文案和对应分数值，初始分数值为 0，代码如下：

```
<div id="score-container">
    <span>当前分数:</span>
```

```
    <span id="score">0</span>
</div>
```

由于游戏初始化时显示的内容为游戏设置界面，所以游戏分数内容默认为隐藏状态。另外，设置游戏分数元素为 fixed 布局，并设置其顶部居中，代码如下：

```
#score-container {
    display: none;
    position: fixed;
    top: calc(50% - 240px);
    left: 50%;
    transform: translate(-50%, 0);
    font-weight: bold;
}
```

当玩家单击开始"开始游戏"按钮进入游戏操作界面时，将游戏分数内容显示出来，代码如下：

```
// 显示游戏分数内容
getElemById('score-container').style.display = 'block';
```

### 2. 游戏引导

游戏引导区域由一个 id 为 introduce-container 的<div>元素构建，其内部的 4 个<div>元素分别用于显示方向键移动操作方式及小蛇、食物、障碍物的样式效果，代码如下：

```
<div id="introduce-container">
    <div>
        <span>(↑ → ↓ ←)</span>
        <span>方向键移动</span>
    </div>
    <div>
        <span class="introduce-snake-head"></span>
        <span>小蛇</span>
    </div>
    <div>
        <span class="introduce-food"></span>
        <span>食物</span>
    </div>
    <div>
        <span class="introduce-obstacle"></span>
        <span>障碍物</span>
    </div>
```

```
</div>
```
由于游戏初始化时显示内容为游戏设置界面,所以游戏引导内容默认也为隐藏状态。另外,设置游戏引导元素为 fixed 布局,并设置其位置为右侧居中,接着分别设置小蛇、食物、障碍物的样式效果,代码如下:

```
#introduce-container {
    display: none;
    position: fixed;
    top: 50%;
    left: calc(50% + 250px);
    transform: translate(0, -50%);
    font-weight: bold;
}
#introduce-container div {
    margin-top: 12px;
}
.introduce-snake-head {
    position: relative;
    display: inline-block;
    width: 16px;
    height: 16px;
    vertical-align: middle;
    border-radius: 50%;
    background-color: #ffa500;
}
.introduce-snake-head::after{
    content: '';
    position: absolute;
    left: 0;
    top: 50%;
    width: 0;
    height: 0;
    margin-top: -4px;
    border-top: 4px solid transparent;
    border-bottom: 4px solid transparent;
    border-left: 6px solid #fff;
}
.introduce-food {
```

```css
    display: inline-block;
    width: 12px;
    height: 12px;
    margin-top: 4px;
    margin-left: 4px;
    vertical-align: middle;
    border-radius: 50%;
    background-color: red;
}
.introduce-obstacle {
    display: inline-block;
    width: 16px;
    height: 16px;
    margin: 2px;
    vertical-align: middle;
    background-color: burlywood;
}
```

当玩家单击开始"开始游戏"按钮进入游戏操作界面时,将游戏引导内容显示出来,代码如下:

```
// 显示游戏引导内容
getElemById('introduce-container').style.display = 'block';
```

设置游戏分数和游戏引导内容后,界面效果如图13-5所示。

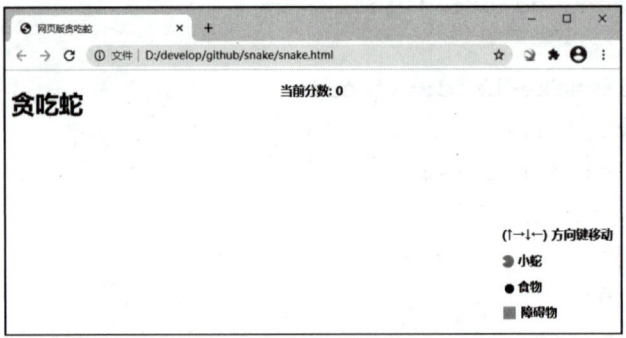

图13-5 游戏分数和游戏引导

### 13.3.3 游戏容器

本节介绍最重要的游戏容器的编写。游戏容器是整个游戏的主界面,贪吃蛇的整个移动范围就在游戏容器中。首先在 HTML 页面上添加一个 id 为 container 的<div>元素,初始状态下内容为空，代码如下：
```html
<!-- 游戏容器 -->
<div id="container"></div>
```
由于游戏初始化时显示内容为游戏设置界面，所以游戏容器默认也为隐藏状态。另外，设置游戏容器元素为 fixed 布局，并设置其在整个页面居中位置，边框宽度为 5px，颜色为棕色，代码如下：
```css
#container {
    display: none;
    position: fixed;
    top: 50%;
    left: 50%;
    transform: translate(-50%, -50%);
    border: 5px solid rosybrown;
    overflow: hidden;
}
```
接下来需要在 JS 文件中设置游戏容器的大小，此处将容器设置为一个 20×20 格子的容器，同时每一个格子长宽为 20px，代码如下：
```js
// 整个小蛇移动格子个数
const size = 20;
// 每个格子的大小
const vertical = 20;
// 初始化小蛇移动界面
function initContainer() {
    // 计算小蛇移动容器宽高
    const containerWidth = size * vertical + 'px';
    const containerHeight = containerWidth;
    const $container = getElemById('container');
    // 显示游戏容器，并设置宽高
    $container.style.display = 'block';
    $container.style.width = containerWidth;
    $container.style.height = containerHeight;
}
```
上述代码，首先定义变量 size 和 vertical，并分别赋值为 20；然后定义函数 initContainer()，其中 size * vertical 为整个容器的宽高；最后将对应值赋值给 id 为 container 的<div>元素的宽、高。
```js
// 初始化游戏容器
initContainer();
```

调用 initContainer()函数初始化游戏容器，效果如图 13-6 所示。

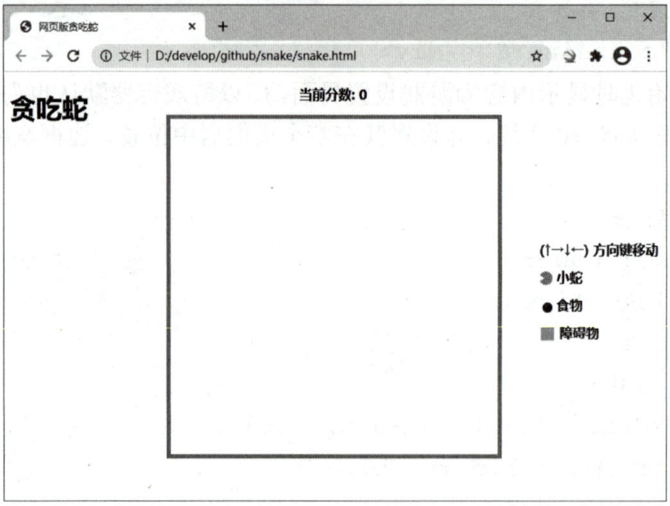

图 13-6　游戏容器

## 13.3.4　小蛇

游戏中，小蛇初始状态仅包含一个头部元素，位于整个游戏容器的中间位置。当小蛇吃到食物时，其身体将会新增一部分。在 JS 文件中编写以下代码实现小蛇效果。

```javascript
// 小蛇的初始位置
let initPosition = [];
// 小蛇所有部位的数组
let snakePositions = [];
// 添加小蛇
function addSnake() {
    // 计算容器中间位置
    const center = Math.floor(size / 2);
    // 设置小蛇初始位置为容器中间
    initPosition = [center, center];
    // 设置小蛇的位置
    snakePositions = [[...initPosition]];
    // 小蛇的 DOM 元素
    const $snake = '<span class="snake-item" style="top: ' + getTopPostion(initPosition[1]) + ';left: ' + getLeftPostion(initPosition[0]) + '"></span>';
    // 添加小蛇到容器中
```

```
        getElemById('container').innerHTML = '<span class="snake">' + $snake +
'</span>';
    }
```

上述代码，首先定义用于存储小蛇初始位置的 initPosition 变量，其初始值为[]；然后定义用于存储整条小蛇所有身体部位的位置 snakePositions 变量，其初始值为[]，snakePositions 是一个二维数组。

最后定义 addSnake()函数，在其中首先计算游戏容器的中间位置 center；然后赋值给变量 initPosition，同时将小蛇的初始位置 initPosition 数组添加到 snakePositions 数组中；接着创建小蛇的 DOM 元素，调用 getTopPosition()函数和 getLeftPosition()函数获取小蛇相对于容器的位置，并将 DOM 元素插入到游戏容器中。

接下来定义 getTopPosition()函数和 getLeftPosition()函数。

```
// 获取 x 轴的位置
function getLeftPosition(x) {
    return x * vertical + 'px';
}


// 获取 y 轴的位置
function getTopPosition(y) {
    return y * vertical + 'px';
}
```

上述代码，将 x 轴和 y 轴的数值分别传入到 getTopPosition()函数和 getLeftPosition()函数，x 轴和 y 轴的数值乘以每个格子的宽高即可得到 DOM 元素在容器中的具体位置。

完整的小蛇是一个 class 为 snake 的<span>元素，其内部包含小蛇头部和其身体部位。在 CSS 文档中编写以下代码定义小蛇样式。

```
.snake {
    position: absolute;
}
.snake-item {
    position: absolute;
    width: 16px;
    height: 16px;
    margin: 2px;
    border-radius: 50%;
    background-color: rgb(150, 51, 26);
}
.snake-item:first-child{
    background-color: #ffa500;
```

```css
}
.snake-item:first-child::after{
    content: '';
    position: absolute;
    left: 0;
    top: 50%;
    width: 0;
    height: 0;
    margin-top: -4px;
    border-top: 4px solid transparent;
    border-bottom: 4px solid transparent;
    border-left: 6px solid #fff;
}
```

在上述代码中，小蛇的头部使用:first-child 进行样式设置，并使用伪类::after 为其设置一个白色三角形覆盖在头部，形成小蛇的嘴。

```
addSnake();
```

调用 addSnake()函数添加小蛇到游戏容器，效果如图 13-7 所示。

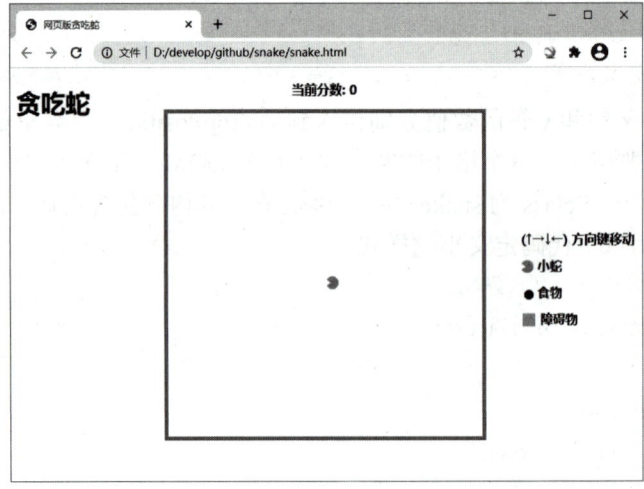

图 13-7　添加小蛇

### 13.3.5　障碍物

在游戏初始化时，需要根据玩家设置的障碍物个数，在游戏容器中添加对应数量的障碍物，代码如下：

```
const obstaclePositions = [];
```

```javascript
// 添加障碍物
function addObstacle() {
    // 随机生成障碍物的位置
    const position = getRandomPosition();
    const x = position[0];
    const y = position[1];
    // 如果生成障碍物的位置存在小蛇或者障碍物，重新生成障碍物
    if (isSnakePosition(x, y) || isObstaclePosition(x, y)) {
        return addObstacle();
    }
    // 将障碍物添加到界面中
    obstaclePositions.push([x, y]);
    const $obstacle = document.createElement('span');
    $obstacle.setAttribute('class', 'obstacle');
    $obstacle.style.left = x * vertical + 'px';
    $obstacle.style.top = y * vertical + 'px';
    getElemById('container').appendChild($obstacle);
}
```

上述代码，首先定义用于存放所有障碍物位置的变量 obstaclePositions 为二维数组，初始值为[]；然后定义函数 addObstacle()，在其中首先调用 getRandomPosition()函数随机获取游戏容器中的一个位置，如果该位置存在小蛇或者障碍物，则重新调用 addObstacle()方法添加一个新的障碍物。

接着将随机生成的位置添加到 obstaclePositions 数组中，并创建一个 class 为 obstacle 的<span>元素，计算其在容器上的坐标位置，最后添加到游戏容器中。

在 getRandomPosition()函数内调用 Math.random()函数，随机生成一个数字并乘以游戏容器的大小得到随机坐标，接着调用 Math.round()函数对该坐标的 x 轴和 y 轴进行四舍五入；如果坐标的 x 轴和 y 轴大于等于游戏容器的边界位置，则设置其值为容器边界的最大值；最后返回该随机坐标，代码如下：

```javascript
// 在界面上，随机生成一个位置
function getRandomPosition() {
    let x = Math.round(Math.random() * size);
    let y = Math.round(Math.random() * size);
    x = x >= size ? size - 1 : x;
    y = y >= size ? size - 1 : y;
    return [x, y];
}
```

创建 isSnakePosition()函数，传入需要判断位置的坐标 x, y。在函数内对小蛇所有部

位的数组 snakePositions 进行循环，如果小蛇的坐标和传入的坐标 x，y 相等，则表示该坐标位置存在小蛇，返回结果 true；如果该坐标位置不存在小蛇，则返回结果 false，代码如下：

```
// 判断界面上某个位置是否存在小蛇的身体
function isSnakePosition(x, y) {
    for (let i = 0; i < snakePositions.length; i++) {
        if (snakePositions[i][0] === x && snakePositions[i][1] === y) {
            return true;
        }
    }
    return false;
}
```

创建 isObstaclePosition()函数传入需要判断位置的坐标 x，y。在函数内对障碍物的数组 obstaclePositions 进行循环，如果障碍物的坐标和传入的坐标 x，y 相等，则表示该坐标位置存在障碍物，返回结果 true；如果该坐标位置不存在障碍物，则返回结果 false，代码如下：

```
// 判断界面上某个位置是否存在障碍物
function isObstaclePosition(x, y) {
    for (let i = 0; i < obstaclePositions.length; i++) {
        if (obstaclePositions[i][0] === x && obstaclePositions[i][1] === y) {
            return true;
        }
    }
    return false;
}
```

在 CSS 文件中，对障碍物元素使用 absolute 进行定位，并设置其大小和背景颜色，背景颜色为 burlywood，代码如下：

```
.obstacle {
    position: absolute;
    width: 16px;
    height: 16px;
    margin: 2px;
    background-color: burlywood;
}
```

游戏支持设置多个障碍物，根据游戏初始化设置的障碍物个数生成相应障碍物，代码如下：

```
// 添加障碍物
```

```
for (let i = 0; i < obstacleNum; i++) {
    addObstacle();
}
```

根据 obstacleNum 变量的值，循环调用 addObstacle()函数添加障碍物到游戏容器，效果如图 13-8 所示。

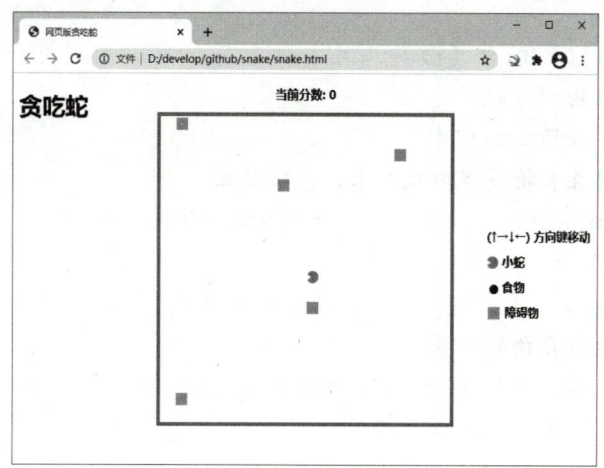

图 13-8　添加障碍物

## 13.3.6　食物

本款游戏支持随机出现食物，当前食物被小蛇吃掉后，再随机出现下一个食物。此处使用定时器按照小蛇移动的时间随机出现食物在容器中，代码如下：

```
// 食物出现的定时器
let foodTimer = null;
// 添加食物
function addFood() {
    showFood();
    // 开启定时器随机出现食物
    foodTimer = setInterval(function () {
        showFood();
    }, moveSpeed);
}
```

上述代码，首先定义了一个定时器变量 foodTimer，其初始值为 null；然后定义了一个添加食物的函数 addFood()，函数内调用 showFood()函数随机出现一个食物，并创建了一个间隔时间为 moveSpeed 的定时器赋值给 foodTimer 变量。调用 showFood()函数将会随机出现一个食物在容器中。

接下来通过一个是否存在食物的标识来判断当前容器上是否已经存在食物，同时定义一个函数，根据食物标识判断是否需要随机创建食物；如果需要，则创建一个食物随机添加到游戏容器中，代码如下：

```javascript
// 食物是否已经存在
let foodExist = false;
// 食物位置
let foodPosition = [];
// 随机出现食物
function showFood() {
    // 如果存在食物或者游戏结束，直接返回
    if (foodExist || state === stateEnum.END) {
        return;
    }
    // 随机生成食物的位置
    const position = getRandomPosition();
    const x = position[0];
    const y = position[1];
    // 如果出现食物的位置存在小蛇或者障碍物，重新生成食物
    if (isSnakePosition(x, y) || isObstaclePosition(x, y)) {
        return showFood();
    }
    // 将食物添加到界面中，并将 foodExist 设置为已存在
    foodPosition = [x, y];
    const $food = document.createElement('span');
    $food.setAttribute('class', 'food');
    $food.style.left = x * vertical + 'px';
    $food.style.top = y * vertical + 'px';
    getElemById('container').appendChild($food);
    foodExist = true;
}
```

上述代码，初始状态下页面上不存在食物，所以定义一个当前是否存在食物的变量 foodExist，其初始值为 false；然后定义一个用于记录食物位置的变量 foodPosition，其初始值为[]；接着定义函数 showFood()，函数内首先判断食物是否存在或游戏是否结束，如果结果为 true，则直接返回，不再添加食物到页面容器。

调用 getRandomPosition()函数随机获取游戏容器上的一个位置，如果该位置存在小蛇或障碍物，则重新调用 showFood()方法添加食物。

接着将随机位置赋值给食物数组 foodPosition，并创建一个 class 为 food 的<span>

元素，计算其在容器上的坐标位置后将其添加到游戏容器中。最后将食物标识 foodExist 设置为 true。

在 CSS 文件中对食物元素使用 absolute 进行定位，并设置其大小、形状和背景颜色，代码如下：

```css
.food {
    position: absolute;
    width: 12px;
    height: 12px;
    margin-top: 4px;
    margin-left: 4px;
    border-radius: 50%;
    background-color: red;
}
```

最后仅需调用 addFood() 函数添加食物，代码如下：

```
// 添加食物
addFood();
```

调用 addFood() 函数添加食物到游戏容器中，效果如图 13-9 所示。

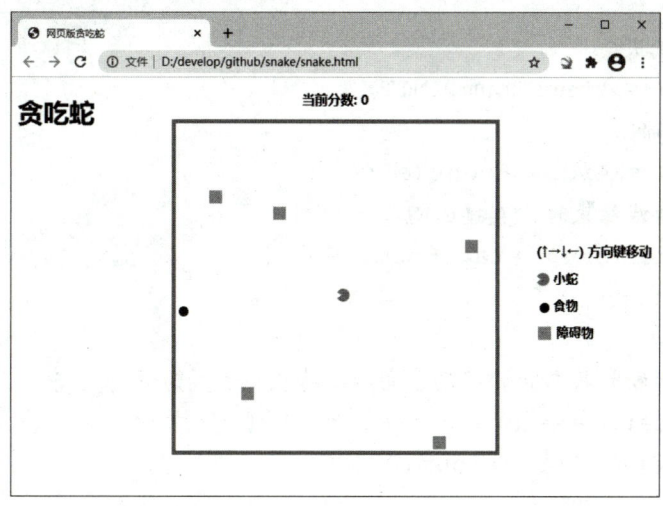

图 13-9　添加食物

### 13.3.7　小蛇移动事件

通过前面几节的操作，已经将整个页面的布局构建完成，本节将绑定小蛇移动事件来操作小蛇，代码如下：

```
// 绑定方向键事件
```

```
document.addEventListener('keydown', onKeydownEvent, false);
```
上述代码，使用 document.addEventListener()函数监听键盘事件"keydown"的操作，并传入回调函数 onKeydownEvent()。

小蛇的移动是通过监听键盘事件的上下左右按键来实现的，这 4 个按键分别对应了浏览器提供的 code 编码；当玩家按下键盘的上下左右按键时，执行对应按键方向的函数。同时，贪吃蛇游戏过程中包含 3 种状态，分别是 INIT（未开始）、DOING（进行中）、END（已结束），代码如下：

```
// 方向键对应事件 code
const KEY_LEFT_CODE = 37;
const KEY_UP_CODE = 38;
const KEY_RIGHT_CODE = 39;
const KEY_DOWN_CODE = 40;
// 所有游戏状态
const stateEnum = {
    INIT: 0,
    DOING: 1,
    END: 2
}
// 当前游戏状态
let state = stateEnum.INIT;
// 方向键事件
function onKeydownEvent(e) {
    // 当游戏结束时，直接返回
    if (state === stateEnum.END) {
        return;
    }
    // 游戏初始状态开始移动方向后，将状态设置为运行状态
    if (state === stateEnum.INIT) {
        state = stateEnum.DOING;
    }
    // 根据不同按键方向进行移动
    switch (e.keyCode) {
        case KEY_LEFT_CODE:
            moveLeft();
            break;
        case KEY_UP_CODE:
            moveUp();
```

```
            break;
        case KEY_RIGHT_CODE:
            moveRight();
            break;
        case KEY_DOWN_CODE:
            moveDown();
            break;
    }
}
```

上述代码，定义了 4 个变量来记录按键事件的 Code 编码，一个 stateEnum 对象用于存储游戏过程中的 3 种状态，定义变量 state 用于存储当前游戏状态，其初始值为 INIT。接着定义函数 onKeydownEvent()，支持传入事件参数 e。在函数内判断当前游戏状态是否为结束状态，如果是则直接返回；然后判断当前游戏状态是否为初始状态，如果是则设置为 DOING 状态。最后使用 switch 判断当前键盘事件的 keyCode，如果为对应按键状态，则执行向该方向移动的函数。

接下来定义小蛇的移动方向对象 targetEnum，以及小蛇左侧移动函数 moveLeft()，代码如下：

```
// 所有移动方向
const targetEnum = {
    LEFT: 'left',
    UP: 'up',
    RIGHT: 'right',
    DOWN: 'down'
}
// 小蛇移动方向
let target = null;
function moveLeft() {
    //如果小蛇本身在 x 轴移动，则不允许调整方向
    if (target === targetEnum.LEFT || target === targetEnum.RIGHT) {
        return;
    }
    // 将方向设置为向左运动
    target = targetEnum.LEFT;
    const $firstSnakeItem = getElemByClass('snake-item');
    // 旋转小蛇头部的方向到初始位置
    $firstSnakeItem.style.transform = 'rotate(0)';
    // 调用 moveSnake()调整方向，并移动小蛇
```

```
        moveSnake();
    }
```

上述代码定义了小蛇的移动方向对象 targetEnum，它包含上下左右四个方向的属性。然后定义了小蛇的初始移动方向变量 target，其初始值为 null。接着定义了小蛇左侧移动函数 moveLeft()，在函数内判断小蛇当前移动方向是否为左右移动，如果是则直接反回；如果不是则将 target 设置为 left 方向，并将小蛇的头部使用 transform 旋转到初始位置，最后调用 moveSnake() 函数移动小蛇。

moveUp() 函数逻辑与 MoveLeft() 函数类似，代码如下：

```
function moveUp() {
    // 小蛇如果本身在 y 轴移动，则不允许调整方向
    if (target === targetEnum.UP || target === targetEnum.DOWN) {
        return;
    }
    // 将方向设置为向上运动
    target = targetEnum.UP;
    const $firstSnakeItem = getElemByClass('snake-item');
    // 旋转小蛇头部的方向到 90 度
    $firstSnakeItem.style.transform = 'rotate(90deg)';
    // 调用 moveSnake() 调整方向，并移动小蛇
    moveSnake();
}
```

moveRight() 函数与 moveDown() 函数的逻辑也都与 MoveLeft() 函数类似，具体见 snake.js 文件。

由于小蛇是需要按照 moveSpeed 的时间间隔不断移动的，所以需要设置循环定时器不断移动小蛇位置，代码如下：

```
// 小蛇移动定时器
let snakeTimer = null;
// 调整方向，并移动小蛇
function moveSnake() {
    // 每次执行 moveSnake() 函数时，先清除小蛇移动的定时器
    clearInterval(snakeTimer);
    // 改变方向后，立即执行 movePosition() 函数移动小蛇
    movePosition();
    // 之后按照小蛇移动速度，定时执行 movePosition() 函数移动小蛇
    snakeTimer = setInterval(function () {
        movePosition();
    }, moveSpeed);
```

}

上述代码，定义了小蛇移动的定时器变量 snakeTimer，其初始值为 null。还定义了 moveSnake()函数移动小蛇，由于每次调整方向都会调用 moveSnake()函数，因此首先需要使用 clearInterval()函数清除掉当前的定时器；然后调用 movePosition()函数移动小蛇位置；最后创建一个以 moveSpeed 为时间间隔的定时器，定时调用 movePosition()函数移动小蛇位置，并将定时器赋值给 snakeTimer。

### 13.3.8 判定游戏结果

小蛇的移动方式是每次向某个方向移动一个格子，但小蛇并不是一条直线，会涉及到转向之类的问题。此处抛开复杂的转向计算方法，使用比较简单的方式来实现小蛇的移动。主要思路为，首先创建一个新数组记录移动一次之后小蛇头部的位置，然后将移动前小蛇数组的第一个元素至倒数第二个元素插入到新数组中，这样就完成了小蛇所有元素的移动，代码如下：

```javascript
// 记录上一次小蛇移动位置的数组
let oldSnakePositions = [];
// 小蛇移动位置
function movePosition() {
    // 如果小蛇不存在移动方向或者游戏结束，不再移动
    if (!target || state === stateEnum.END) {
        return;
    }
    // 移动一格位置后，小蛇位置的新数组
    const newSnakePostions = getNewSnakePositions();
    // 将移动之前的位置记录在 oldSnakePositions 数组中
    oldSnakePositions = [...snakePositions];
    // 将 snakePositions 数组设置为新数组
    snakePositions = [...newSnakePostions];
    // 判定小蛇移动后，游戏是否结束
    const result = getResult();
    // 如果游戏结束，直接展示结束页面
    if (result === stateEnum.END) {
        showGameOver();
        return;
    }
    // 移动小蛇的位置
    const $snakeItems = getElemsByClass('snake-item');
```

```javascript
    [...$snakeItems].map(($snakeItem, index) => {
        $snakeItem.style.transition = `all ${moveSpeed}ms linear`;
        $snakeItem.style.left = getLeftPostion(snakePositions[index][0]);
        $snakeItem.style.top = getTopPostion(snakePositions[index][1]);
    });
}
```

上述代码，定义了数组变量 oldSnakePositions 用于记录小蛇移动后，上一次小蛇的整体位置，后续强化小蛇需要使用；定义了函数 movePosition()，函数内首先判断是否存在移动方向或者游戏是否结束，如果结果为 true，则直接返回；然后调用 getNewSnakePositions() 函数获取小蛇移动一次之后的新数组 newSnakePostions，将移动之前的 snakePositions 数组拷贝给 oldSnakePositions 数组，同时将 newSnakePostions 数组拷贝给 snakePositions 数组；接着调用 getResult() 函数判断本次移动之后的结果，是否结束游戏；如果判断游戏结束，则调用 showGameOver() 函数，否则将小蛇所有身体部位按顺序根据当前小蛇数组的位置逐一进行移动。

在小蛇移动时，使用了 CSS 的 transition 属性，将其设置为按照 moveSpeed 属性值进行线性动画操作，这样可以使小蛇的移动更加流畅。

接下来定义获取移动之后的小蛇位置的函数 getNewSnakePositions()。

```javascript
// 获取移动之后的小蛇位置
function getNewSnakePositions() {
    // 移动一格位置后，小蛇位置的新数组
    const newSnakePostions = [];
    switch (target) {
        case targetEnum.UP:
// 如果向上移动，则小蛇头部 y 轴-1
newSnakePostions.push([snakePositions[0][0], snakePositions[0][1] - 1]);
            break;
        case targetEnum.RIGHT:
// 如果向右移动，则小蛇头部 x 轴+1
newSnakePostions.push([snakePositions[0][0] + 1, snakePositions[0][1]]);
            break;
        case targetEnum.DOWN:
// 如果向下移动，则小蛇头部 y 轴+1
newSnakePostions.push([snakePositions[0][0], snakePositions[0][1] + 1]);
            break;
        case targetEnum.LEFT:
// 如果向左移动，则小蛇头部 x 轴-1
newSnakePostions.push([snakePositions[0][0] - 1, snakePositions[0][1]]);
```

```
        break;
    }
    // 循环当前整个小蛇身体部位的数组,将小蛇除尾部的位置外全部添加到新数组中
    for (let i = 1; i < snakePositions.length; i++) {
        const preSnakePosition = snakePositions[i - 1];
        newSnakePostions.push(preSnakePosition);
    }
    return newSnakePostions;
}
```

上述代码,定义了获取小蛇新数组的函数 getNewSnakePositions(),函数内首先定义小蛇新数组 newSnakePostions;然后通过判断当前移动方向,将小蛇头部的坐标进行移动,并添加到 newSnakePostions 数组中;接着对小蛇数组 snakePositions 进行循环操作,将小蛇数组的第一个至倒数第二个元素添加到新数组中;最后返回新数组 newSnakePostions。

小蛇在移动之后会出现多种情况,如是否碰撞到墙壁,是否碰撞到障碍物,以及是否碰撞到自己,如果出现这些情况,则直接返回,游戏结束。当小蛇的头部碰撞到食物时,则需要强化小蛇,增加游戏分数,并移除页面上的食物。如果未触发任何情况,则直接返回游戏继续的状态。相关代码如下:

```
// 每次吃到食物的加分
const foodScore = 100;
// 当前游戏得分
let score = 0;
function getResult() {
    // 是否碰撞到墙壁
    if (snakePositions[0][0] < 0 || snakePositions[0][0] > size - 1 || snakePositions[0][1] < 0 || snakePositions[0][1] > size - 1) {
        state = stateEnum.END;
        return state;
    }
    // 是否碰撞到障碍物
    const isHitObstacle = obstaclePositions.some(obstaclePosition => {
        if (obstaclePosition[0] === snakePositions[0][0] && obstaclePosition[1] === snakePositions[0][1]) {
            return true;
        }
    });
    // 如果碰撞到障碍物,游戏结束
    if (isHitObstacle) {
```

```javascript
        state = stateEnum.END;
        return state;
    }
    // 是否碰撞到自己
    const isHitSelf = oldSnakePositions.some(snakePosition => {
        if (snakePositions[0][0] === snakePosition[0] && snakePositions[0][1] === snakePosition[1]) {
            return true;
        }
    });
    // 如果碰撞到自己，游戏结束
    if (isHitSelf) {
        state = stateEnum.END;
        return state;
    }
    if (eatFood()) {
        // 如果成功吃到食物，则调用strongSnake()函数强化小蛇
        strongSnake();
        // 食物设置为不存在
        foodExist = false;
        // 从界面上移除小蛇吃掉的食物
        const $food = getElemByClass('food');
        getElemById('container').removeChild($food);
        // 小蛇的分数加100，并更新在界面上
        score += foodScore;
        getElemById('score').innerHTML = score;
    }
    // 如果游戏未结束，将状态设置为进行中
    state = stateEnum.DOING;
    return state;
}
```

上述代码，首先定义了吃到一个食物新增分数的变量 foodScore，其对应值为 100；当前游戏分数变量 score，其初始值为 0。接着定义了 getResult() 函数，函数内首先判断小蛇头部的坐标是否和其他元素发生碰撞；将小蛇头部的坐标位置和游戏容器的边界进行比较，看是否超出了边界。如果超出了边界，则将游戏状态 state 设置为 END，并返回 state。

然后判断小蛇头部是否碰撞到障碍物，循环障碍物数组 obstaclePositions，将每个障碍物坐标和小蛇头部的坐标进行对比，如果它们值相等，则表示小蛇碰撞到障碍物，将游戏状态 state 设置为 END，并返回 state。

接着判断小蛇头部是否碰撞到小蛇本身，循环小蛇数组 oldSnakePositions，将小蛇每个部位的坐标和小蛇头部的坐标进行对比，如果两者相等，则表示小蛇头部碰撞到小蛇本身，将游戏状态 state 设置为 END，并返回 state。

如果小蛇没有进入结束状态，则调用 eatFood()函数判断小蛇头部是否吃到食物，如果返回结果为 true，则调用 strongSnake()函数对小蛇进行强化，然后将食物从页面上删除并把 foodExist 设置为 false，最后将游戏分数增加，并设置到界面当前游戏分数上。

如果小蛇未触发任何结果，则将游戏状态 state 设置为 DOING，并返回 state。

接下来定义 eatFood()函数。

```
// 小蛇吃食物
function eatFood() {
    // 小蛇头部元素位置等于食物位置时，表示吃到食物，返回true
    if (snakePositions[0][0] === foodPosition[0] && snakePositions[0][1] === foodPosition[1]) {
        return true;
    }
    return;
}
```

上述代码，eatFood()函数内将小蛇头部的坐标和食物的坐标进行对比，如果相同，则返回 true，否则返回 false。

强化小蛇需要在小蛇尾部增加一个元素坐标，此时可以将小蛇移动前的最后一个元素坐标添加到移动后的小蛇数组中，这样就完成了一次小蛇强化，代码如下：

```
// 吃到食物后，强化小蛇
function strongSnake() {
    // 需要强化部分的位置
    let snakeItemPosition = [];
    const length = oldSnakePositions.length;
    // 获取小蛇移动前最后一个元素的位置
    snakeItemPosition = [oldSnakePositions[length - 1][0], oldSnakePositions[length - 1][1]];
    // 将强化部分元素的位置添加到小蛇上
    snakePositions.push(snakeItemPosition);
    const $snakeItem = document.createElement('span');
    $snakeItem.setAttribute('class', 'snake-item');
    $snakeItem.style.left = getLeftPostion(snakeItemPosition[0]);
    $snakeItem.style.top = getTopPostion(snakeItemPosition[1]);
    getElemByClass('snake').appendChild($snakeItem);
}
```

上述代码，在 strongSnake()函数内，首先定义需要强化的小蛇元素坐标变量 snakeItemPosition，其初始值为[]；然后将移动前小蛇的最后一个元素的坐标赋值给 snakeItemPosition，并将 snakeItemPosition 添加到小蛇数组 snakePositions；最后创建一个 class 为 snake-item 的<span>元素，并设置为 snakeItemPosition 的坐标位置，添加到游戏容器中。至此，强化小蛇的功能完成。

### 13.3.9 退出和重玩

为了给玩家更好的游戏体验，在游戏结束时，可以在游戏容器上覆盖一层弹窗提示，提醒用户是否重新开始游戏，代码如下：

```html
<div id="game-over-container">
  <p class="game-over-text">游戏结束</p>
  <p>
    <span>本次得分:</span>
    <span id="total-score">0</span>
  </p>
  <button id="restart-btn">重新开始</button>
  <button id="exit-btn">退出游戏</button>
</div>
```

上述代码，包含一个 id 为 game-over-container 的<div>元素，其内部包含提示"游戏结束"的文本元素<p>，显示本次游戏得分的文本元素<span>，以及"重新开始"和"退出游戏"两个按钮。

该弹窗需要在游戏结束时才显示，同时还需要覆盖在游戏容器之上，为此，在 CSS 文件中添加以下代码：

```css
#game-over-container {
    display: none;
    position: fixed;
    top: 50%;
    left: 50%;
    width: 400px;
    height: 400px;
    transform: translate(-50%, -50%);
    text-align: center;
    z-index: 100;
    background-color: rgba(0,0,0,0.7);
}
#game-over-container p {
    font-size: 28px;
```

```css
        color: #fff;
    }
    .game-over-text {
        margin-top: 80px;
    }
    #restart-btn {
        width: 100px;
        height: 30px;
        line-height: 30px;
        margin-top: 20px;
        background-color: #ffa500;
        border-width: 0;
        border-radius: 5px;
        color: #fff;
        text-align: center;
    }
    #exit-btn {
        width: 100px;
        height: 30px;
        line-height: 30px;
        margin-top: 20px;
        margin-left: 20px;
        background-color: #fff;
        border-width: 0;
        border-radius: 5px;
        color: #000;
        text-align: center;
    }
```

上述代码，将弹窗元素设置为不可见状态，同时使用 fixed 定位弹窗，并设置 z-index 为 100，使其覆盖在游戏容器之上。

游戏结束时，需要清理掉各种定时器，展示出游戏结束提示弹窗，并监听弹窗内的按钮事件。当"重新开始"按钮被单击时，将上一局游戏状态清除，重新进入游戏开始状态；当"退出游戏"按钮被单击时，需要恢复到游戏设置界面，代码如下：

```
// 显示游戏结束界面
function showGameOver() {
    clearInterval(snakeTimer);
    clearInterval(foodTimer);
```

```
    snakeTimer = null;
    foodTimer = null;
    const $gameOverContainer = getElemById('game-over-container');
    $gameOverContainer.style.display = 'block';
    getElemById('total-score').innerHTML = score;
    getElemById('restart-btn').onclick = function() {
        getElemById('game-over-container').style.display = 'none';
        resetInitData();
        initGame();
    }
    getElemById('exit-btn').onclick = function() {
        window.location.reload();
    }
}
```

上述代码,showGameOver()函数内清除了 snakeTimer 和 foodTimer 两个定时器,并将定时器的值设置为空。接着将弹窗元素设置为可见状态,并将本局游戏分数设置到弹窗的总分结果上。最后监听两个按钮的单击事件。

当单击"重新开始"按钮时,将游戏结束弹窗设置为不可见状态,调用 resetInitData()函数恢复各种变量的初始值,最后调用 initGame()再次初始化游戏界面。

当单击"退出游戏"按钮时,执行 window.location.reload()函数直接刷新当前网页,这样就能快速恢复到游戏的设置状态。

恢复游戏初始状态,即将游戏内容恢复到游戏开始之前,此时需要将各种变量设置为初始状态,代码如下:

```
// 恢复游戏初始状态
function resetInitData() {
    state = stateEnum.INIT;
    snakePositions = [];
    oldSnakePositions = [];
    obstaclePositions = [];
    foodPosition = [];
    target = null;
    foodExist = false;
    score = 0;
    getElemById('score').innerHTML = 0;
    document.removeEventListener('keydown', onKeydownEvent);
}
```

至此,一个完整的贪吃蛇小游戏就开发完成了。

## 第13章 网页版贪吃蛇

 **以艺载道**

　　《2020年中国游戏产业报告》由中国音数协游戏工委和中国游戏产业发展研究院联合发布。报告中指出：

　　近几年来，广大游戏从业者认真贯彻落实中央精神，更加注重社会效益，更加注重未成年人保护工作，更加注重精品化建设，更加注重文化内涵，更加注重科技赋能，不断创造优质内容，推动产业创新与融合，让中国游戏产业呈现出健康、繁荣、多元的发展态势。

　　2020年，遵循新版《未成年人保护法》"网络保护"专章的法律要求，按照主管部门"规范网络游戏服务，保护未成年人身心健康成长"的工作要求，实名认证系统日趋完善，《网络游戏适龄提示》等团体标准编制完成，防沉迷工作得到普遍落实。新修订的《著作权法》加强了对著作权的保护力度。

　　通过全行业的共同努力，我国游戏研发和运营水平达到新高度，游戏企业创作出一批高质量的作品，在画质、玩法、故事情节上都有了突破。以5G、云计算、人工智能为代表的技术创新，不断推动游戏产业生态变革，为游戏企业创造了更多的发展机会，提升了中国游戏的核心竞争力。面向未来，中国游戏产业要坚持正确的历史观、民族观、文化观，正本清源、守正创新。立足于人民、立足于生活，不断创造出思想精深、艺术精湛、制作精良的精品力作。阐释好中国文化，讲好中国故事，把高质量发展的蓝图变为现实，为"十四五"时期推进社会主义文化强国建设贡献力量。

## 本章总结

　　本章应用前面章节所学的 JavaScript 知识实现了一个贪吃蛇小游戏，让读者看到了一个完整项目的实现过程，有助于培养读者在实际工作中思考、分析和解决问题的能力。

　　通过本章的学习，读者应重点掌握 DOM 元素操作、浏览器事件处理、定时器的使用，以及使用动画样式提升界面效果的方法。

## 课后习题

1. 选择题

（1）以下（　　）不是 JavaScript 数组的方法。

　　A．some()　　　B．each()　　　C．map()　　　D．forEach()

（2）以下能获取页面上单个 DOM 元素的方法是（　　）。

　　A．document.getElementsByName()

　　B．document.getQuerySelectorAll()

　　C．document.getQuerySelector()

　　D．document.getElementsByTagName()

2. 判断题

（1）使用 innerHTML 插入 DOM 元素时不包括元素样式。　　　　　　　　（　　）

（2）JavaScript 中获取随机数的方法是 Math.random()。　　　　　　　　（　　）

3. 填空题

（1）在浏览器中，键盘事件的名称是_____。

（2）在 JavaScript 中，循环定时器的方法是_____。

4. 编程题

为本章贪吃蛇小游戏新增一个排行榜功能，把每次游戏结果记录在排行榜上，从高往低进行排列，最多记录 10 个排行榜分数。

# 参考文献

［1］曾探．JavaScript 设计模式与开发实践［M］．北京：人民邮电出版社，2021．

［2］明日科技．JavaScript 从入门到精通［M］．第 3 版．北京：清华大学出版社，2019．

［3］张容铭．JavaScript 设计模式［M］．北京：人民邮电出版社，2015．

［4］黑马程序员．JavaScript 前端开发案例教程［M］．北京：人民邮电出版社，2018．

［5］聚慕课教育研发中心．HTML5+CSS3+JavaScript 从入门到项目实践［M］．北京：清华大学出版社，2019．